普通高等教育“十二五”规划教材

常用工具软件

主　审　骆耀祖
主　编　叶丽珠　杨　波
副主编　马焕坚　许丽娟

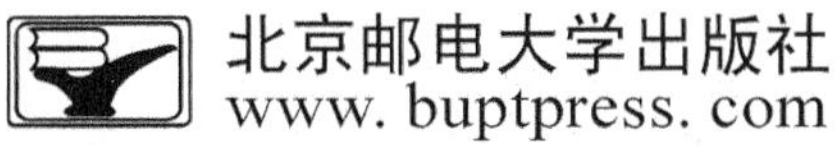

内 容 简 介

《常用工具软件》系统地介绍目前流行的计算机常用工具软件，本书共分6个模块，主要内容包括常用工具软件基础知识、网络应用工具、文件文档工具、系统维护与安全工具、磁盘与光盘管理工具、多媒体工具。《常用工具软件》的特色是以"项目导向，任务驱动，案例教学"的教学活动过程组织内容，采取"任务描述→任务分析→知识链接→任务设计"方式，达到"教、学、做"一体化，以实现快速理解和快速掌握重要知识；精选应用面广、需求量大、最新版本的工具软件，注重介绍软件主要功能与重点操作步骤；通过典型案例操作介绍软件的使用方法与技巧。通过《常用工具软件》的学习，可以让读者掌握当前常用的计算机工具软件，更好地使用计算机来解决实际应用问题，也为后续其他计算机课程的学习打好基础。

本书可作为高等院校、高职高专院校应用型和技能型人才培养的计算机公共课程教材，也可以作为成人教育或计算机常用工具软件的培训教材，还可供广大计算机爱好者学习参考。

图书在版编目(CIP)数据

常用工具软件 / 叶丽珠，杨波主编. -- 北京 ：北京邮电大学出版社，2013.6（2018.8重印）
ISBN 978-7-5635-3525-5

Ⅰ.①常… Ⅱ.①叶…②杨… Ⅲ.①软件工具—教材 Ⅳ.①TP311.56

中国版本图书馆CIP数据核字(2013)第121639号

书　　名：常用工具软件
著作责任者：叶丽珠　杨　波　主编
责 任 编 辑：付兆华
出 版 发 行：北京邮电大学出版社
社　　址：北京市海淀区西土城路10号(邮编:100876)
发 行 部：电话：010-62282185　传真：010-62283578
E-mail：publish@bupt.edu.cn
经　　销：各地新华书店
印　　刷：北京九州迅驰传媒文化有限公司
开　　本：787 mm×1 092 mm　1/16
印　　张：15
字　　数：372千字
版　　次：2013年6月第1版　2018年8月第3次印刷

ISBN 978-7-5635-3525-5　　定　价：32.00元

·如有印装质量问题，请与北京邮电大学出版社发行部联系·

前　言

“常用工具软件”是在计算机操作系统的支撑环境中，为了扩展和补充系统功能而设计和开发的一系列软件。应用各种工具软件，能使计算机发挥更大的作用，不仅可以提高学习和工作的效率，还可以给用户带来生活娱乐，让用户充分享受使用计算机的乐趣。

本书是针对非计算机专业的计算机基础教育，专门为在校大学生及那些希望通过自学掌握计算机工具软件的广大读者编写的教材。本书从介绍计算机常用工具软件的基础知识着手，精选网络应用工具、文件文档工具、系统维护与安全工具、磁盘与光盘管理工具、多媒体工具等进行介绍。本书的特点如下。

1. “教、学、做”一体化

以“项目导向，任务驱动，案例教学”为出发点，采取“任务描述→任务分析→知识链接→任务设计”的方式组织和编排教学内容。

2. 教学对象普适化

在选取案例时充分考虑计算机初学者的实际操作和接受能力，运用最基本的计算机操作方法，并附以大量的图示，以深入浅出、通俗易懂的语言将各软件的应用进行翔实介绍。务求即使是第一次接触计算机的用户能够正确地使用好本书所介绍的各种软件，也能够通过本书举一反三、融会贯通地正确使用其他同类型软件。

3. 编写方式案例化

在教材编写过程中，按照基于工作过程的“任务驱动式”教学方式，首先创设情境、导入任务，然后明确目标、指明方向，接着进行任务分解、任务实施，使读者能够快速掌握概念和操作方法，提高学习效率。

4. 内容取舍恰当化

在选材上，既注重工具软件在排行榜中的位置，又注重软件的实用性。为此对教学内容进行合理地取舍，紧紧围绕实际“任务”介绍必要的、常用的、核心的基础知识和技能，以引导学生掌握基本的使用方法，并从中获得成就感。

本书由骆耀祖统稿和审核，模块一、模块二由许丽娟编写，模块三由叶丽珠编写，模块四、模块五由杨波编写，模块六由马焕坚编写。选用本书的教师可登录北京邮电大学出版社 http://www.buptpress.com/下载电子课件、案例素材、习题素材和参考答案等配套教学资源，也可以发邮件到作者邮箱 jibin_baby@163.com 索取配套资源。

本书在编写过程中得到了广东商学院华商学院丘兆福院长和信息工程系各位同仁给予的大力支持和帮助，在此向他们表示深深的谢意。由于编者水平有限，加之计算机工具软件涉及范围广、更新速度快，书中难免有疏忽、错漏之处，欢迎广大读者对本书提出宝贵意见和建议。

作　者

目　录

模块一　工具软件概述

学习目标

- ➢ 了解常用工具软件及其分类；
- ➢ 了解常用工具软件的版本；
- ➢ 掌握获取常用工具软件的途径；
- ➢ 掌握常用工具软件的安装和卸载方法；
- ➢ 掌握常用工具软件的基本使用方法。

随着计算机科学技术的迅猛发展，计算机软件的发展也是日新月异，人们对计算机应用的需求也越来越高，不再满足于简单的文字处理和上网浏览信息等基本操作，而是希望能够更加轻松地对计算机进行各种设置，能够分析、排除一些常见故障，能够自己动手对计算机进行常规维护，并熟练使用各种工具软件，提高学习和工作效率。

工具软件有其广阔的发展空间，是计算机技术中不可或缺的组成部分。许多看似复杂烦琐的事情，只要找对了相应工具软件都可以轻松地解决。工具软件涉及的范围非常广，包括各种各样的浏览器、下载工具、影音工具、系统修复工具、即时通信工具和桌面工具等，应有尽有，并且，实现同一功能的可能有几十种软件，而这些软件性能又良莠不齐，给用户的选择和使用带来了许多不便。本模块概括性地介绍了一些常用的工具软件，让用户对这些软件有一个整体的认识。

项目一　常用工具软件基础

任务一　了解常用工具软件

任务描述

了解软件的定义、计算机软件的分类，以及常用软件工具的定义、特点、分类及版本。

任务分析

在信息高速发展的时代，软件为我们提供了快捷的信息处理方式，我们要学会如何从各种各样的软件中选择适合自己需求的软件，所以必须对软件及工具软件有一个基本的认识。

知识链接

1. 常用工具软件的定义

软件是一系列按照特定顺序组织的计算机数据和指令的集合。计算机中的软件，不仅指运行的程序，也包括各种关联的文档。根据计算机软件的用途，可以将其分为两大类，即系统软件和应用软件。系统软件的作用是控制并协调计算机硬件的工作，提供一个统一的接口给应用软件；而应用软件则只针对某一特定任务或特殊目的而开发。

工具软件是指除软件开发、大型商业应用软件之外的一些应用软件。这些软件主要是为完成某一特定任务或特殊目的而开发的软件，可以是一个特定的程序，也可以是一组功能紧密协作的软件集合体，或由众多独立软件组成的庞大软件系统。工具软件包括专用工具软件和通用工具软件两大类，专用工具软件是指专门为某一个指定的任务设计或开发的软件；通用软件是指可完成一系列相关任务的软件，例如，处理文本、制作网页的各种软件等。

大多数工具软件是共享软件、免费软件、自由软件或者软件厂商开发的小型商业软件。它们一般较小，功能相对单一，但却是我们解决一些特定问题的有利工具。

2. 常用工具软件的特点

常用工具软件就是在使用计算机进行工作和学习的过程中经常用到的软件。它也是针对计算机用户某一需求而设计的计算机辅助软件，与一些大型的商业应用软件相比，它具有以下特点。

① 占用空间小。计算机常用工具软件的安装文件一般只有几兆字节到几十兆字节，安装后占用磁盘空间较少。有些工具软件甚至无须安装便可使用，这也是工具软件最大的特点。

② 功能单一。每个软件都是为了满足计算机用户某类特定需求而设计的，因此其功能比较单一。

③ 可免费使用。计算机常用工具软件很多都是免费软件，用户可以从网上直接下载到计算机中进行安装使用。

④ 使用方便。由于工具软件的功能较为单一，因此其操作界面都比较简洁和人性化，只要有一定计算机基础的用户都可以快速掌握。

⑤ 更新较快。随着各种软件不断地推陈出新，各种软件公司都会顺应用户的各种需要，不断地推出使用更普及、更稳定、更安全的新版本。

3. 了解常用工具软件的分类

（1）按软件的用途分类

根据工具软件的用途不同，可以把它们划分为安全类、系统类、网络类、文件类、图形图像类、多媒体类和桌面类等。需要指出的是，对于常用工具软件目前并没有一个科学、统一的分类标准，这种按用途所进行的分类是基于广大用户的经验和使用习惯。下面分别介绍。

① 安全类。当前计算机及网络的安全性已经成为备受关注的一个重要问题。人们在使用计算机提供的各种高效的工作方式的同时，不得不时刻提防来自计算机病毒、恶意软件、木马等诸多方面的潜在威胁。利用计算机安全防范的工具软件，可以在很大程度上帮助用户提高计算机抵抗外来侵害的能力，使普通用户能方便地检查和堵塞可能存在的各种安全漏洞。

安全类工具软件是指辅助用户管理计算机安全的软件程序。广义的安全类工具软件用途十分广泛，主要包括防止病毒传播、防护网络攻击、屏蔽网页木马和危害性脚本，以及清理流氓软件等。

常用的安全类工具软件很多，如防止病毒传播的卡巴斯基个人安全套装、防护网络攻击的天网防火墙、屏蔽网页木马和危害性脚本的360安全卫士，以及清理流氓软件的恶意软件

清理助手等。多数安全类工具软件的功能并非是唯一的，如卡巴斯基个人安全套装既可以防止病毒传播，也可以防护网络攻击，而360安全卫士也可以进行文件恢复等，如图1-1所示。

图1-1　360安全卫士的文件恢复功能

每一种安全工具都有其自身的特点，根据应用的针对性，常用的安全类工具软件主要有如下几种。

- 网络安全工具——360安全卫士。
- 个人防火墙工具——天网防火墙。
- 查杀病毒工具——瑞星杀毒软件。
- U盘保护工具——USBCleaner。
- 账号密码保护工具——360保险箱。
- 木马清除工具——木马克星。

② 系统类。系统类工具主要包括磁盘工具与系统维护工具。例如，磁盘分区管理工具PartitionMagic、磁盘碎片整理工具VoptXP、磁盘备份工具Norton Ghost；用于系统优化的有如图1-2所示的Windows优化大师和超级兔子魔法设置等。

日常使用计算机的过程中，经常会删除、复制大量的文件，这会导致用户的硬盘产生大量碎片，一个个完整的文件就被“四分五裂”地保存在磁盘中的各个角落，影响了计算机查找与执行文件的速度。此时，就有必要对系统的磁盘进行整理，也就是将系统进行优化。

③ 网络类。网络软件是指支持数据通信和各种网络活动的软件。随着互联网技术的普及和发展，产生了越来越多的网络软件。例如，各种网络通信软件、下载上传软件、网页浏览软件等。

常见的网络通信软件主要有在中国市场如日中天的腾讯QQ、美国在线服务公司(AOL)的ICQ等；常见的下载和上传软件包括迅雷、LeapFTP、CuteFTP等；常见的网页浏览软件包括微软 Internet Explorer、Mozilla Firefox 等。如图 1-3 所示为 Mozilla Firefox 浏览器。

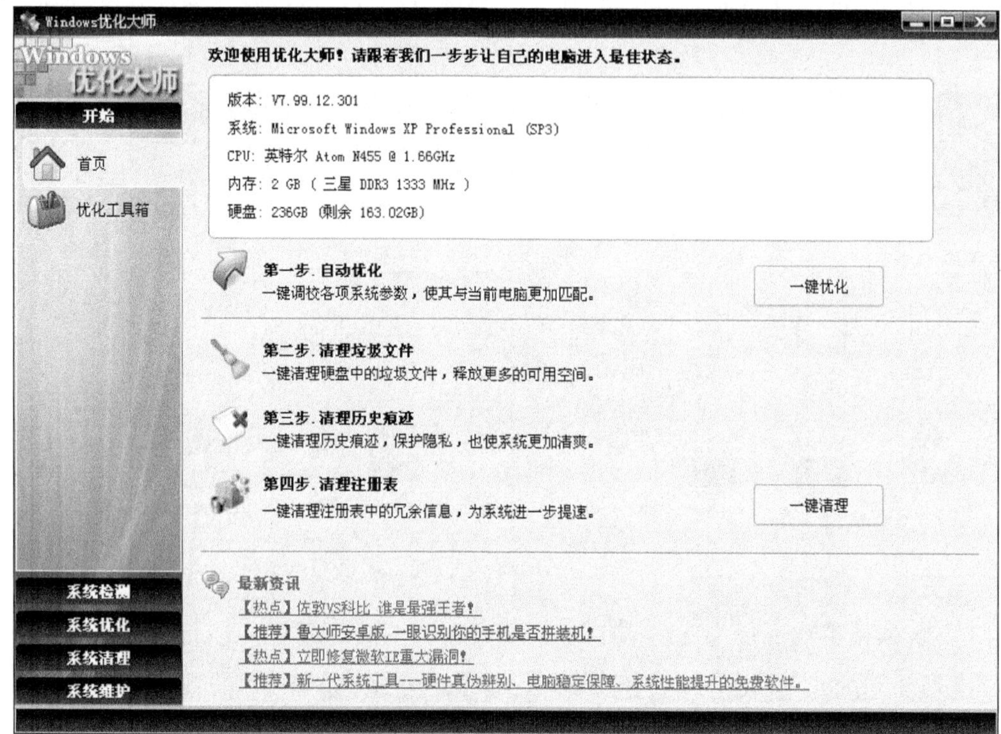

图 1-2　优化大师

图 1-3　Mozilla Firefox 网络浏览器主页

其他的网络工具还包括邮件处理工具、网络电话、IP 查看工具等，大大地方便了用户在网络上的运用。

除了上面介绍的类别外，还有许多不便于归入上面的某类，但是同样使用非常广泛的工具软件，如翻译工具、查看硬件信息工具等。

④ 文件类。在众多的内网信息资源中，机密文档安全无疑是企业最为关心的部分之一。据权威部门调查，高达 83%的公司离职员工，离职前都曾将公司资料复制带走。设计图稿、编程代码、财务报表、技术专利、客户名单等机密数据大都以电子文档的形式存在，传播不当随时可能被非法窃取，直接造成经济损失，甚至影响企业的长远发展。常见的文件类加密工具有压缩文件的加密/解密工具 Winrar、数字水印的嵌入/提取工具 AssureMark、数据急救工具 EasyRecovery 和万能加密器 Easycode 工具。其中 Easycode 工具如图 1-4 所示，它是功能超过其他所有加密软件的、小巧高速的加密软件，加密文件大小不限、文件类型不限。采用高速算法，加密速度快，安全性能高。界面美观，有加/解密列表功能。独有的密码查询功能，使得忘记密码也不再发愁。还可以将加密文件编译为可执行文件，脱离 ECBOY 环境独立运行，并可对自解密文件进行分割。可以对程序设置访问密码，具有更高安全性，拥有加密历史列表功能等。

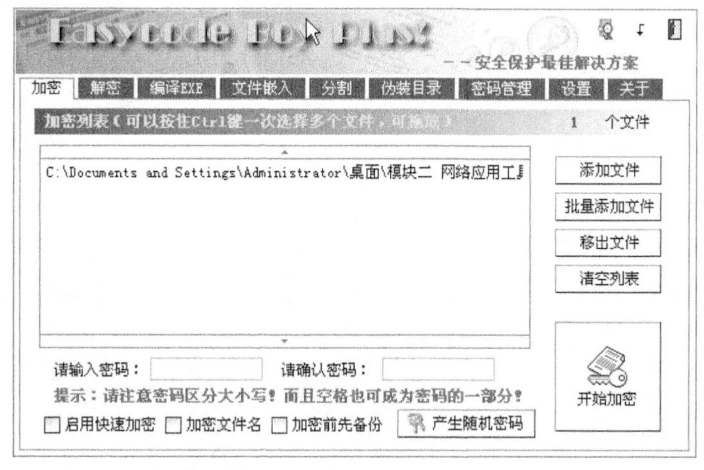

图 1-4 Easycode 文件加密工具

⑤ 图形图像类。图形图像类软件是浏览、编辑、捕捉、制作、管理各种图形和图像文档的软件。随着计算机技术的进步，图形图像处理技术的发展也是日新月异，各种图形图像软件层出不穷。其中，既包含有为各种专业设计师开发的图像处理软件，如 Photoshop、CorelDraw 等创建及编辑软件等，也有对图像进行其他处理操作的软件，如制作 GIF 动画、抓取图片、将图片制成相册等；也包括一些图像浏览和管理软件，如 ACDSee、豪杰大眼睛等；以及捕捉桌面图像的软件，如 HyperSnap 等。

以图像处理为例，早期的图像处理软件往往需要用户对软件操作熟练。而如今，随着数码相机“飞入寻常百姓家”，出现了越来越多的“傻瓜式”图像处理软件。例如，大名鼎鼎的 Adobe Photoshop Lightroom，以及国产的“光影魔术手”软件等，如图 1-5 所示。

⑥ 多媒体类。多媒体软件是指播放各种视频、音频以及处理、分割、转换这些视频音频的软件。多媒体的数据文件通常都是先通过压缩编码，然后进行传输和存储等操作。每种

编码方式都需要由特定的软件进行解码才能够播放和处理。几乎每种多媒体压缩编码方式都有其指定的播放、处理和分割转换软件,如专门针对微软的.WMV流媒体格式的Windows MediaPlayer等。除了专门针对某一种压缩编码方式的软件外,还有一些通用的播放或处理软件,如The kmplayer等,可以处理绝大多数多媒体文件,如图1-6所示。

图1-5 光影魔术手工具

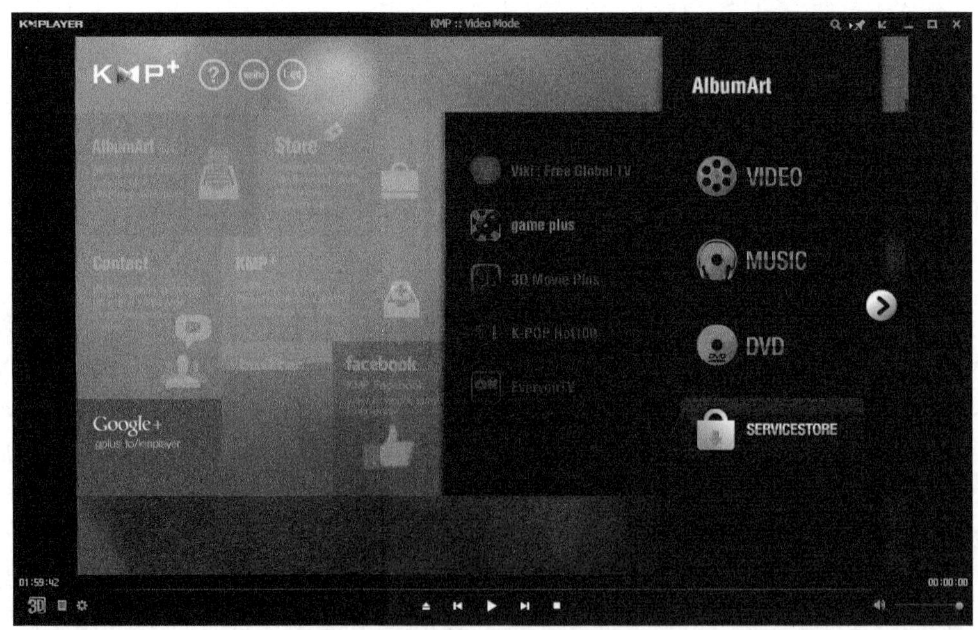

图1-6 kmplayer多媒体软件工具

由于多媒体类文件的格式繁多,相应地带动了该类工具软件的繁荣。比如,MP3是比较流行的数字音乐格式,支持MP3播放的工具软件也就不胜枚举,其中比较著名的有国外

的 Winmap 软件等。

随着计算机的不断发展和硬件的不断更新，DVD 光驱在社会上随之普及，DVD 播放工具也变得日益走红，著名的有 WinDVD、PowerDVD 等。

⑦ 桌面工具。桌面工具主要是指一些应用于桌面的小型软件，可以帮助用户实现一些简单而琐碎的功能，提高用户使用计算机的效率，或为用户带来一些简单而有趣的体验。例如，帮助用户定时清理桌面、计算四则运算、即时翻译单词和语句、提供日历和日程提醒、改变操作系统的界面外观等。

在各种桌面工具中，最著名且最常用的就是微软在 Windows 操作系统中提供的各种附件了，包括计算器、画图、记事本、放大镜等。微软提供了各种桌面工具，如图 1-7 所示的是著名的 360 桌面软件，除此之外一些第三方提供的桌面工具也独具特色。

图 1-7　360 桌面工具

(2) 按软件的性质分类

① 共享软件。共享软件是以“先使用后付费”的方式销售的享有版权的软件。根据共享软件作者的授权，用户可以从各种渠道免费得到它的复制，也可以自由传播它。用户总是可以先使用或试用共享软件，认为满意后再向作者付费；如果用户认为它不值得花钱买，可以停止使用。

② 免费软件。所谓免费软件就是可以自由而且免费使用该软件，并复制给他人，而且不必支付任何费用给程序的作者，使用上也不会出现任何日期的限制或是软件使用上的限制。不过当复制给他人的时候，必须将完整的软件档案复制给他人，且不得收取任何费用或转为其他商业用途。在未经程序作者同意下，更不能擅自修改该软件的程序代码，否则视同侵权。

③ 绿色软件。所谓“绿色软件”主要是说软件解压缩后即可直接使用，无须运行安装程序进行安装。这种软件对系统的更改最少，甚至不更改操作系统的任何内容(不修改注册表、不添加或更改系统文件等)。

④ 测试版软件。正规的软件在正式发布前都会先发布测试版。通过一定规模的使用将出现的问题提交软件公司修改，保证正式版的正确性、稳定性、安全性和可操作性等。严格意义上讲，这种版本是不完善的。有的可能是有功能缺陷的，有的可能有错误等。当然也

有很多测试版是为了验证新功能的可行性和用户的操作方便与否。

⑤ 破解版软件。破解版软件通常都是一些收费的软件被高人破解，解除软件限制，然后免费共享给他人用的软件。

4. 了解软件的版本

软件的版本是体现软件开发进度的一种标志，也是帮助用户了解软件发布情况的重要工具。

(1) 软件版本的作用

软件是一种虚拟化的商品，但和现实中的各种商品一样，开发的时间有先有后。由于计算机程序不断发展，各种软件程序的代码越来越复杂。因此，任何软件都难以避免出现各种漏洞或错误(在软件开发领域被称作为 Bug，即虫子)。因此，软件发行以后，开发者通常会开始为用户提供各种更新的补丁程序。

当软件的更新积累到某种程度，或增加了重要的功能后，开发者往往会重新将软件封装，再次发行。对于同一个软件而言，版本就是标识这些不同时间发布的软件产品的一种重要标志。通常，每一个版本的软件，都会包括一个唯一的版本号。

(2) 软件版本号的命名风格

版本号就是版本的标识号，每一个软件都有一个版本号，版本号能使用户了解所使用的软件是否为最新的版本以及它所提供的功能与设施。每一个版本号可以分为主版本号与次版本号两部分。

软件版本号最初通常是由各软件开发者自由命名的，随着计算机技术的发展，目前趋向于使用统一的风格，以使用户了解软件的更新情况。目前流行的版本号主要包括以下 3 种风格。

① GNU(一种开源和自由软件的计划)风格。

版本号格式：主版本号.子版本号[.修正版本号[编译版本号]]

GNU 是 GNU is Not Unix 的递归缩写。GNU 风格的版本号主要应用于各种开源软件或免费软件中。例如，1.2.1，2.0，5.0.0 build-13124。

② Windows 风格。

版本号格式：主版本号.子版本号[修正版本号[.编译版本号]]

Windows 风格的版本号与 GNU 风格类似，见于早期微软的操作系统中的各种软件。随着 Visual Studio 的发布，微软已很少再使用这一风格，但有些软件开发者仍然在使用。例如，1.3 2build-3300。

③ .NET Framework 风格

版本号格式：主版本号.子版本号[.编译版本号[.修正版本号]]

.NET Framework 风格的版本号是目前大多数 Windows 程序和商业程序都在使用的。例如，3.5 build-1100.9。

在以上 3 种风格中，软件的版本号由 4 个部分组成，即主版本号、子版本号、编译版本号和修正版本号。

主版本号和子版本号是必选的，编译版本号和修正版本号则是可选的。如果定义了修正版本号，则编译版本号就是必选的。所有定义的版本号必须是大于 0 的整数。这 4 部分版本号的更新，通常会遵循一定的规则，如表 1-1 所示。

表 1-1　版本号更新的规则

版本号类型	更新规则
主版本号	适用于对软件代码的大量重写，或对功能的重大更新，导致软件主程序不可互换，也不可实现全面的前后兼容性
子版本号	对软件进行了小幅的更新，增加了一些简单的功能，但保持前后的兼容性，主程序往往可以互换使用
编译版本号	对相同源代码进行的重新编译。通常适用于更改处理器、平台或编译器的情况
修正版本号	用于对之前发布的软件产品进行小幅的漏洞修补

在应用程序中，编译版本号和修正版本号不同，但主版本号和子版本号相同的被视为是之前发布软件的更新程序。在软件发布时，如果主版本号和子版本号更新，则用户往往需要重新支付费用，才能获取新的版本，而编译版本号和修正版本号的更新用户往往可以免费获取新的版本。

（3）版本的标记符号

除了数字组成的版本号外，很多软件还会使用标记符号，以标识软件的发布或开发状态，以及测试的进度。

① 开发阶段的版本标记符号。

在软件开发阶段，开发者往往会释放出一些功能并不完善的版本，提供给用户试用。这些版本可以帮助开发者收集用户的意见，以对产品进行改进。在这一阶段，往往会使用一些独特的版本标记符号，如表 1-2 所示。

表 1-2　开发阶段的版本标记符号

标记符号	说明
Alpha 版	内部测试版，通常会在软件开发者之间运行，不对外公开，由开发者自行测试，检查软件产品的缺陷、错误。在此阶段，软件的开发往往只完成了基本的功能，是软件发布的第一个阶段，因此使用希腊文第一个字母 α(Alpha)
Beta 版	公开测试版，通常会在进行完 Alpha 阶段测试，修补完基本的缺陷和错误之后，对外提供光盘或下载，给一些典型的用户进行测试，以获取软件的可用性信息，以便在正式发行前进一步改进和完善。同时测试市场对软件的反应
Gamma 版	最终测试版，属于相当成熟的版本。在进行完 Beta 测试后发布的版本，基本上与正式发行的版本没有太大区别
Demo 版	演示版，主要演示正式版软件的部分功能，帮助用户了解软件的基本使用方法。有些游戏也会发布 Demo 版，可能只包含一两个关卡供用户试玩
Release 版	发行版，带有完整的功能，但不是正式版本，往往带有时间或使用次数的限制，允许用户免费下载
Release Candidate/RC 版	最终发行版，指可能成为最终产品的版本，类似于 Gamma 版本

② 销售/发行阶段的版本标记符号。

在软件开发完成并发布后，开发者会重新编译软件，将软件发布到网络上或交给生产厂商烧录光盘。此时，软件将使用另一些版本标记符号，如表 1-3 所示。

表 1-3　销售/发行阶段的版本标记符号

标记符号	说明
Enhanced 版	增强版。对于普通的软件，往往会在完整的正式版本功能基础上增加几个实用的新功能。如果是游戏，则往往会在正式版本基础上增加新的游戏场景、角色或情节等
Free 版	免费版，通常允许用户自由地获取软件、使用软件而不需要付费
Full Version 版	完全正式版，即最终发售的版本
Shareware 版	共享版。具有使用时间或功能、使用次数限制的免费获取版本。如需要获得完整的版本，则可能需要付费购买
Upgrade 版	升级版，类似补丁包，提供给已有旧版本产品的用户，将其升级为最新版本，往往无法直接安装，需要旧版本支持
Retail 版	个人零售版，只针对个人的功能不太完善的版本，但价格比较低，在使用时间上可能也有限制
Cardware 版	卡片共享版，共享软件的一种，用户需要给软件的开发者发送一封邮件或明信片，获取注册码
Plus 版	加强版，这种版本通常是在软件的界面或多媒体功能方面加强
Preview 版	预览版，非正式版本的一种，为用户展示部分产品功能，通常免费或收取少量费用
Corporation/Enterprise 版	企业版，针对企业用户提供的商业版本。费用较高，但是功能往往比较强大
Standard 版	标准版，软件的正式发行版。该版本主要针对大多数用户
Mini/Lite 版	精简版或简化版，只有最基本功能的版本
Premium 版	额外贵宾版，往往比正式版本增加了一些功能或针对某些企业用户定制的版本
Professional 版	专业版，针对某些开发人员提供的版本，相比标准版，增加了一些开发人员必须使用的功能
Express 版	特别版，针对某些特定的事件或客户发行的版本，往往具有独特的功能或界面
Deluxe 版	豪华版，针对标准版，往往增加了很多强大的功能或在界面上进行了华丽的设计，这种版本的价格也比标准版要高许多
Multilanguage 版	多语言版，包含多种使用语言的版本
Rip 版	提取版，为方便网页下载，软件开发商往往将光盘中的软件核心部分提取出来(在不影响功能的情况下，删除各种文档)，提供给用户
Trial 版	完全试用版，软件本身功能和正式版没有什么区别，只是人为添加了一些功能限制。当用户注册后，即可直接转换为正式版
RTM 版	批量生产版本，即直接发送到光盘生产商手中的版本，基本上就是软件的最终版本
OEM 版	随机赠送版或随机销售版，通常是给硬件生产商提供的版本。由硬件生产商在销售硬件时捆绑提供给用户，不单独销售
FPP/RVL 版	完全零售版(盒装版)，直接提供给零售商销售的版本
VLO 版	批量许可版，为团体购买而提供的优惠版本，用户往往是某些大型企业集团

大多数软件在开发和发行时，都会为软件使用以上的各种标记符号。当然，也有一些软件喜欢标新立异，使用自己独特的标记符号。例如微软公司的 Windows Vista 系统和 Office 套装软件，就比较喜欢在最终发布的最强大版本上添加旗舰(Ultimate)版字样。

项目二 获取常用工具软件

使用某个工具软件，必须先得到它的安装程序，然后安装到计算机中才能使用。获取常用工具软件的方法主要有 3 种：一是通过到实体商店购买软件的安装光盘；二是通过软件开发商的官方网站下载或获取光盘；三是到第三方的软件网站中下载。

1. 从实体商店购买安装光盘

在计算机市场的软件销售处一般都有针对用户需要的工具软件出售，如杀毒软件等，同时还会出售一些带有多个常用工具软件的合集。可以根据自己的需要选择并购买相应的工具软件安装光盘。另外，很多商业性的软件都是通过全国各地的软件零售商销售的。例如，著名的连邦软件店等。在这些软件零售商的商店中，用户可购买各类软件的零售光盘或授权许可序列号。

2. 到官方网站下载

官方网站是一些公司为介绍和宣传公司产品所开通的一个权威性站点，会将软件的测试版或正式版放到互联网中，供用户随时下载。对于测试版软件，网上下载的版本通常会限制一些功能，等用户注册之后才可以完整地使用所有的功能。而对于一些开源或免费的软件，用户则可以直接下载并使用所有的功能。

3. 到第三方的软件网站中下载

除了购买光盘和从官方网站下载软件外，用户还可以通过其他的渠道获得软件。在互联网中，存在很多第三方的软件网站，可以提供各种免费软件或共享软件的下载。几个较著名的提供软件下载的网站地址如下所列。

① 华军软件园：http://www.onlinedown.net。

② 硅谷下载：http://download.enet.com.cn。

③ 太平洋软件下载：http://www.pconline.com.cn/download。

④ 天空软件站：http://www.skycn.com。

任务一 通过官方网站下载工具软件

任务描述

进入 Adobe 公司的中国官方网站 http://www.adobe.com/cn/下载阅读工具 Adobe Reader。

任务分析

在官方网站下载工具，首先要知道相应官方网站的网址，然后在官网找到下载链接。下载后的工具通常要先手动保存后才可以安装，也有一些工具下载后会马上自动安装并运行。Adobe Reader 阅读工具的下载需要 4 步就可以完成了。

知识链接

Adobe Reader(也被称为 Acrobat Reader)是美国 Adobe 公司开发的一款优秀的 PDF 文件阅

读软件。文档的撰写者可以向任何人分发自己制作的 PDF 文档而不用担心被恶意篡改。

任务设计

① 启动浏览器，在 IE 地址栏中输入 http://www.adobe.com/cn，按"Enter"键，进入其网站的主页，如图 1-8 所示。单击其中的"下载"→" Adobe Reader"菜单，进入到 Adobe 产品下载选项页面，如图 1-9 所示。

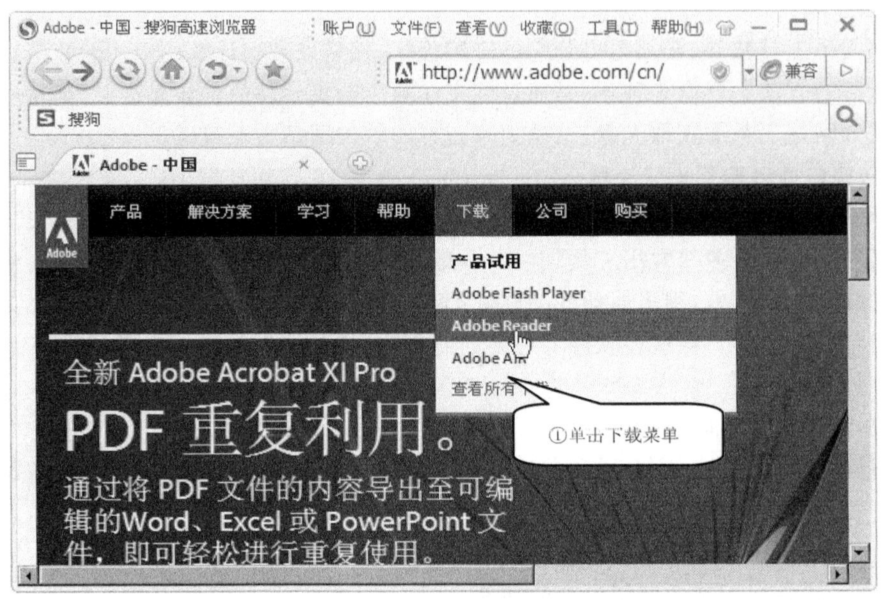

图 1-8　Adobe Reader 中国官网首页面

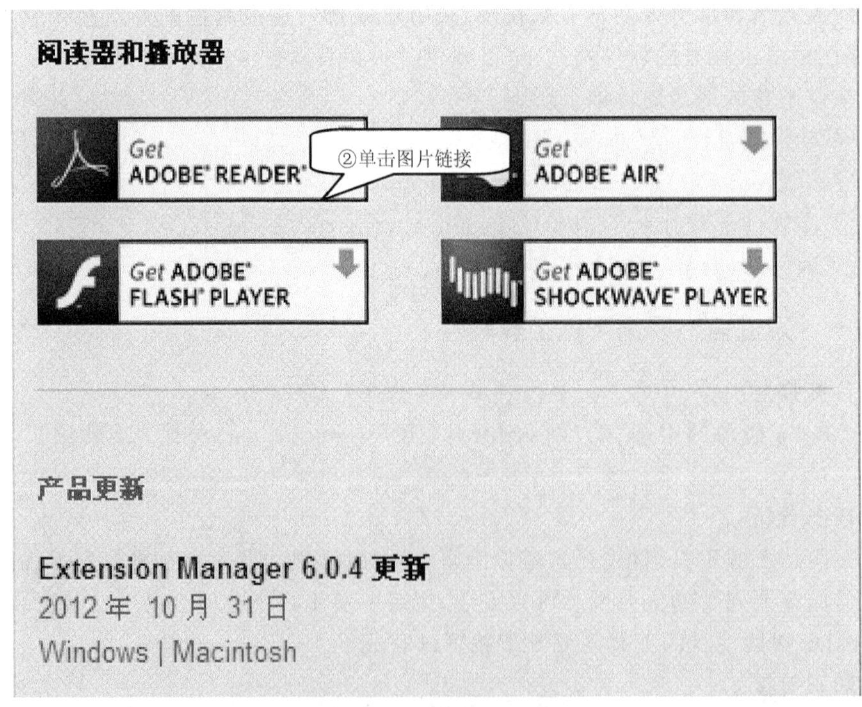

图 1-9　Adobe 产品下载选项页面

② 在如图 1-9 所示位置，单击“Get ADOBE READER”图片链接进入下一个页面，如图 1-10所示。

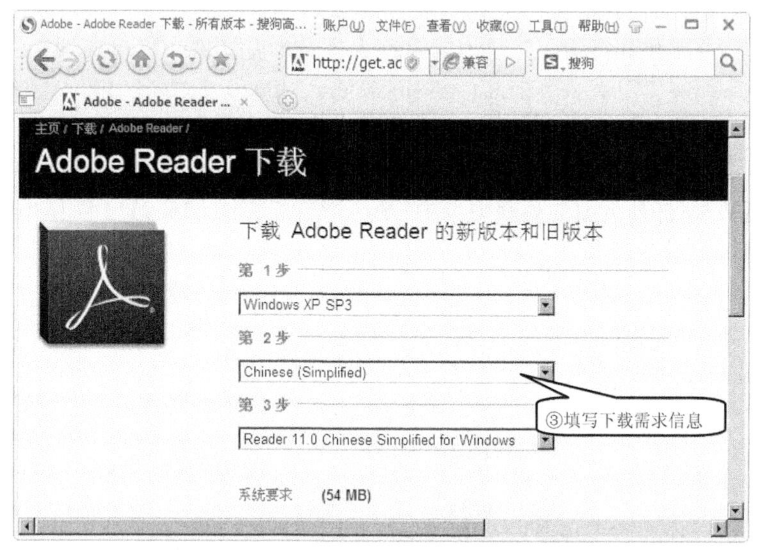

图 1-10　Adobe Reader 下载需求信息页面

③ 在如图 1-10 所示页面中根据自己的实际要求填写下载需求信息，然后单击“立即下载”按钮。

④ 在如图 1-11 所示的对话框中，选择一个要保存下载文件的位置，单击“下载”按钮下载并保存 Adobe Reader 安装程序。

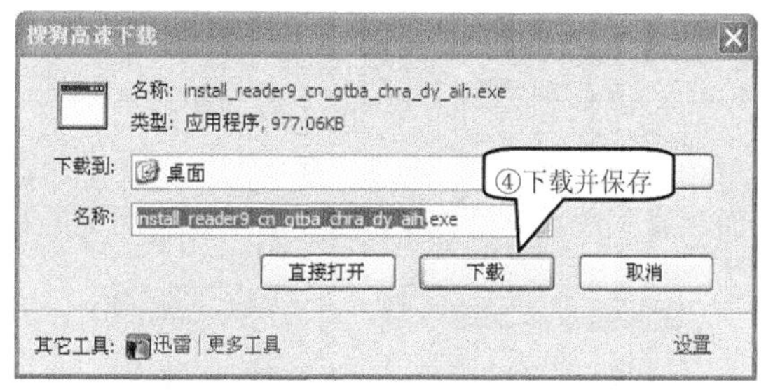

图 1-11　下载并保存 Adobe Reader 安装程序

⑤ 下载完成后打开指定的保存位置，可以看到下载的可执行文件，需要时双击可执行程序文件进行安装即可。

任务二　通过普通网站下载工具软件

任务描述

在“天空软件下载”网站上搜索并下载多媒体播放软件暴风影音。

任务分析

根据“天空软件下载”网站地址，找到相关下载链接后下载暴风影音。为了下载方便，可以把一些较著名的提供软件下载的网站地址收藏下来，再用时就可以直接从收藏夹打开，而不用记一长串的网址或去百度搜索了。

📖 知识链接

暴风影音是暴风网际公司推出的一款视频播放器，该播放器兼容大多数的视频和音频格式。软件可以通过自动侦测用户的计算机硬件配置，自动匹配相应的解码器、渲染链，自动调整对硬件的支持，并提供和升级了系统对常见绝大多数影音文件和流行视频文件的支持，包括RealMedia、QuickTime、MPEG2、MPEG4（ASP/AVC）、VP3/6/7、Indeo、FLV 等流行视频格式。

📖 任务设计

① 启动搜狗浏览器，在地址栏中输入 http://www.skycn.com/soft/98.html，按"Enter"键，进入下载网站，在打开页面的列表中选中"暴风影音 5.20.0115.1111 简体中文版"，单击进入软件下载页面，如图 1-12 所示。

图 1-12 软件下载页面

② 从打开的链接页面选择一个高速下载，如图 1-13 所示，用天空极速下载器进行下载。

图 1-13 用天空极速下载器下载

也可以使用百度、Google 等搜索引擎进行搜索并下载工具软件。在下载软件前应仔细阅读软件的简介和下载注意事项。另外，有些网站中还会提供软件的安装方法或汉化包的使用等帮助信息。

项目三　安装/卸载常用工具软件

获取工具软件的安装程序后，便可以对其进行安装，不再使用时又可以将其卸载。工具软件的安装和卸载一般都是图形化界面形式的操作，只需要按照提示一步步地操作下去即可。本项目介绍一个工具软件的安装和卸载方法，其他工具软件的安装和卸载方法与此类似。

任务一　安装工具软件

📖 任务描述

安装暴风影音多媒体播放软件。

📖 任务分析

由于工具软件的体积一般都较小，因此下载后通常只有一个可执行文件(.EXE 文件)，双击该可执行文件便可打开安装向导进行安装。在安装过程中一般无须手动设置选项，根据安装向导的提示一直单击“下一步”按钮即可完成安装。

📖 任务设计

① 通过“我的电脑”窗口打开暴风影音安装文件所在目录，双击 Stormsetup.exe 可执行文件。弹出安装初始界面如图 1-14 所示，单击“开始安装”按钮。

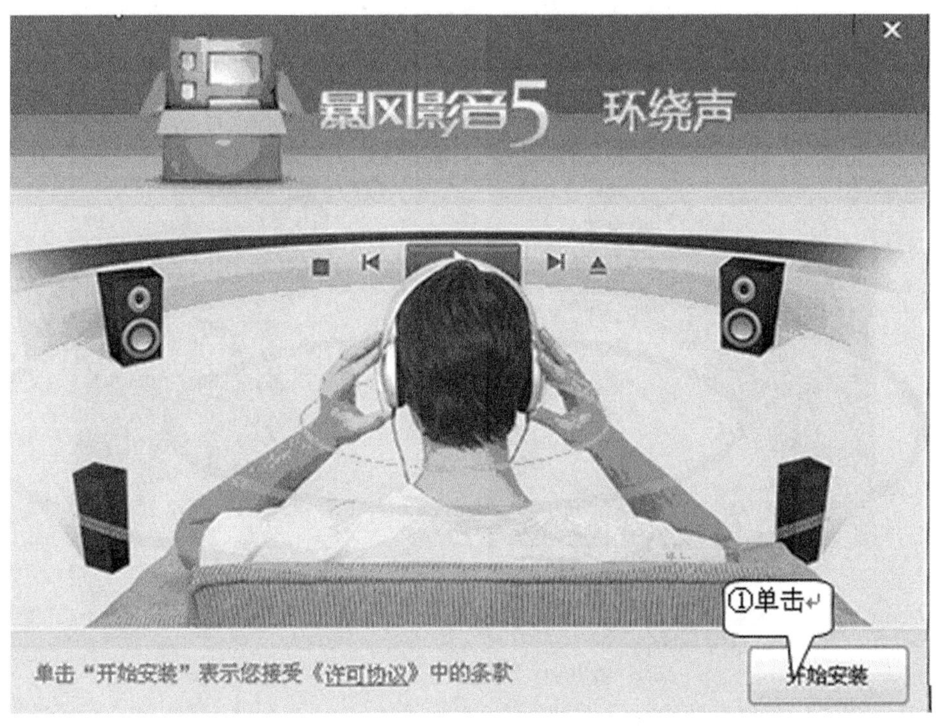

图 1-14　安装初始界面

② 此时弹出“暴风影音安装程序”向导对话框，单击“下一步”按钮。在该向导对话框中选择安装目录，单击“下一步”按钮，如图 1-15 所示。

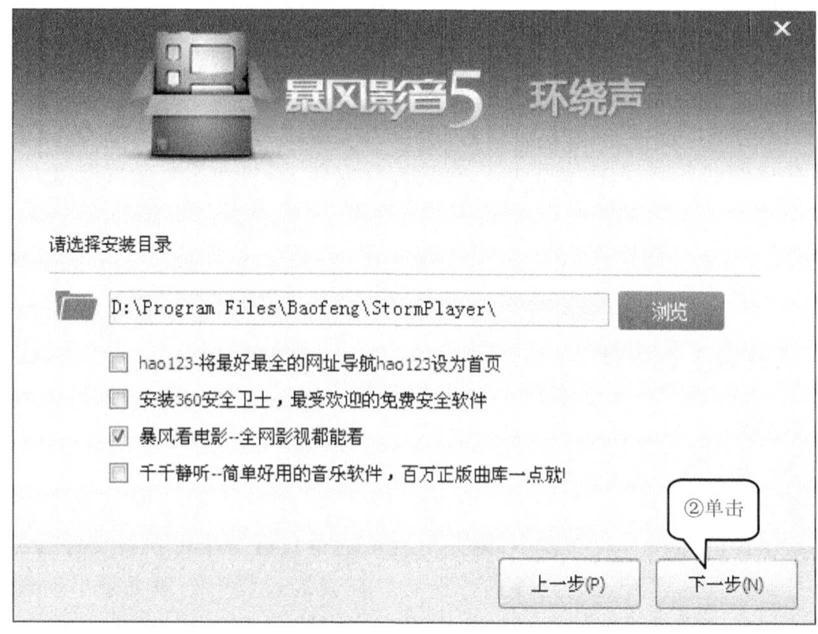

图 1-15　设置安装目录

③ 最新版的暴风影音简化了安装过程，等待安装进度完成后，单击“立即体验”按钮，如图 1-16 所示。

图 1-16　暴风影音安装过程

④ 完成安装，自动启动默认界面如图 1-17 所示。

通过以上的安装步骤可以看出工具软件的安装非常简单，不像在安装大型软件时那样

要输入序列号等安装步骤。不同的工具软件根据其用途和大小，安装过程会有所不同。但是总的来说工具软件在安装时要注意两个问题：一是安装路径的指定，二是有些软件需接受安装协议后才能继续安装。

图 1-17　暴风影音默认界面

任务二　卸载工具软件

任务描述

从本地计算机卸载暴风影音多媒体播放软件。

任务分析

不再使用的工具软件或无法正常使用的工具软件，可以将其从计算机中卸载。利用计算机中的“控制面板”，可以卸载工具软件。通过“我的电脑”或“开始”菜单，都可以打开“控制面板”，下面以卸载计算机中的“暴风影音”工具软件为例，学习从“控制面板”卸载工具软件的方法。

任务设计

① 在计算机中执行“开始”→“设置”→“控制面板”命令，打开“控制面板”窗口，如图 1-18 所示。在该窗口中双击“添加/删除程序”图标按钮，打开“添加/删除程序”对话框。

② 在打开的“添加/删除程序”对话框中，单击左侧的“更改或删除程序”图标，在“当前安装的程序”列表中选择要卸载的软件，然后单击右侧的“删除”按钮，如图 1-19 所示。

③ 此时弹出一个“暴风影音卸载”对话框，在其中单击“直接卸载”按钮，并在“暴风影音卸载提示”对话框中单击“否”按钮即开始卸载文件，如图 1-20 所示。

④ 卸载完毕后，弹出一个如图 1-21 所示的卸载原因调查界面，填写卸载原因后单击

"完成"按钮,结束卸载操作。

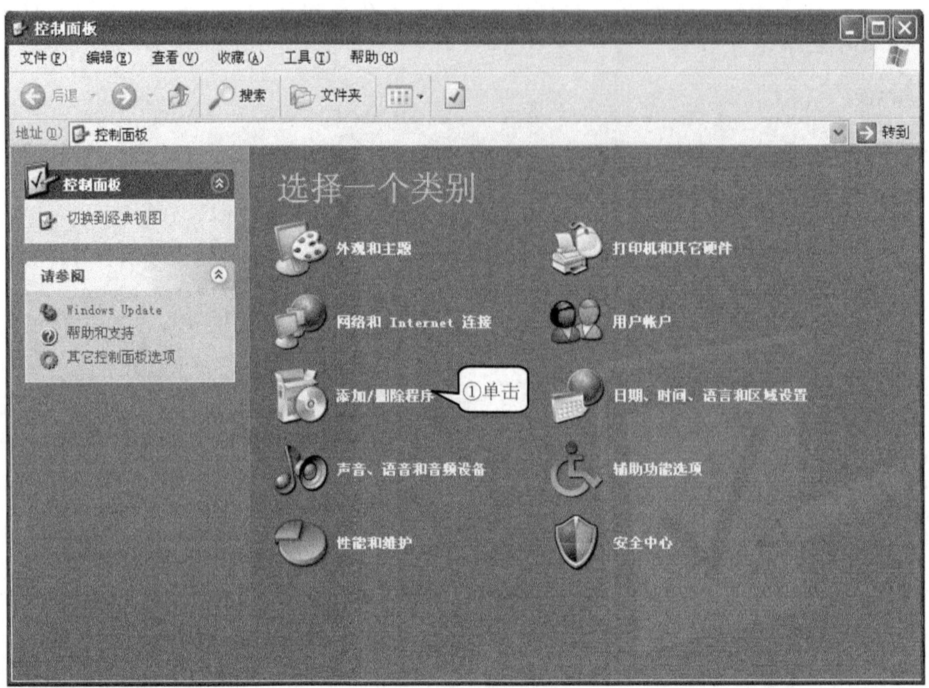

图 1-18　添加/删除程序

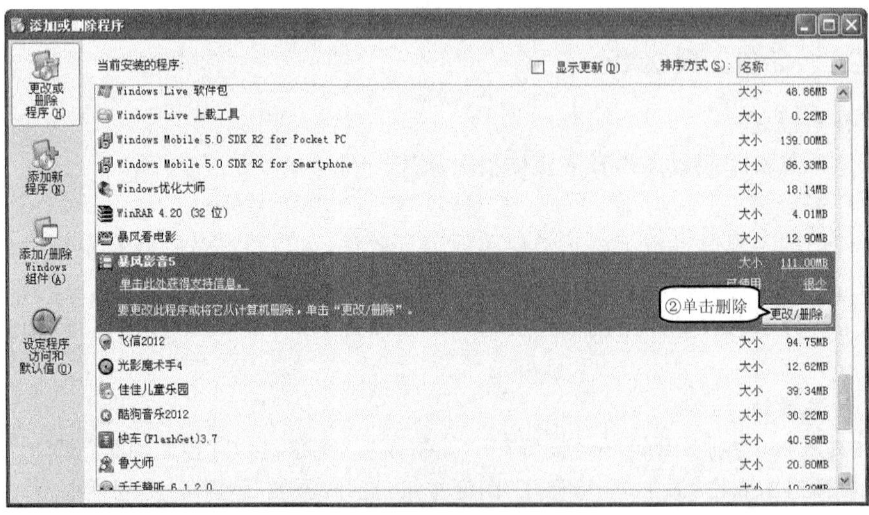

图 1-19　选择要删除的程序

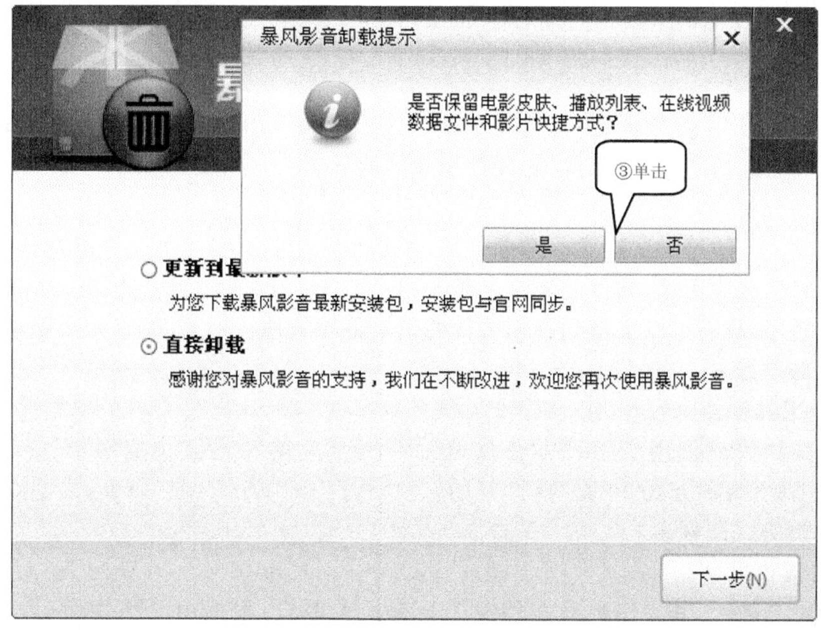

图 1-20　暴风影音卸载提示

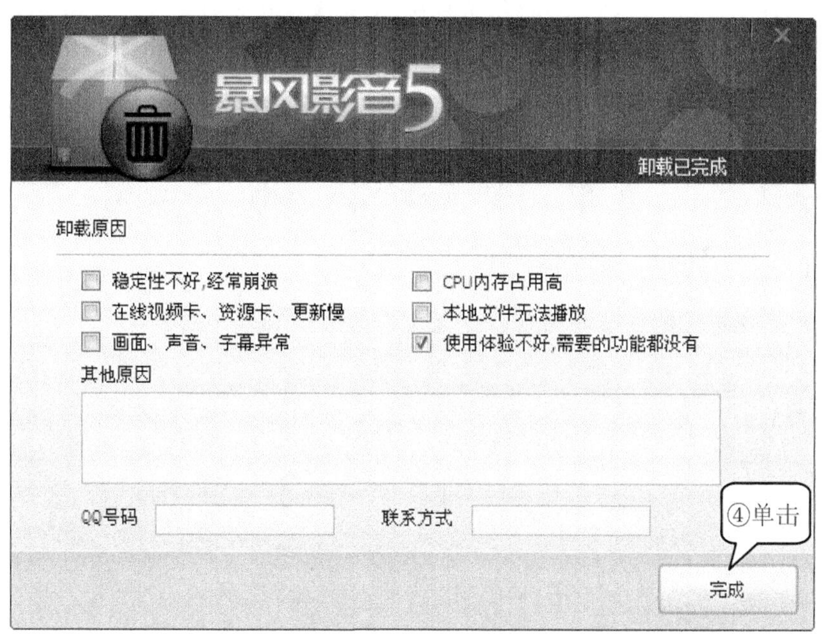

图 1-21　卸载原因调查

项目四　常用工具软件的使用

任务一　使用 WinRAR 工具软件

工具软件安装完成后，便可以开始使用。虽然工具软件众多，每个软件的用途也各不相同,但是一些基本的使用方法是相似的,掌握这些工具软件的共性操作将有助于使用各种工具软件。

任务描述

启动 WinRAR 工具软件,观察其操作界面、使用菜单和工具栏以及使用快捷菜单等,以此来总结工具软件的基本使用方法和软件操作的共性。

任务分析

不同的软件其使用方法存在一定的差异,但是常用工具软件主要面向普通用户,为了体现软件的友好性和通用性,软件的操作过程和界面都有一定的相似之处,所以,通过对一个常用软件的使用,我们可以了解到常用软件的基本使用方法。

任务设计

1. 打开工具软件

打开工具软件最常用的两种方法是通过“开始”菜单和桌面快捷图标。例如要打开 WinRAR,有以下两种方式:一是执行“开始”→“程序”→“WinRAR”命令;二是双击桌面上 WinRAR 快捷方式图标。

2. 查看操作界面

不同的工具软件,其操作界面在外观上会有很大差异,根据用途和软件功能的大小程度,其界面有的简洁,有的组成部分较多。但除了操作界面中专门针对软件本身的部分外,大部分工具软件都包括标题栏、菜单栏、工具栏、工作区和状态栏等部分。如图 1-22 所示为 WinRAR 压缩软件的操作界面。

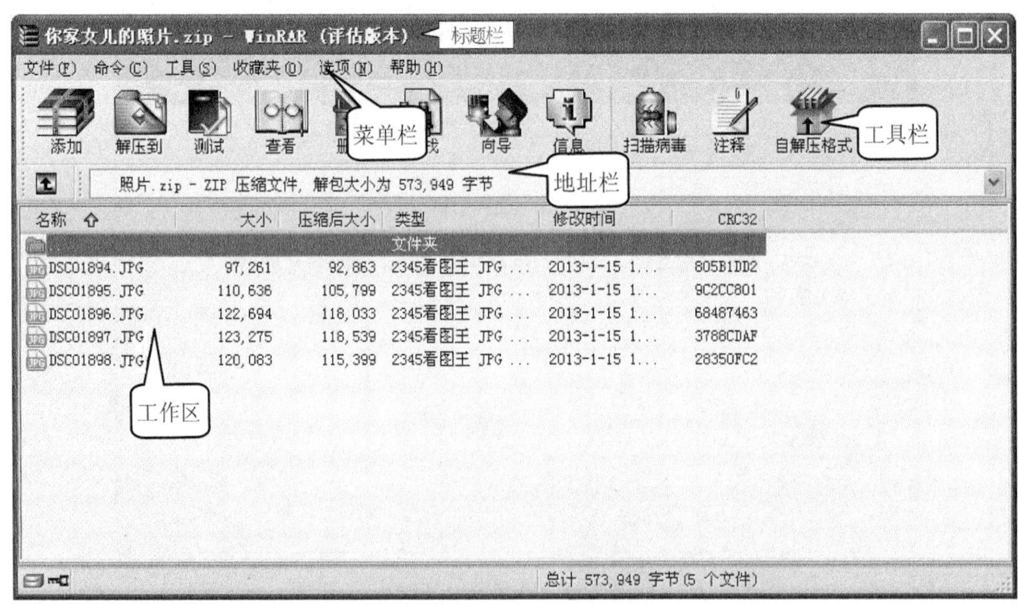

图 1-22 WinRAR 压缩软件的操作界面

在不同的工具软件中,一些有代表性的组成部件介绍如下所述。

① 标题栏:显示软件名称或当前所编辑文档名称。右侧的 3 个按钮分别用来实现程序窗口的最小化、最大化/还原和关闭操作。

② 菜单栏:包括“文件”、“编辑”等菜单项,通过执行菜单命令可以完成相应的操作。

③ 工具栏:一般位于菜单栏的下方,单击相应按钮便可以执行常用的操作。不同软件

的工具栏上的按钮作用也不相同。

④ 工作区：工作区中的内容区别较大，若是文档编辑或图文处理软件，工作区中会显示出文档或图形；若是图像查看或媒体播放类软件，工作区中还包括控制面板、工具箱或文件夹等窗格。

⑤ 地址栏：它是文件管理、图文浏览和系统设置类工具软件中重要的组成部分。用于显示当前软件中打开文档的路径。也可以在其下拉列表框中选择切换到的目标路径。

⑥ 状态栏：用于显示当前打开或编辑文档的状态信息，或者显示帮助提示。

3. 使用菜单栏

菜单栏是工具软件中必不可少的组成部分，大多数操作都可以通过使用菜单栏来完成。执行某个菜单命令时先单击其所在的菜单项，然后再在弹出的下拉菜单中执行相应的命令。不同的工具软件会根据自身的特点增加或减少菜单栏中的菜单项目，但菜单栏中的"文件"、"工具"、"帮助"等菜单项几乎是每个应用程序所共有的。对其简介如下。

① 文件：提供新建、打开以及退出等与文件相关的编辑操作。

② 工具：提供与所选对象相关的操作命令，如 WinRAR 的"工具"菜单下提供了"转换压缩包"、"修复压缩文件"和"查找文件"等命令。

③ 帮助：提供使用当前软件的帮助信息。

4. 使用工具栏

工具栏可以说是工具软件中使用最频繁的部件，因为通过它提供的按钮可以快捷地实现该工具软件的常用操作。通过工具栏中各个按钮的图标形状和名称便可以知道该按钮的作用。很多工具软件都提供了自定义工具栏中工具按钮的功能，可以根据自己的需要在工具栏中定制常用的功能按钮，而把那些不常用的按钮隐藏起来。还有些软件会随着工作区内容的变化自动调整工具栏中的按钮。

练　习　一

一、选择题

1. 以下哪一种软件属于系统软件？（　　）

A. 办公软件　　B. 操作系统
C. 图形图像软件　　D. 多媒体软件

2. 以下哪一种软件不属于办公软件？（　　）

A. MySQL Server　　B. 金山 WPS
C. 永中 Office　　D. 红旗贰仟 RedOffice

3. 以下哪一种软件版本不属于正在测试的版本？（　　）

A. Alpha 版　　B. Beta 版　　C. Cardware 版　　D. Demo 版

4. 以下哪一种软件授权允许用户自行修改源代码？（　　）

A. 商业软件　　B. 共享软件　　C. 免费软件　　D. 开源软件

5. 保护软件知识产权的目的不包括（　　）。

A. 鼓励科学技术创新　　B. 保护行业健康发展
C. 与国际接轨　　D. 保护消费者的利益

二、思考题

1. 系统软件都包括哪些类别？为每个类别举出一个实例。

2. 软件的版本号都由哪些部分组成？常见的软件版本命名风格都包括哪些？

3. 大多数软件在安装过程中都包括哪些步骤？

4. 什么是专有软件？专有软件的特征是什么？

5. 请列举 5 个著名的软件下载站点。

三、操作题

1. 大多数软件在安装后都会自动在操作系统的桌面创建一个快捷方式。如果软件没有为用户创建快捷方式，则用户可自行在软件安装的目录下选择软件主程序文件。请自行选择一个软件，创建其快捷方式到桌面。

2. 计算机软件开发技术是一种不断发展的技术。软件的开发者们总是不断为软件增加各种新的技术，增强软件功能，提高软件性能。因此，在安装软件后，需要不断地更新软件。选择已经安装的光影魔术手工具软件，采用手动方式更新软件。

3. 从官方网站下载 360 安全卫士并安装。

模块二　网络应用工具

学习目标

- 学习浏览器工具——IE、360浏览器、搜狗高速浏览器；
- 掌握邮件收发工具——Foxmail；
- 熟悉即时通信工具——腾讯QQ、MSN、飞信；
- 掌握网络下载工具——迅雷、CuteFTP；
- 使用网络电视/电影工具——PPS、PPLive。

随着计算机网络的日渐普及，网络上形形色色的资源也非常丰富，网络使用已经成为新时代生存所必须掌握的技能。如何快速、安全地搜索、获取和提供网络资源已成为计算机应用最主要的内容之一。通过对本模块项目案例的学习，我们要学会浏览器、电子邮件、网络聊天、文件传输、网络电视等常用网络工具软件的使用，提高我们对常用网络工具的使用能力，为我们日常学习或工作提供帮助。

项目一　浏览器工具

网页浏览器是一个显示网页服务器系统内的文件，并让用户与这些文件互动的一种网络应用软件。它用来显示在万维网或局域网络内的文字、影像及其他资讯信息。浏览器作为浏览网页的专业工具，用户可以通过浏览器访问到全球的网站，只有通过它用户才能更加直观地看到形形色色的网络世界，可以说它是网络的一扇窗户。浏览器已经成为用户不可或缺的网络工具。而且，浏览器是用户每天都必须使用的工具，所以它显得是如此的重要，以至于现在有很多专家将其称为"真正的门户"，谁控制了用户的浏览器，谁就可以控制用户。因此，进入21世纪，浏览器作为互联网的入口，已经成为各大软件巨头的必争之地，竞争十分激烈，截至2011年市场上主要的浏览器有以下几种。

(1) IE浏览器

IE(Internet Explorer)浏览器，是微软公司推出的一款网页浏览器，是使用最广泛的网页浏览器。

最新版的Internet Explorer提供了一个下载监视器和安装监视器，允许用户分两步选择是否下载和安装可执行程序，这可以防止恶意软件被安装。用Internet Explorer下载的可执行文件被操作系统标为潜在的不安全因素，每次都会要求用户确认他们是否想执行该程序，直到用户确认该文件为"安全"为止，从而提高IE浏览器的安全性能。

(2) 360安全浏览器

360安全浏览器是新一代的浏览器，和360安全卫士、360杀毒等软件产品一同成为360安全中心的系列产品。360安全浏览器拥有全国最大的恶意网址库，采用恶意网址拦截技术，可自动拦截挂马、欺诈、网银仿冒等恶意网址。其独创沙箱技术，在隔离模式即使访问木马也不会感染。

(3) 搜狗浏览器

搜狗高速浏览器是国内最早发布的双核浏览器。完美融合全球最快的 Webkit 内核和兼容性最佳的 IE 内核，保证良好兼容性的同时极大提升网页浏览速度，也是首款给网络加速的浏览器，可明显提升公网教育网互访速度 2～5 倍，通过业界首创的防假死技术，使浏览器运行快捷流畅且不卡不死，具有自动网络收藏夹、独立播放网页视频、Flash 游戏提取操作等多项特色功能，并且兼容大部分用户使用习惯，支持多标签浏览、鼠标手势、隐私保护、广告过滤等主流功能。搜狗高速浏览器是目前互联网上最快速、最流畅的新型浏览器，与拼音输入法、五笔输入法等产品一同成为高速上网的必备工具。搜狗浏览器拥有国内首款"真双核"引擎，采用多级加速机制，能大幅提高上网速度。

(4) 傲游浏览器

傲游浏览器是一款多功能、个性化多标签浏览器。它能有效减少浏览器对系统资源的占用率，提高网上冲浪的效率。经典的傲游浏览器 2.x 拥有丰富实用的功能设置，支持各种外挂工具及插件，在使用时可以充分利用所有的网上资源，享受上网冲浪的乐趣。傲游 3.x 采用开源 Webkit 核心，具有贴合互联网标准、渲染速度快、稳定性强等优点，并对最新的 HTML5 标准有相当高的支持度，可以实现更加丰富的网络应用。

(5) Mozilla Firefox

Firefox(火狐)是一款著名的浏览器软件，Firefox 适用于 Windows、Linux 和 MacOS X 平台，它体积小、速度快，主要特性有自由开源、标签式浏览、安全保护、立体搜索等。新版的 Firefox 17.0.1使得很多富含图片、视频、游戏以及 3D 图片的网站和网络应用能够更快地加载和运行。

以上 5 款浏览器软件是目前市场上比较主流的浏览器，每一款浏览器软件都以自己的优势参与到浏览器用户市场的竞争中。速途研究院分析师根据数据中心的最新数据，对浏览器的市场状况做了统计分析，如图 2-1 所示显示了 2012 年 11 月浏览器的最新排行榜和市场占有率。特别值得一提的是火狐浏览器，虽然目前排名并不高，但是发展很迅速，从 IE 的手中抢占了不少的用户尤其受到欧洲用户的青睐，已经成为欧洲第一大浏览器，它的市场占有率已经紧随 IE 浏览器。

浏览器类型	2012年11月使用率	2012年11月占有率
Internet Explorer	51.21%	48.10%
奇虎360旗下浏览器	25.83%	27.84%
搜狗高速浏览器	7.78%	9.28%
Safari	4.14%	3.80%
Chrome	2.86%	2.24%
傲游	2.73%	2.37%
腾讯旗下浏览器	2.11%	3.65%
火狐	1.58%	1.06%
Theworld	0.77%	0.83%
猎豹浏览器	0.64%	0.64%
Opera	0.30%	0.16%
枫树浏览器	0.05%	0.03%

图 2-1　2012 年 11 月浏览器的最新排行榜和市场占有率

选择一款合适的浏览器，对于我们快速、安全地获取信息，或是改善网络体验，都是很重要的。下面分别以任务方式介绍 IE、360 和搜狗 3 种浏览器的使用方法，以此了解浏览器的基本使用方法。

任务一　使用 IE 浏览器

任务描述

使用 IE 浏览器访问网易公开课网站（http://open.163.com），并保存该网站。

任务分析

IE 浏览器为用户提供了多种途径访问网页，根据网址可以更加直接地找到所要访问的网站。

知识链接

网址是通向网站的地址，即 URL（Universal Resource Locator）。URL 的一般格式为：protocol://hostname[:port]/path/[:parameters][? query]# fragment（带方括号[]的为可选项）。URL 由协议类型、主机名和路径及文件名三部分组成。

任务设计

1. 启动 IE 浏览器

启动 IE 浏览器可以使用以下方法。

① 在桌面上用双击 Internet Explorer 图标。

② 在任务栏中单击 IE 浏览器启动按钮。

③ 单击“开始”→“程序”→“Internet Explorer”。

2. 浏览“网易公开课”网站的内容

具体可以用以下几种方法打开该网站。

① 直接访问网址。

选择菜单栏上的“文件”→“打开”命令，或者直接按“Ctrl＋O”组合键，弹出如图 2-2 所示的“打开”对话框，输入 http://open.163.com，或者单击“打开”输入框右面的三角箭头选择下拉列表中的网址，或者单击“浏览”按钮，选择已经存放在本机上的网页文件。最后单击“确定”按钮，打开要访问的页面内容。

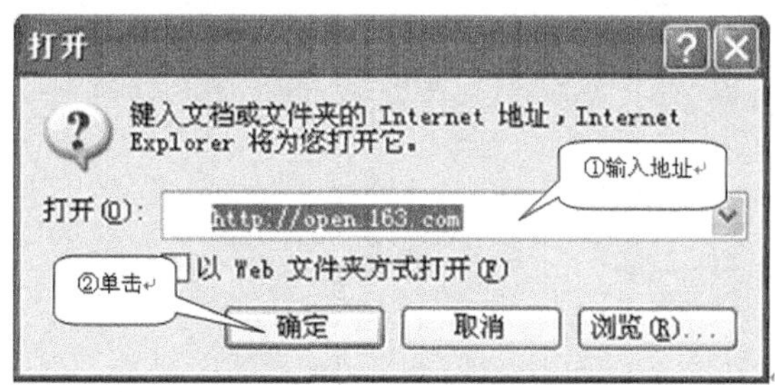

图 2-2　网页地址“打开”对话框

② 从地址栏中访问 Web 页。

在地址栏中输入 http://open.163.com，如图 2-3 所示，按回车键或者单击地址栏右面三角箭头，选择下拉列表中存在的网址。

③ 打开最近访问过的网页。

通过单击工具栏中的“后退”、“前进”按钮，返回前一个、后一个浏览过的网页，或者单击“后退”、“前进”按钮右侧的三角箭头，在弹出的已经浏览的网页列表中选择。

图 2-3　从地址栏中访问 Web 页

④ 使用历史栏再次访问网页。

单击工具栏中的“历史”按钮或按“Ctrl＋H”组合键，浏览器窗口左面会出现曾经访问过的 Web 页地址，单击其中的一个链接即可打开此链接网页。

⑤ 脱机浏览 Web 页。

使用脱机浏览可以将某个 Web 页面下载到本地硬盘，由于是直接从硬盘打开网页，因此访问速度非常快。单击“文件”菜单，再单击“脱机工作”，可以在不连通网络情况下浏览查看存放在临时文件夹中的 Web 页面。

3. 保存网页

单击菜单栏上的“文件(F)”→“另存为(A)…”保存网页，如图 2-4 所示。

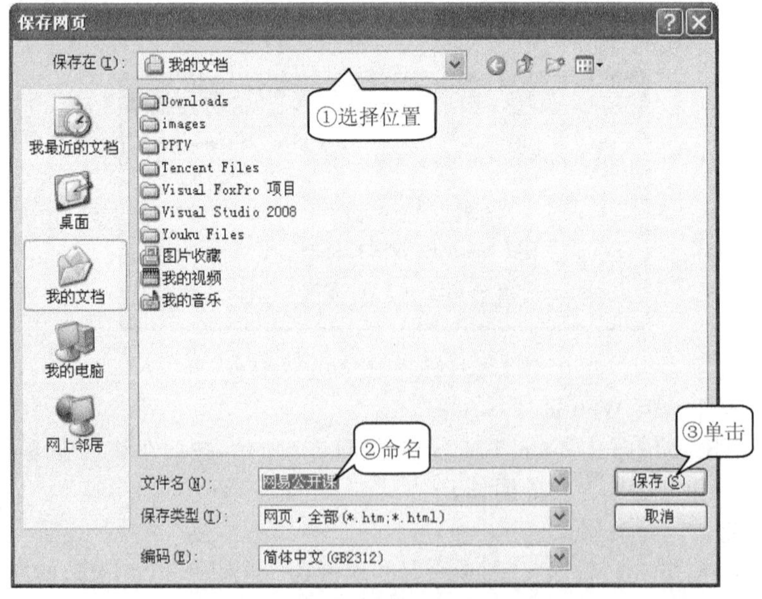

图 2-4　通过“文件”菜单保存网页

4. 收藏网页

在 IE 浏览器网口，选择“收藏”菜单，弹出如图 2-5 所示的对话框，命名后单击“确定”按钮，完成网页的收藏。

图 2-5　收藏网页

任务二　使用 360 安全浏览器

任务描述

使用 360 浏览器访问素材中国网站(http://www.sccnn.com)，保存并收藏该网站。

任务分析

360 浏览器为用户提供了多种途径访问网页，不但可以像 IE 浏览器一样根据用户提供的地址访问网站，而且还增加了综合搜索功能，利用搜索关键字搜索到需要的网站。同时 360 浏览器为用户提供了进入微博和手机信息网站的入口。

知识链接

搜索关键字就是用户在使用搜索引擎时输入的、能够最大程度概括用户所要查找的信息内容的字或者词，是信息的概括化和集中化。

任务设计

1. 启动 360 浏览器

使用以下方法都可以打开 360 浏览器首页面，如图 2-6 所示。

图 2-6　360 浏览器首页面

① 在桌面上双击“360 安全浏览器”图标。

② 在任务栏中单击“360 安全浏览器”启动按钮。

③ 单击“开始”→“程序”→“360 安全浏览器”。

2. 使用地址栏精确定位网站

在 360 浏览器地址栏中输入素材中国网站地址，如图 2-7 所示，按“Enter”键打开网站。在输入网址的过程中，360 浏览器为用户提供了智能匹配的网址，用户不必完全输入网址，可以从浏览器提供的可选网址中选择正确的网址，从而提高了检索效率。

图 2-7　使用地址栏精确定位网站

3. 使用综合搜索功能搜索网站

在如图 2-6 所示的 360 浏览器综合搜索引擎文本框中输入搜索关键词“中国素材网站”，单击“搜索一下”按钮，打开如图 2-8 所示的关键词匹配网站列表，从中选择第一项，单击打开网站。

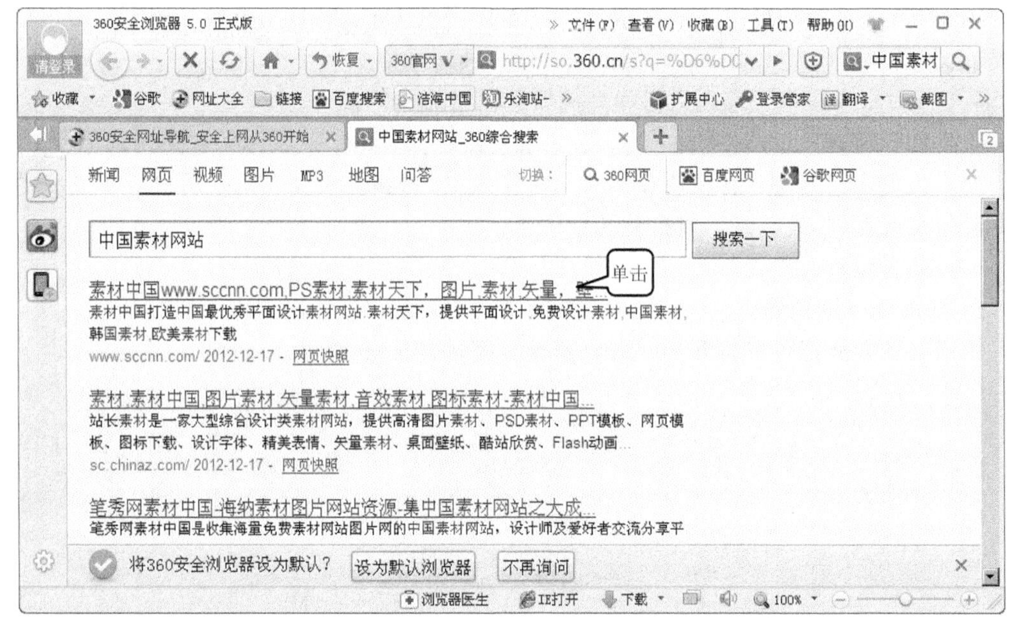

图 2-8　关键词匹配网站列表

4. 收藏网站

① 360 浏览器为用户提供了多种收藏网站的方法，最直接的就是单击如图 2-9 所示浏览器左侧栏中的图标按钮。

② 在弹出的如图 2-10 所示的“添加收藏夹”对话框中输入网页标题，选择创建位置，然后单击“添加”按钮，完成网页收藏，如图 2-11 所示。

说明：360 浏览器的收藏夹功能只能导入本地收藏夹或者云存储，就是网址始终保存在软件里面，不能将收藏的一个网页接放在本地文件夹里。

图 2-9　单击“收藏”图标按钮

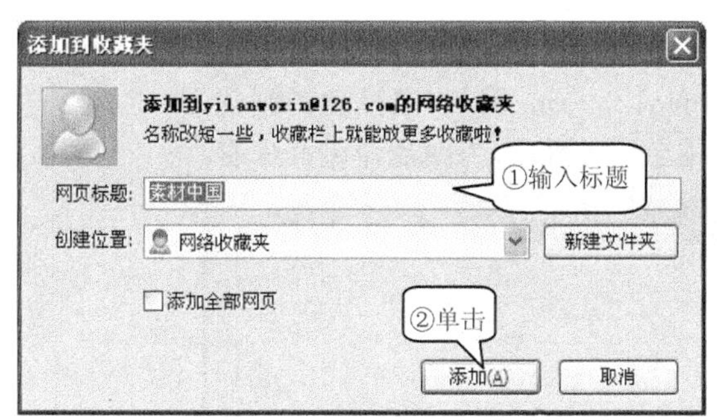

图 2-10　“添加收藏夹”对话框

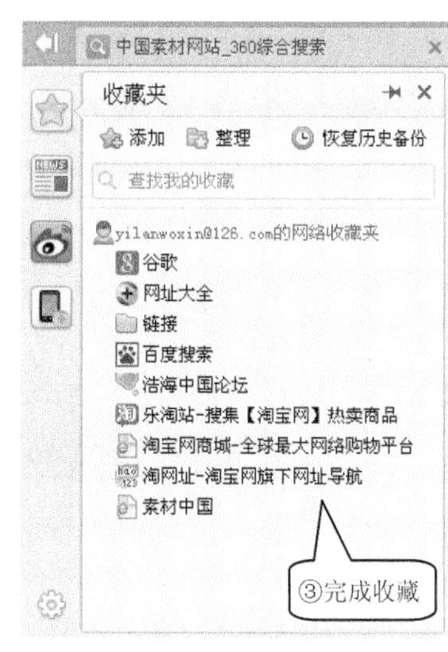

图 2-11　完成网页收藏

任务三　使用搜狗浏览器

任务描述

① 设置搜狗高速浏览器中的文件下载默认路径。

② 使用搜狗浏览器的网页截图功能截取 http://www.hao123.com/首页面图片。

③ 清除浏览历史记录。

任务分析

打开浏览器，然后同时按下“Ctrl＋H”组合键，窗口的左侧就会弹出浏览过的历史记录的小窗口，选择相应的日期之后，下拉菜单中会有浏览网页的历史记录。

知识链接

搜狗高速浏览器除了提供与其他浏览器一样的网站访问功能外，还为用户提供了一些特色功能，这些功能都集中在浏览器窗口的“工具”菜单中，使用非常方便。

任务设计

1. 设置搜狗高速浏览器中的文件下载默认路径

① 启动搜狗高速浏览器，选择浏览器窗口中的“工具”→“搜狗高速浏览器”菜单，打开“搜狗浏览器选项”窗口。

② 在“搜狗浏览器选项”窗口中选择“下载”项，为下载文件指定保存路径，并选择默认的下载方式，如图 2-12 所示。

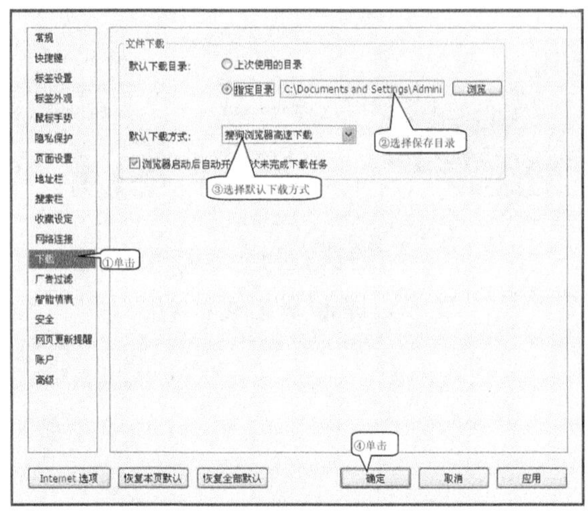

图 2-12 “搜狗浏览器选项”窗口

2. 使用搜狗浏览器进行网页截图

启动搜狗浏览器并打开 http://www.hao123.com 网站，选择搜狗浏览器“工具”→“网页截图”菜单，打开如图 2-13 所示窗口，截取首页面图片，为图片命名并保存。

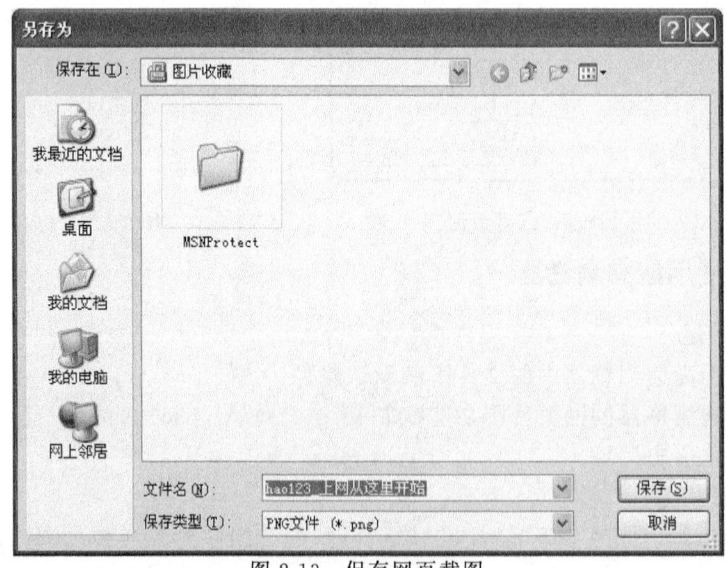

图 2-13 保存网页截图

3. 清除浏览历史记录

启动搜狗浏览器，选择搜狗浏览器“工具”→“清除历史记录”菜单，调出如图 2-14 所示窗口，选择要清除的信息，单击 立即清除 按钮。

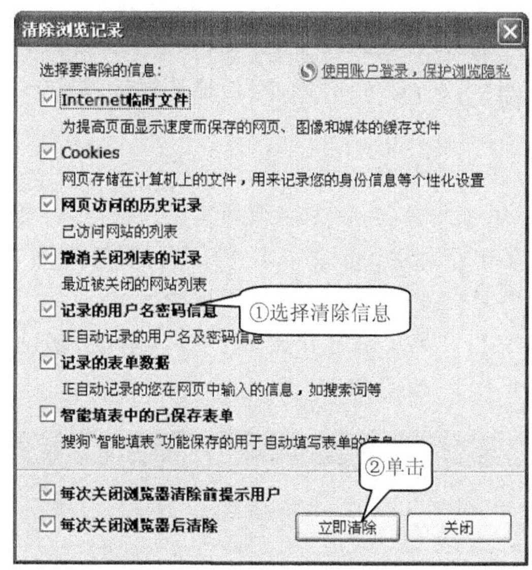

图 2-14　清除历史记录

项目二　网络通信工具

从 19 世纪中叶到现在，出现了各种各样的通信手段和工具，现代的通信工具可分为有线和无线两大类。有线通信如电话、传真等，无线通信如对讲机、手机和网络等。其中网络通信方式随着网络的普及，逐渐成为大众传媒的主要角色和信息传递最快捷的渠道。人们借助各种网络通信工具收发文件、聊天、发送短信和浏览资讯等。下面分别介绍几种常用的网络通信工具。

任务一　了解邮件收发工具 Foxmail 的使用方法

任务描述

① 使用 Foxmail 创建用户账户。

② 使用 Foxmail 创建地址簿。

③ 使用 Foxmail 处理邮件。

任务分析

如今电子邮件以其简单、快捷的特点为人们的日常生活、工作带来极大的方便。通常我们都是通过相关网站来收发电子邮件，这十分麻烦，特别是用户的邮箱较多时。使用专业的邮件收发工具 Foxmail 可以大大地方便用户管理自己的邮箱和邮件。不同的邮件管理工具在功能上有所不同，但是都具备创建用户、处理邮件和地址簿管理 3 项基本功能。

知识链接

Foxmail 是一个很好的邮件管理工具，可以帮助用户在不登录网站的情况下实现邮件的收发，而且还能实现过滤垃圾邮件，进行添加联系人信息等操作，易学易用。

Foxmail 全面支持 Exchange 账号的数据同步，包括邮件、日历、联系人、邮件规则等；支持多项 Exchange 功能；邮件撤回功能，对于收件人还没有阅读的邮件，可以撤回该邮件，从此让覆水不再难收；外出自动回复功能，可以自动发邮件给发信方提示自己不在办公室；远程管理功能，在 Foxmail 上就可以删除 Exchange 服务器上的邮件，释放更多邮箱空间；快速全文搜索只需轻轻一按"回车"键，就可以轻轻松松地从海量邮件中找到想要的邮件。

📖 任务设计

1. 创建用户账号

在使用 Foxmail 收发电子邮件前，首先必须创建用户账号，通过用户账号连接到相应邮件服务器，这样才可以收发电子邮件。Foxmail 也可以同时管理多个账号，使用户与他人联系时变得更加方便、快捷。具体操作方法如下。

① 启动 Foxmail，从"工具"菜单下打开如图 2-15 所示的"新建账号向导"窗口，输入一个 E-mail 地址，并单击"下一步"按钮。

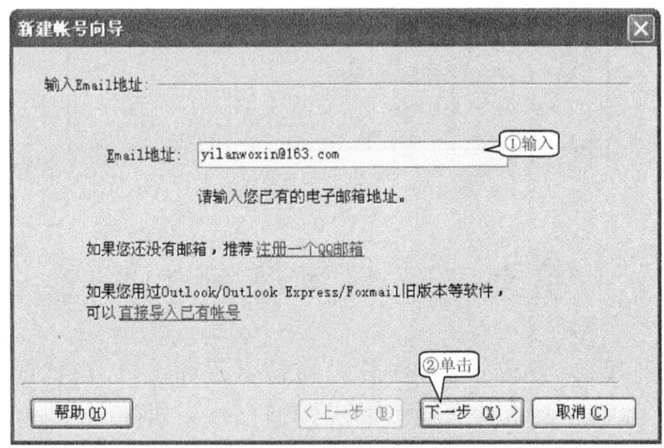

图 2-15　新建账号

② 新建账号完成后将看到如图 2-16 所示的提示窗口，可以单击"测试"按钮，检测输入的邮箱是否可用，测试成功后将看到如图 2-17 所示的提示信息窗口，关闭该窗口，并在如图 2-16所示窗口单击"完成"按钮，创建出一个用户账号。同时也可以单击"再建一个账号"按钮，继续创建更多用户账号。

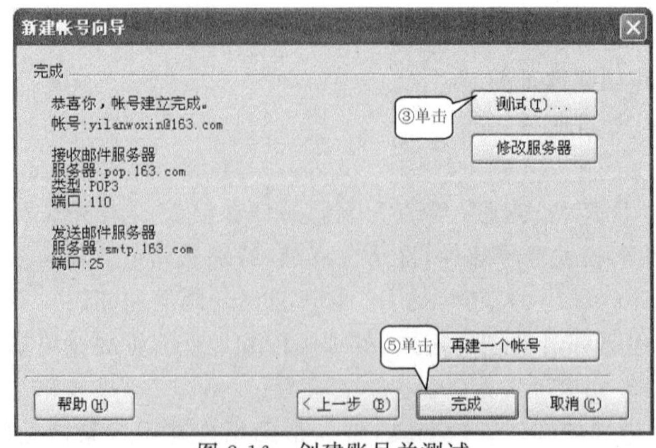

图 2-16　创建账号并测试

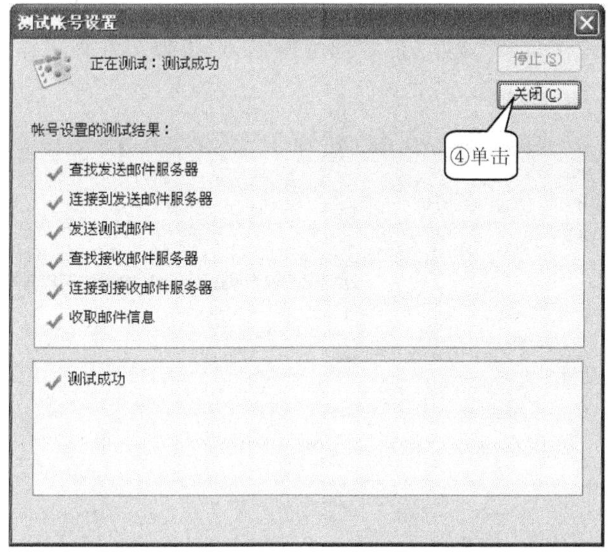

图 2-17　账号测试成功

③ 创建账号成功后，Foxmail 会接收从所创建用户账号发送的所有邮件，即将账号邮件导入进来，如图 2-18 和图 2-19 所示，由此可见 Foxmail 可以综合管理不同邮箱账户的邮件。

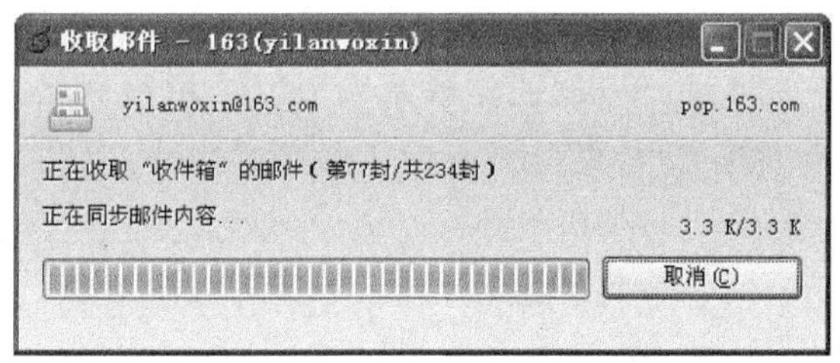

图 2-18　接收来自用户账号的邮件

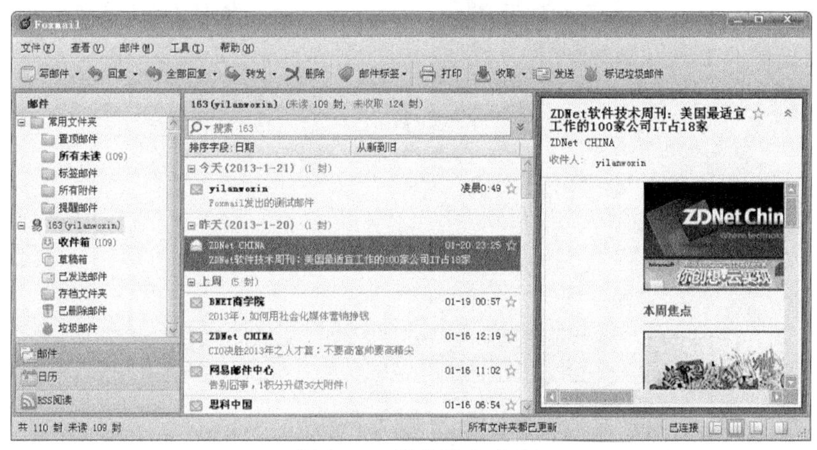

图 2-19　邮件导入成功

2. 使用地址簿

使用地址簿能够很方便地对用户的 E-mail 地址和个人信息进行管理。它以卡片的方式存放信息，一张卡片即对应一个联系人的信息，而同时又可以从卡片中挑选一些相关用户组成一个组，这样可以方便用户一次性地将邮件发送给组中所有成员。具体操作如下。

① 单击“工具”→“地址簿”菜单，打开地址簿窗口，将根文件夹名称重命名成“我的联系人”，如图 2-20 所示。

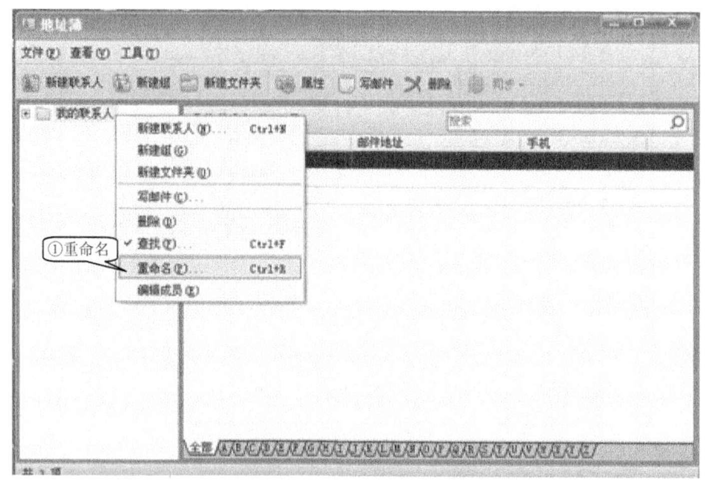

图 2-20　重命名地址簿根文件夹名称

② 单击“新建文件夹”按钮，在“我的联系人”目录下有 3 个联系人子文件夹，如图 2-21 所示。

③ 选择“同事”文件夹目录，单击“创建联系人”按钮，填写联系人卡片信息，如图 2-22 所示，在此目录下创建两个联系人。

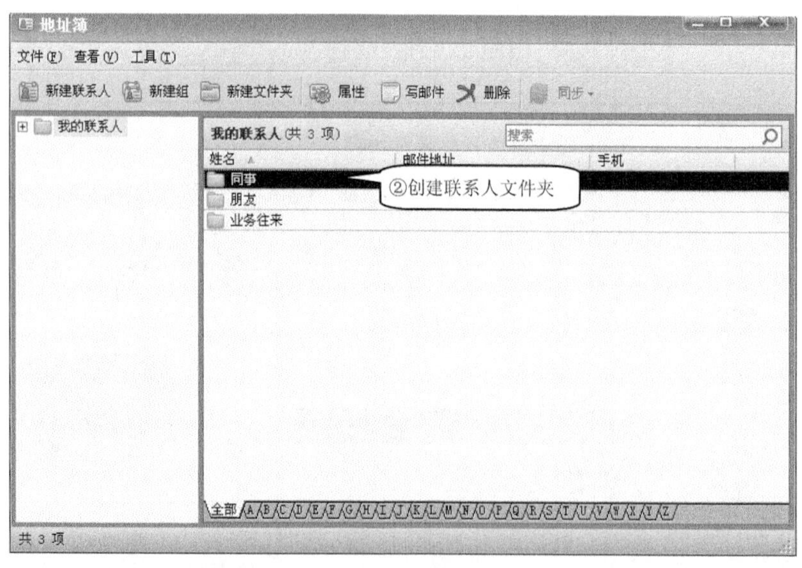

图 2-21　创建子文件夹

编辑好地址簿后，用户可以直接进行写信操作，双击发信人的信息，就可以弹出“写邮件”对话框，并且发信人的地址已经为用户填写好了，用户只需要写好信的内容和主题就可以了，写好信后，单击“发送”按钮发送邮件。

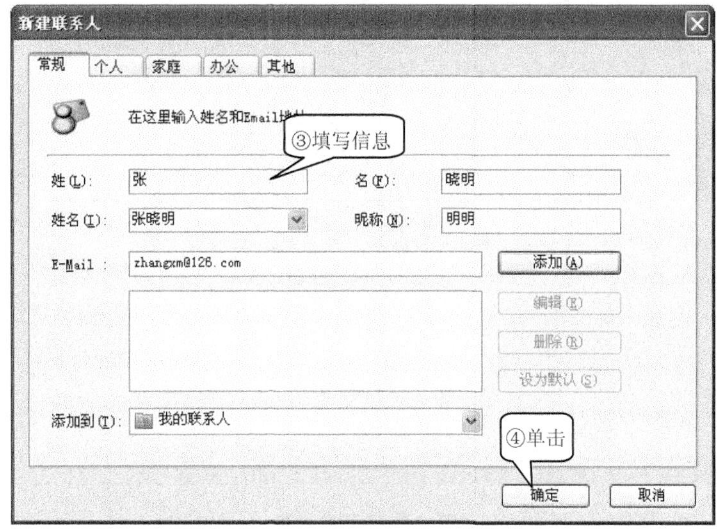

图 2-22　填写联系人卡片信息

3. 处理邮件

Foxmail 软件主要功能可以让读者达到不出户就可以交流的目的，逐渐将传统的到邮局寄信件的方式代替，当创建好账户后，最常用的是处理日常生活和工作中的邮件。具体内容包括以下几方面：接收邮件、查看邮件、回复邮件、写新邮件。下面就写邮件为例，介绍邮件处理过程。

① 在地址簿窗口单击“同事”文件夹，可以看到在此文件夹目录中创建的两个联系人邮箱地址信息，如图 2-23 所示，并在窗口中单击“写邮件”按钮。

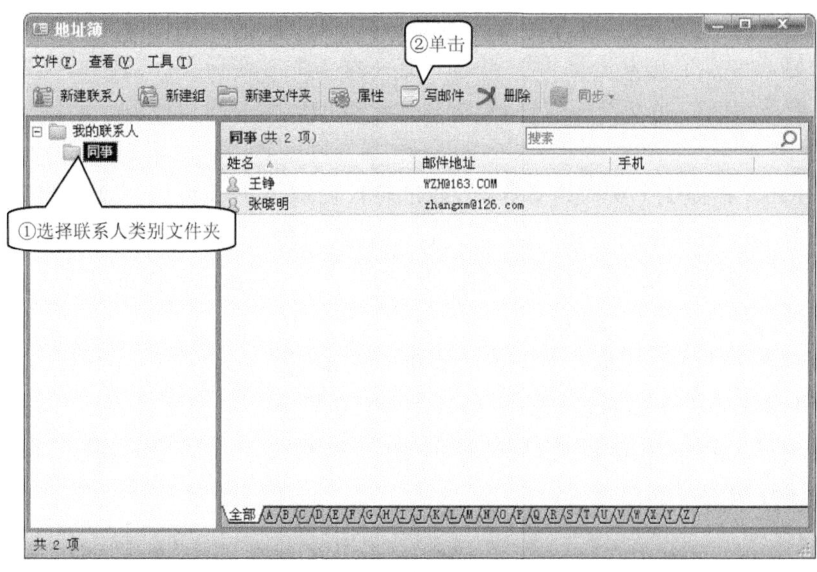

图 2-23　联系人邮箱地址信息

② 打开如图 2-24 所示的邮件编辑窗口，编写邮件并单击“发送”按钮，无须手动添加收件人就可以将一份邮件同时群发给多个邮箱地址用户。

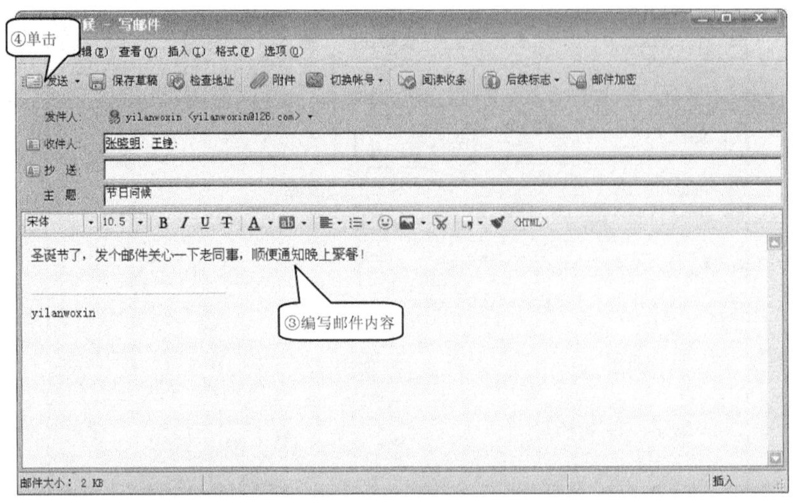

图 2-24　群发邮件

任务二　网上即时通信工具(腾讯 QQ、MSN、飞信)

即时通信(Instant messaging，IM)是一个终端服务，是允许两人或多人使用互联网即时地传递文字、文件、语音与视频信息的一种交流消息的技术。常用的即时通信工具有 ICQ、QQ、MSN Messenger、雅虎通、SKYPE、网易泡泡(POPO)、新浪 UC、搜 Q、贸易通。即时通信软件的基本功能如下。

1. 文字聊天

文字聊天功能是 IM 软件最基本也是最重要的功能，基本上每一种 IM 软件在这个功能上的操作都差不多：如果用户想与联系人进行聊天，可以双击 IM 中联系人的头像，在弹出的对话框中输入文字信息发送即可。当然还有一些 IM 工具有自己独特的文字聊天特点，QQ 就可以给不在线的朋友发送信息，对方下次上线的时候就可以收到。

2. 语音聊天

QQ 和 MSN 都提供了实时语音聊天，通过验证后双方不仅可以用文字聊天，还可以直接对话。此外 QQ 还有传送语音功能，利用此功能可以传送语音信息。首先单击在线好友的头像，选择“传递语音”命令，然后就会弹出一个对话框，录音以后就可以发送了。

3. 传送文件

IM 软件能点对点地传输文件，有时候利用此功能要比使用 E-mail 还方便许多。在 QQ 的好友头像上单击鼠标右键，选择“传送文件”，选定要传送的文件，单击“发送”按钮，等待对方接受请求。此外，ICQ 的文件传送功能还支持类似断点续传的功能，不必担心文件传送过程中发生突然中断的情况。

4. 视频聊天

如果用户的网速够快，又有摄像头的话，完全可以用 IM 软件来代替 Netmeeting，在聊天的同时，不仅可以通话，还可以看到对方的图像和表情，给用户带来一份全新的感受。MSN 对视频聊天功能有不错的支持，设置和使用也非常简单，右击好友中“开始视频对话”就完成操作，非常方便。

5. 邮件辅助

IM和E-mail是我们在网上最常用的两种工具，如今不少IM软件将两者作了完美的结合。在QQ中可以直接给自己的好友发邮件，而无须再输入E-mail地址；此外对于自己的信箱，QQ还有检查新邮件功能，在“系统参数”中设置自己的E-mail，填好POP3地址，可以选择定时检查时间，QQ就会自动检查有否新邮件到达。

6. 发送短信

目前IM与各种移动终端设备的结合也越来越多。使用QQ向手机发送短信需要手机开通移动QQ服务，单击对方头像图标，在打开的快捷菜单中选择“手机短讯”命令，在打开的对话框中输入信息，然后单击“发送”按钮即可完成，这时对方的手机就可以收到一个消息。

7. 浏览咨询

使用IM软件不仅可以聊天，还可以很方便地看到每日最新的新闻。通过新闻标题，可以快速地选择出自己感兴趣的新闻，单击之后就可以调用浏览器读取。

任务三　使用腾讯QQ

📖 任务描述

① 下载并安装腾讯QQ软件。

② 登录并使用QQ。

③ 填写QQ个人信息。

④ 进行QQ安全设置。

📖 任务分析

先下载并安装腾讯QQ软件，然后登录并使用QQ进行文字、语音和视频聊天操作。同时，为自己的QQ账号进行个人设置和系统设置。

📖 知识链接

QQ软件是用来在网上和他人即时交流用的免费软件，用户可以使用QQ即时和网上的朋友取得联系，一来一回和打电话一样方便、及时。用户必须下载并安装QQ软件以及安装以后获得一个QQ号码才能使用。

📖 任务设计

1. 下载并安装腾讯QQ软件

(1) 下载QQ软件

在IE浏览器的地址栏中输入http://im.qq.com/qq/2013/，从打开的页面中选择QQ2013Beta1正式版，双击，再等待弹出下载界面，单击免费下载图标，弹出文件下载框。一般选择“运行”或者“保存”，在这里我们选择了“保存”，等待下载完成工作。

(2) 安装QQ软件

在安装向导中选择“我同意”。一直单击“下一步”按钮，直到出现安装路径提示对话框，单击“浏览”选择安装路径，一般选择默认，然后单击“完成”按钮。

(3) 注册QQ号码

目前QQ已经推出了多种注册方式，包括网页注册、手机注册和168声讯台注册等多种方式。在QQ官方网站上的“申请账号”页面中选择网页免费申请，手机免费申请或手机快速申请通道申请 QQ 普通账号。

2. 使用 QQ

(1) 登录 QQ

安装了 QQ 以后,每次启动 Windows,QQ 都会自动启动,并且自动弹出对话框提示用户输入 QQ 的口令,登录以后 QQ 连接到 QQ 的服务器,才可以和众多 QQ 网友交流。

(2) 添加好友

新号码首次登录时,好友名单是空的,要和其他人联系,必须先添加好友。成功查找到并添加好友后,用户就可以体验 QQ 的各种特色功能。在主面板上单击“查找”,打开“查找/添加好友”窗口。QQ 为用户提供了多种方式查找好友。基本查找中可查看“看谁在线上”和当前在线人数。若用户知道对方的 QQ 号码、昵称或电子邮件,即可进行“精确查找”。高级查找中可设置一个或多个查询条件来查询用户。也可以自由选择组合“在线用户”、“有摄像头”、“省份”、“城市”等多个查询条件。

(3) 申请加入群

群用户查找中可以查找校友录和群用户。找到希望添加的群,选中该好友并单击“加为好友”。对设置了身份验证的好友输入验证信息。若对方通过验证,则添加好友成功。

(4) 发送即时消息

双击好友头像,在聊天窗口中输入消息,单击“发送”按钮,即可向好友发送即时消息。

(5) 视频、语音聊天

有好友的聊天界面中,对着某个好友双击就会弹出一个聊天框。如果用户需要进行语音聊天,将鼠标移动到语音聊天的图标上单击,然后等待对方接受,就可建立起语音对话的通道。如果要进行视频聊天,在聊天框中,将鼠标移动到视频聊天的图标上单击,然后等待对方接受,就可建立起视频聊天的通道,如图 2-25 所示。

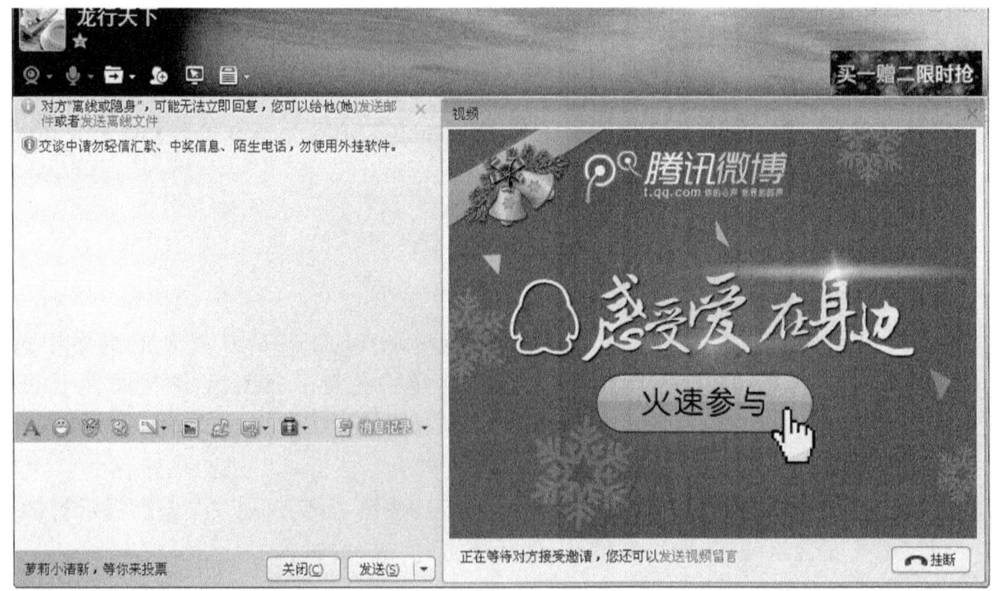

图 2-25 建立视频聊天

3. 修改 QQ 个人信息

在如图 2-26 所示 QQ 界面，单击 QQ 主菜单，选择“系统设置”→“个人资料”菜单，弹出窗口如图 2-27 所示，填写个人资料、联系方式和身份验证并保存。

图 2-26　QQ 界面

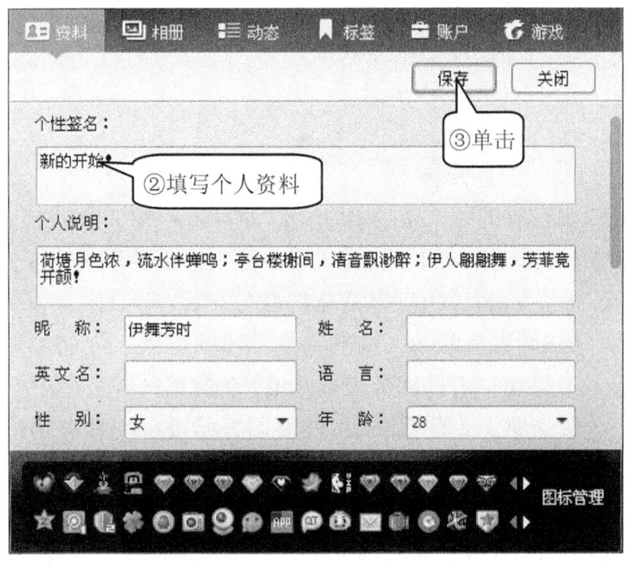

图 2-27　“个人资料”设置窗口

4. QQ 安全设置

在如图 2-26 所示 QQ 界面，单击 QQ 主菜单，选择“系统设置”→“安全设置”菜单，打开安全设置窗口如图 2-28 所示，可以进行密码保护、设置消息及文件传输安全级别等。

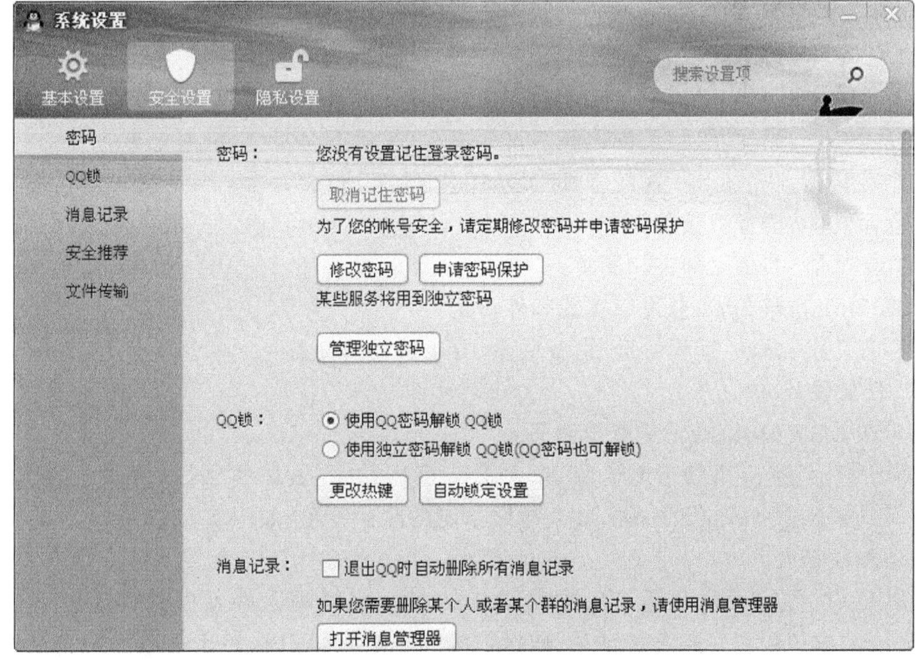

图 2-28　安全设置

任务四 使用 MSN

📖 任务描述

① 申请 MSN 账号。

② 在 MSN 中添加联系人。

③ 向用户发送消息。

④ 群发邮件。

📖 任务分析

用已有的一个 E-mail 地址，即可进行注册来获得免费的 MSN Messenger 的登录账号。如果用户已经有 Hotmail 或者 MSN 的邮件账号，那么，就可以使用该账号直接登录 MSN Messenger，而无须再申请新的账号了。

MSN 加入联系人的准则是必须知道联系人的邮箱地址或电话号码，不然无法找到联系人。不像在一般的聊天工具中有"在线用户查找"功能，所以不怕在 MSN 中被陌生人骚扰。

添加第一个联系人后，便可以开始进行一些普通的交谈。MSN 默认每个联系人登录会在右下角给出提示。

在 MSN 中结合了相当多的邮件功能，比如当注册时所使用的 E-mail 地址收到 E-mail 时，MSN 将给出"有新的 E-mail"的信息提示。此外，在 MSN 的主界面中也会显示 Hotmail 中未读邮件的数量。如果联系人不在线，双击联系人的名字可以通过 Hotmail 给联系人发邮件。

📖 知识链接

MSN Messenger 是微软公司推出的即时消息软件，目前在国内拥有大量的用户群。使用 MSN Messenger 可以与他人进行文字聊天、语音对话、视频会议等即时交流，还可以通过此软件来查看联系人是否联机。MSN Messenger 界面简洁，易于使用，是与亲人、朋友、工作伙伴保持紧密联系的绝佳选择。

MSN Messenger 主要有以下功能。

① 基本功能：添加联系人、创建联系人名单、更改状态、接收脱机消息等。

② 个性功能：我的心情、我的背景、显示图片、个人消息。

③ 联系功能：语音视频聊天。

④ 共享功能：共享文件夹和图片。

⑤ 集成 Mail 与 Spaces，可以实现邮件传送。

⑥ 远程协助：共享、远程协助、白板共享、寻求远程协助。

📖 任务设计

1．申请 MSN Messenger 的登录账号

在 MSN 中注册一个邮箱地址为 yilanwoxin@hotmail. com 的 MSN 账户，希望的登录方式用 yilanwoxin@hotmail. com，其余按照给定的默认设置，如图 2-29 所示。

2．添加联系人

在 MSN 中单击"添加联系人"，在如图 2-30 所示窗口输入联系人邮箱地址 luoling@hotmail. com，向该用户发送添加请求，通过请求验证后就可以将该用户添加到自己的联系人中。

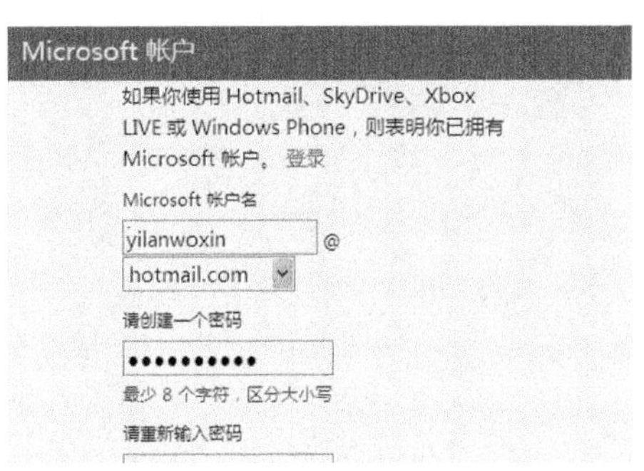

图 2-29　申请 MSN 登录账号

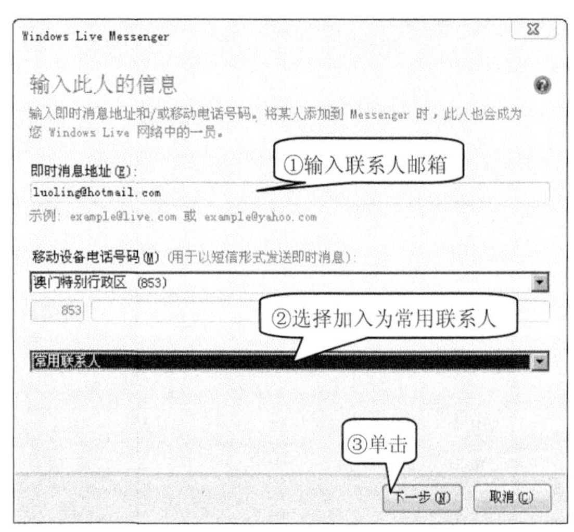

图 2-30　添加联系人

3. 发送消息

在 MSN 中向脱机用户 luoling@hotmail.com 发送一个笑脸打个招呼，如图 2-31 所示。

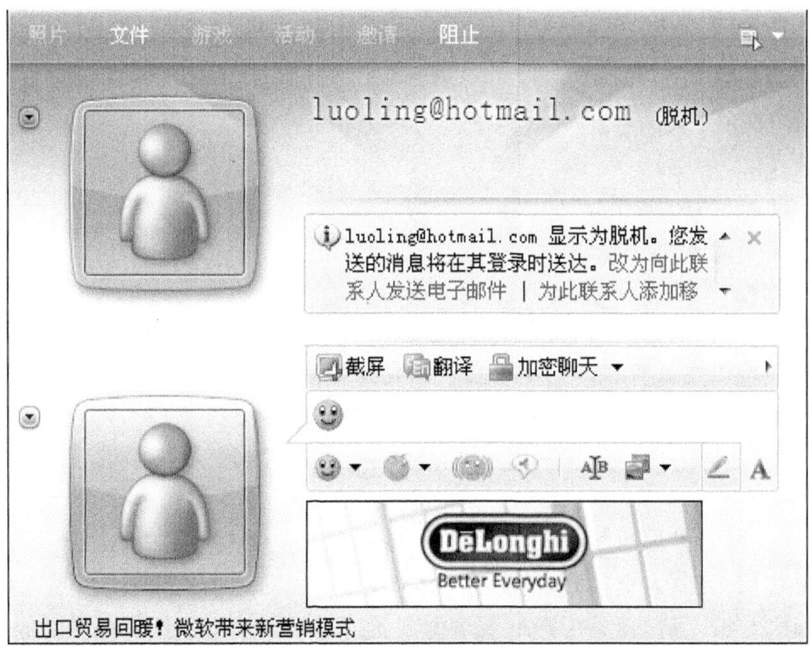

图 2-31　发送消息

4. 发送电子邮件

在 MSN 中单击向此人发送邮件的链接，打开邮件发送窗口，向 luoling@hotmail.com 发送一封电子邮件，如图 2-32 所示。

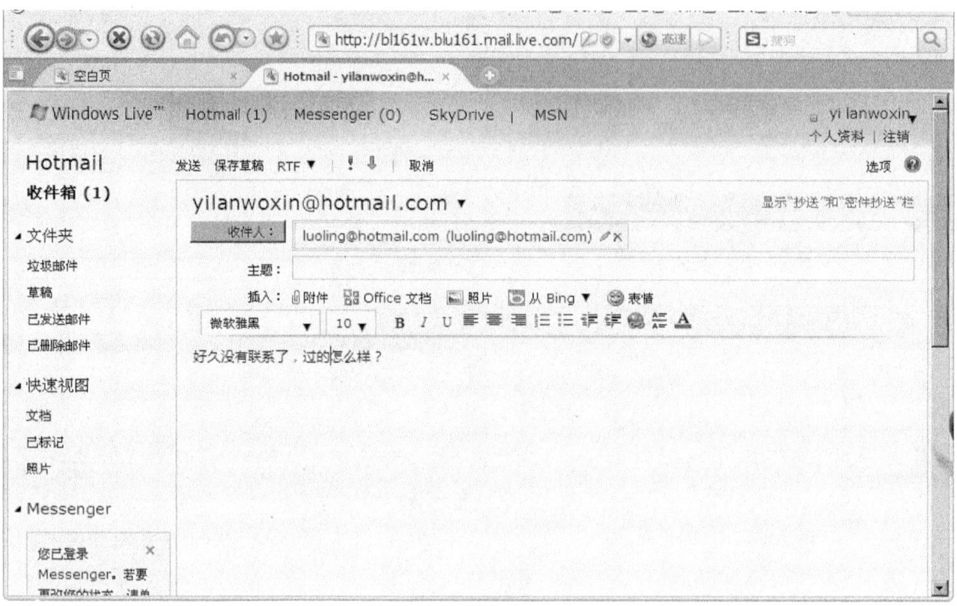

图 2-32 发送邮件

任务五 使用飞信

任务描述

① 新用户注册。

② 登录飞信。

③ 给好友群发手机短信。

④ 给好友群发手机彩信。

任务分析

利用飞信不但可以免费从 PC 给手机发短信，还可以与好友语聊，并享受超低资费。另外，利用飞信还可以在计算机与计算机之间，或计算机与手机之间传输 MP3、图片和文档等。为了群发信息方便，最好事先将自己的飞信成员进行分组管理，并完善成员的基本信息，如姓名、手机号码、邮箱等，从飞信成员的资料中可以看到公布的手机号码。

知识链接

飞信是中国移动推出的“综合通信服务”，即融合语音(IVR)、GPRS、短信等多种通信方式，覆盖 3 种不同形态(完全实时、准实时和非实时)的客户通信需求，实现互联网和移动网间的无缝通信服务。飞信普通用户好友容量扩充至 500 人，飞信会员更可添加 1 000 人好友，具有多终端登录永不离线、免费短信发送、语音群聊超低资费、支持多达 8 人的同时在线会议等特点。

任务设计

1. 新用户注册

从飞信官方网站下载客户端软件 Fetion2012November，安装到自己的计算机后，启动飞信程序，单击如图 2-33 所示登录界面中的“注册用户”按钮，打开如图 2-34 所示注册界面，输入“手机号码”、“密码”、“确认密码”，单击“下一步”按钮，完成个人资料填写后，即开通

了“飞信”业务，可以使用飞信 PC 客户端。

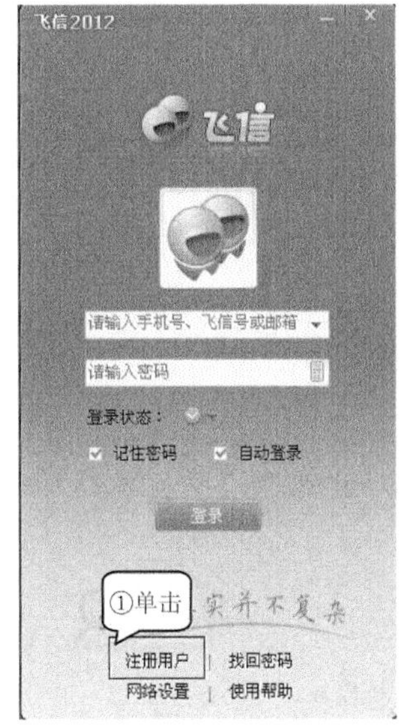

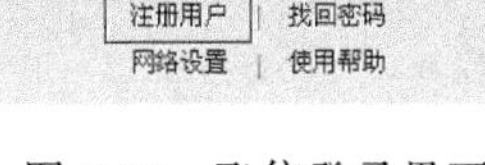

图 2-33　飞信登录界面

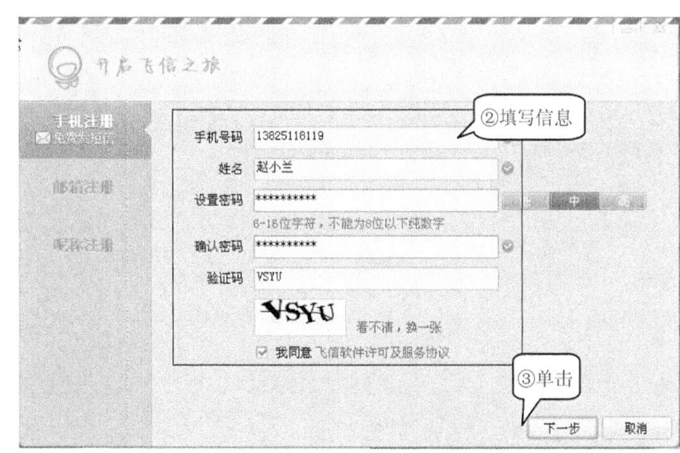

图 2-34　填写注册信息

2. 登录飞信

当飞信软件安装完毕并运行后，屏幕上会出现飞信的登录界面。输入手机号（或飞信号）和密码，单击“登录”按钮，进入飞信主界面，如图 2-35 所示。

3. 添加好友

在如图 2-35 所示界面中单击“添加好友”，打开如图 2-36 所示的窗口，输入好友姓名，选择分组，并填写请求信息。

4. 给好友群发手机短信

① 单击飞信控制面板左下角的发短信图标按钮，打开如图 2-37 所示的短信发送窗口，在窗口中单击“接收人”按钮。

图 2-35　飞信主界面

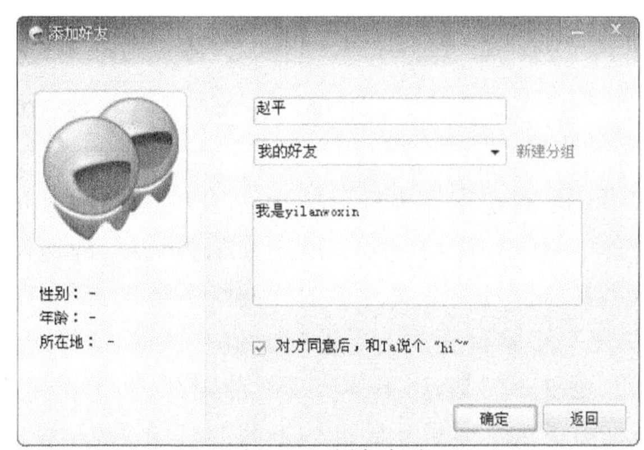

图 2-36　添加好友

② 打开如图 2-38 所示的“选择接收人”窗口，并勾选 3 位好友，单击“确定”按钮。

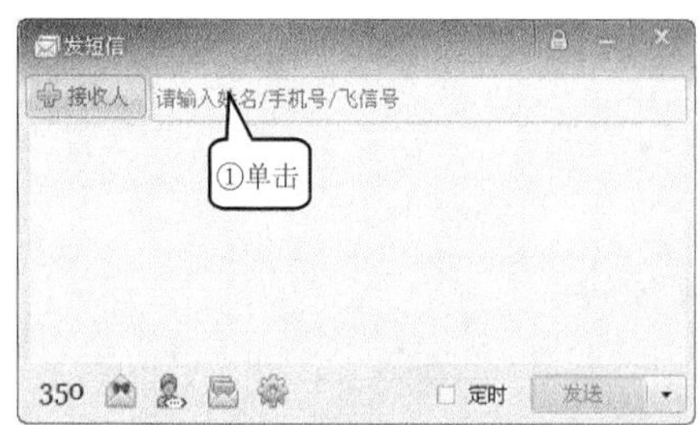

图 2-37 “发短信”窗口

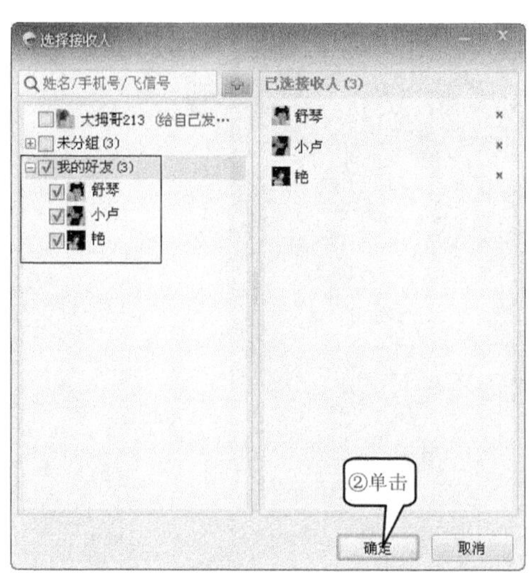

图 2-38 “选择接收人”窗口

③ 重新返回到“发短信”的窗口，编辑短信内容，如图 2-39 所示，单击“发送”按钮，完成短信群发。

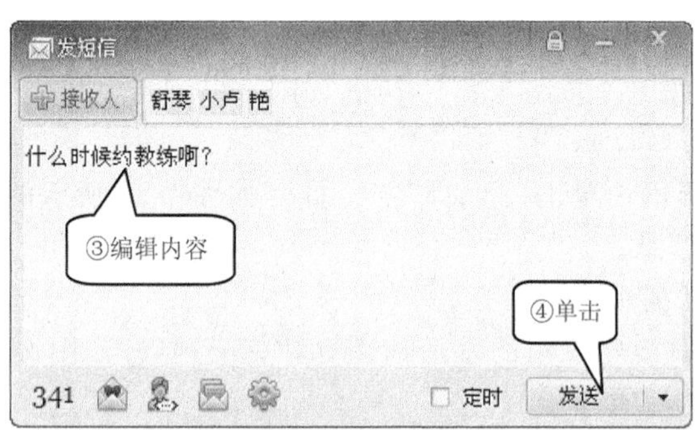

图 2-39 编辑短信内容

5. 给好友群发手机彩信

单击飞信控制面板左下角的发彩信图标按钮，打开如图 2-40 所示的彩信发送窗口，添加发送联系人对象，编辑彩信内容，如添加彩信图片、视频、铃声，编辑完成后可以在当前窗口预览，然后单击“发送”按钮，完成彩信群发。

项目三 网络下载工具

下载是通过网络进行传输文件，把互联网或其他电子计算机上的信息保存到本地计算机上的一种网络活动。可以使用浏览器下载，即在网页浏览器中直接单击下载，也可以使用下载工具软件快速下载。专业的网络下载工具软件有迅雷、快车、电驴等。它使用文件分切技术，把一个文件分成若干份同时进行下载，这样下载软件时就会感觉到比浏览器下载的快多了。更重要的是，当下载出现故障断开后，下次下载仍旧可以接着上次断开的地方下载。利用网络下载工具可达到高效下载的目的。

图 2-40　彩信发送窗口

任务一　使用迅雷下载工具

任务描述

① 使用迅雷的快速下载功能下载 CuteFTP 软件，掌握迅雷的基本操作方法。

② 使用迅雷批量下载功能从 http://online.sccnn.com/html/gif/qq/20120913155536.htm 网批量下载素材图片，掌握批量下载的方法。

③ 使用迅雷限速下载，掌握设置限速下载的方法。

任务分析

用户需要快速下载文件时，就可以采用迅雷的快速下载功能；当被下载对象的下载地址包含共同特征，为了减少重复操作，就可以使用批量下载功能；为了避免同时下载单个或多个文件时会占用大量带宽，可以限定下载任务的下载速度。

知识链接

迅雷是一款新型的基于 P2SP 技术的下载工具，能够有效降低死链比例，也就是说这个链接如果是死链，迅雷会搜索到其他链接来下载所需要的文件；同时，支持多结点断点续传；支持不同的下载速率；还可以智能分析出哪个节点上、下载的速度最快，来提高用户的下载速度；支持各节点自动路由；支持多点同时传送并支持 HTTP、FTP 等标准协议。新版的迅雷更能下载 bit 资源和电驴资源等，迅雷逐渐成为下载软件中的全能战士。

任务设计

1. 快速下载文件

① 找到下载资源，进入其如图 2-41 所示下载页面，然后单击“迅雷专用下载”，弹出“选择方式”对话框，单击“普通下载”按钮。

② 弹出如图 2-42 所示“新建任务”对话框，设置文件保存路径，单击“立即下载”按钮。

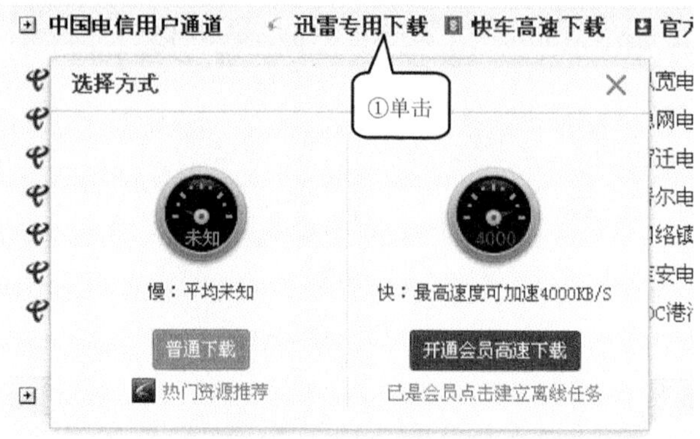

图 2-41　选择下载方式

图 2-42　设置文件保存路径

③ 如图 2-43 所示，在迅雷窗口的“正在下载”任务列表中看到 CuteFTP 软件正在下载当中，等待下载完毕。

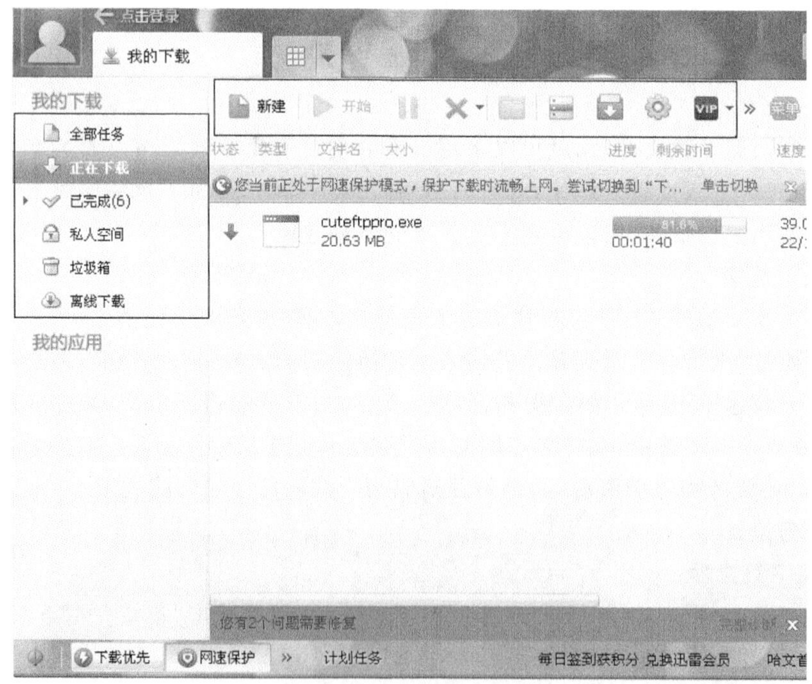

图 2-43　正在下载

④ 查看“已完成”下载列表，可以看到完成的下载任务，如图 2-44 所示。

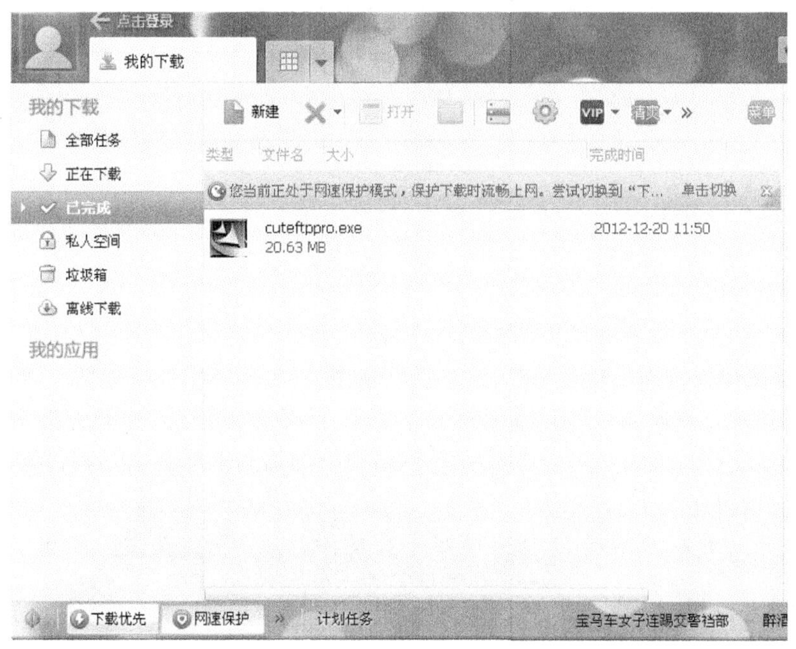

图 2-44　已完成下载任务

2. 批量下载文件

① 打开 http://online.sccnn.com/html/gif/qq/20120913155536.htm 网页，在要下载的图片上右击，选择“图片属性”命令，如图 2-45 所示。

② 在弹出的“属性”对话框，复制图片的网络地址，如图 2-46 所示。

图 2-45　查看图片属性

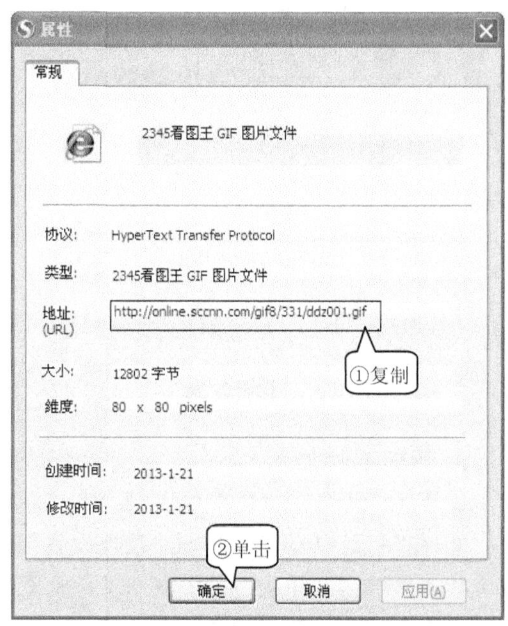

图 2-46　复制下载地址

③ 启动迅雷，单击“新建”菜单，打开“新建任务”窗口，如图 2-47 所示。

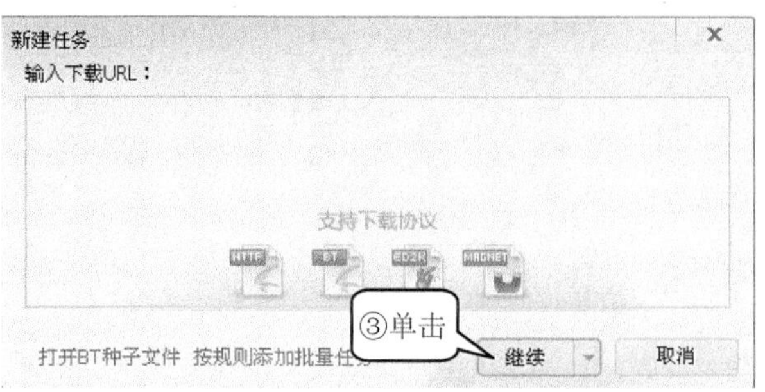

图 2-47 新建任务窗口

④ 单击“按规则添加批量任务”命令，打开“批量任务”窗口，参照如图 2-48 所示设置参数：将复制的图片下载地址粘贴到“URL”文本框中；将地址后面的、连续的数字部分修改为“(＊)”；设置通配符长度为“1”；设置数字开始到结束的值为从“01”到“10”。参数设置完毕后单击“确定”按钮。

⑤ 在如图 2-49 所示的窗口中选择要下载的图片，设置文件过滤类型，单击“确定”按钮。

⑥ 在如图 2-50 所示对话框设置文件存储路径，勾选“使用相同配置”，单击“立即下载”按钮，等待完成批量下载，可以在迅雷“已完成”下载列表中看到批量下载的任务，也可以到存储路径文件目录下查看批量下载的图片。

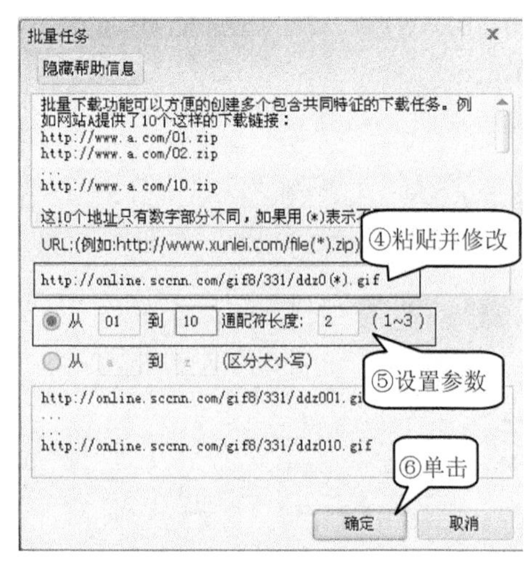

图 2-48 设置参数

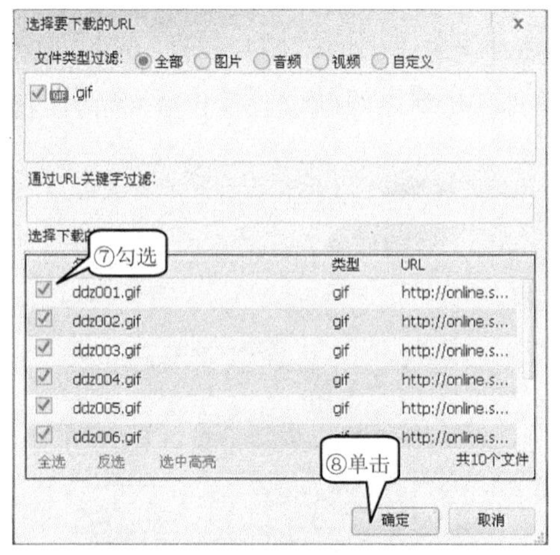

图 2-49 选择下载文件

3. 限速下载文件

① 启动迅雷，在窗口中单击“配置”工具，如图 2-51 所示。

② 在“配置中心”窗口单击“常规设置”，选择模式设置，分别设置“最大下载速度”和“最大上传速度”参数，单击“应用”按钮，完成文件下载限速，如图 2-52 所示。这样迅雷在下载文件时不会超过用户设定的速度。

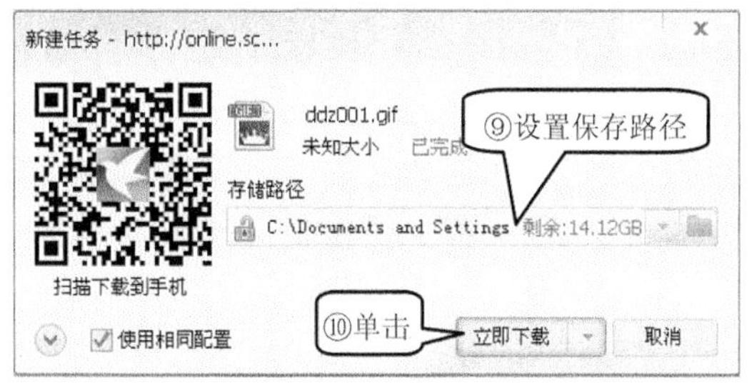

图 2-50　存储文件

图 2-51　配置工具

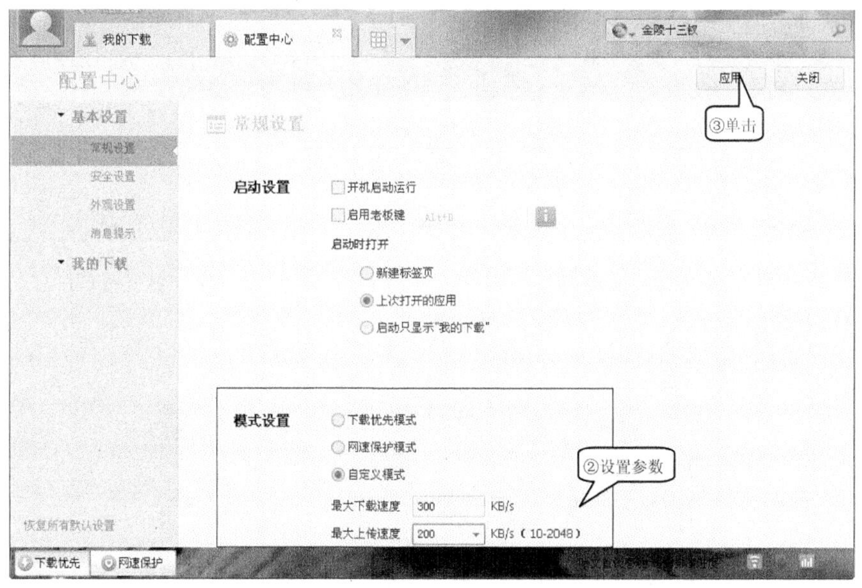

图 2-52　设置下载和上传最大速度

任务二　使用 CuteFTP 文件传输工具

📖 任务描述

启动 CuteFTP 软件后，先填写所要连接的主机信息，成功与主机建立连接，建立本地站点，建立本地站点与主机的连接，连接成功后从主机资源列表中下载需要的资源，保存到本地站点目录下。

📖 任务分析

现在各种文件变得日益庞大，电子邮件传送已经不能满足需求，且速度也很慢，遇到大一点的文件根本无法传输，因为电子邮件服务器都有文件大小的限制；通过文件共享虽可传输大文件，但仅仅局限于同一局域网中，且不大容易限制使用者的权限和流量。如果使用

FTP 就很方便了，只要设定账号和密码，告诉使用者相关的 FTP 设定值(IP 地址和端口号)，这样使用者就可以在任何连上 Internet 的计算机上用 FTP 软件上传和下载文件。

知识链接

CuteFTP 是小巧但很强大的 FTP 工具之一，用户界面友好，传输速度稳定，可实现站点对站点的文件传输、定制操作日程、远程文件修改、自动拨号功能、自动搜索文件等功能。

任务设计

① 双击桌面上的 CuteFTP 快捷图标，启动 CuteFTP，输入主机地址、用户名、密码和端口号，与主机建立快速连接。选择"文件"→"新建"→"FTP 站点"，如图 2-53 所示，在弹出的站点对话框里面输入"标签"名称，例如，我的站点。并在"主机地址"输入 FTP 的 IP 地址，并输入用户名和密码，单击"确定"按钮或者"连接"按钮，如图 2-54 所示。

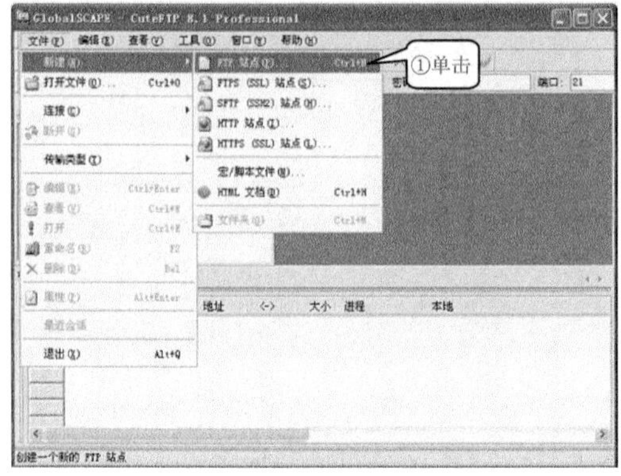

图 2-53　新建站点

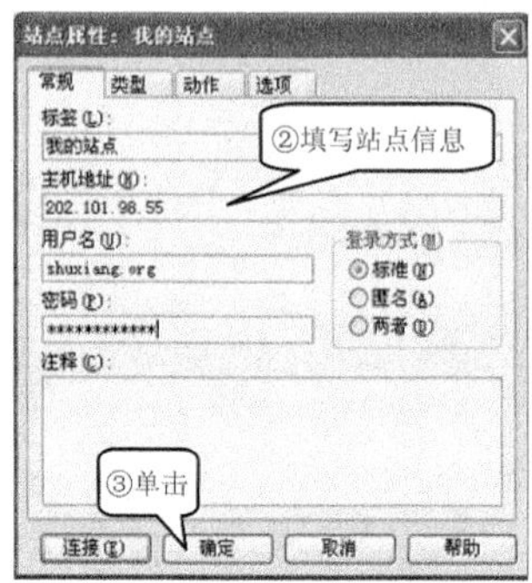

图 2-54　填写站点信息

② 单击"连接"按钮后，如图 2-55 所示，表示连接主机成功。

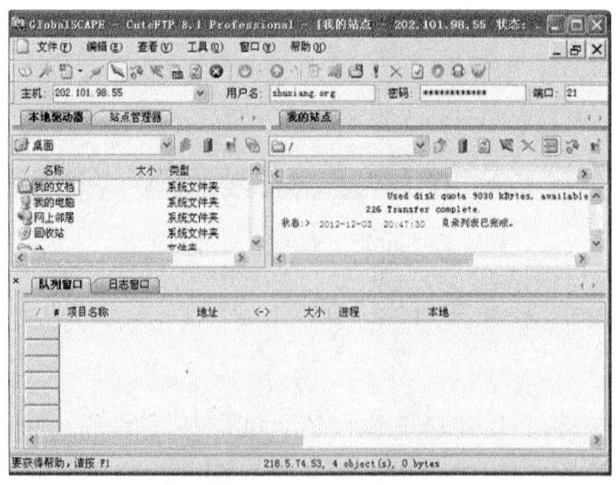

图 2-55　连接主机成功

③ 从资源列表中选择要下载的文件，右击，选择"下载"命令，如图 2-56 所示，从主机资源列表中下载电影保存到本地 F:\Movie 目录下。

④ 资源下载成功后可以在本地驱动器管理窗口看到所下载资源，如图 2-57 所示。

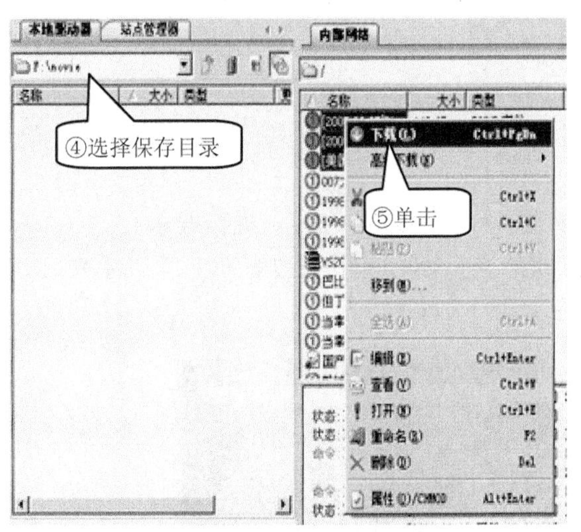

图 2-56 从主机下载资源

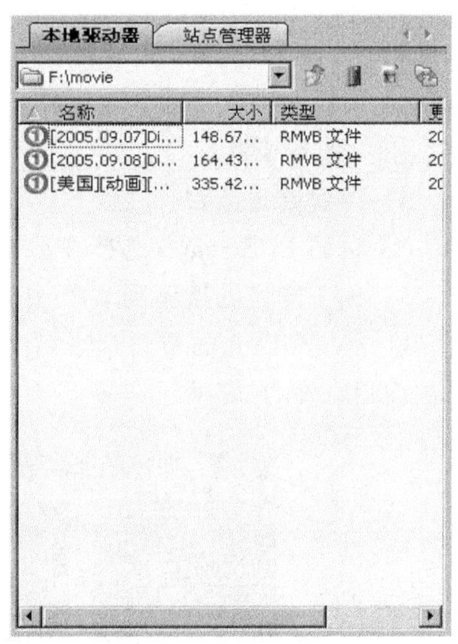

图 2-57 下载资源成功

项目四 网络电视/电影工具(PPS、PPLive)

网络电视又称 IPTV(Interactive Personality TV),它将电视机、个人计算机及手持设备作为显示终端,通过机顶盒或计算机接入宽带网络,实现数字电视、时移电视、互动电视等服务,网络电视的出现给人们带来了一种全新的电视观看方法,它改变了以往被动的电视观看模式,实现了电视以网络为基础按需观看、随看随停的便捷方式。而网络电影是指在网络中传播的电影不通过电视、影院传播的一种视频。现在可供我们选择的网络电视/电影工具软件非常多,并且不断有新版本、新产品问世。下面就以 PPS 和 PPLive 两款工具为例进行介绍。

任务一 使用 PPS

📖 任务描述

下载安装 PPS 后选择喜欢的电视节目进行播放,并在播放过程中截取电视画面。如果觉得播放不流畅,可以重新进行连接设置。

📖 任务分析

选择电视节目时可以从节目列表中任选,也可以在搜索框中按照节目名称进行模糊搜索或精确搜索。如果在播放过程中不想看到广告,可以先免费注册为 PPS 会员,就可以跳过广告。

📖 知识链接

PPS(PPStream)是全球第一家集 P2P 直播点播于一身的网络电视软件,能够在线收看电影电视剧、体育直播、游戏竞技、动漫、综艺、新闻、财经资讯等。网络电视完全免费,无须注册,下载即可使用;灵活播放,随点随看,时间自由掌握;内容丰富,热门经典,应有尽有;播放流畅,P2P 传输,越多人看越流畅,完全免费,是广受网友推崇的上网装机必备软件。PPS 获得了 2012 年 TVB 所有电视剧集、综艺节目的独家播放版权。

任务设计

1. 观看电视节目

① 启动 PPStream,选择在线观看。

② 在左侧栏的搜索列表框中输入搜索频道名称——CCTV5——进行搜索。

③ 从 CCTV5 的节目列表区选择自己喜欢的节目,双击,节目边缓冲下载边播放,正常播放窗口如图 2-58 所示。

图 2-58　播放电视节目

2. 电视画面截图

① 打开 PPStream,选择需要观看的节目,双击进行播放。

② 在出现需要截取的画面时,选择暂停播放。

③ 选择“工具”→“截图”→“单张截图”命令,如图 2-59 所示。

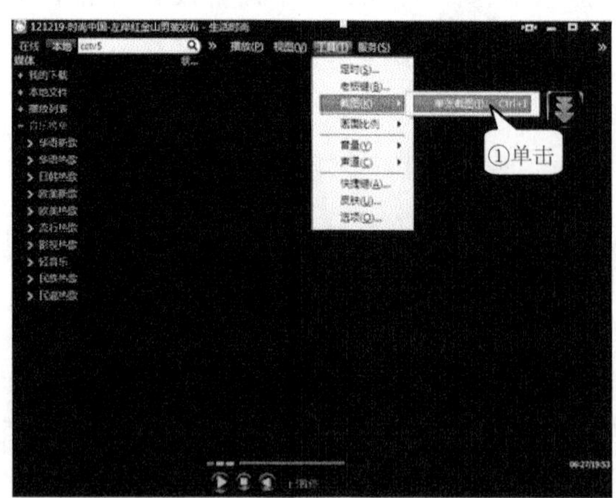

图 2-59　电视画面截图

④ 设置文件保存目录、名称、格式,单击“保存”按钮,完成保存,如图 2-60 所示。

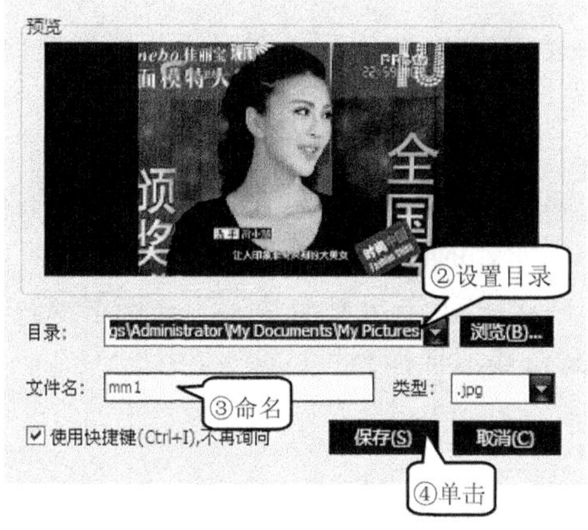

图 2-60　保存截图

3. 连接设置

① 单击"工具"→"选项…"菜单，打开 PPS 网络电视选项设置窗口。

② 单击"连接设置"选项，设置最大远程连接数、智能连接，让 PPS 自动选择合适播放效果，如图 2-61 所示。或者自己合理地设置 PPS 最大远程连接数、并发连接数、最大总连接数等连接参数，以达到满意的播放效果。

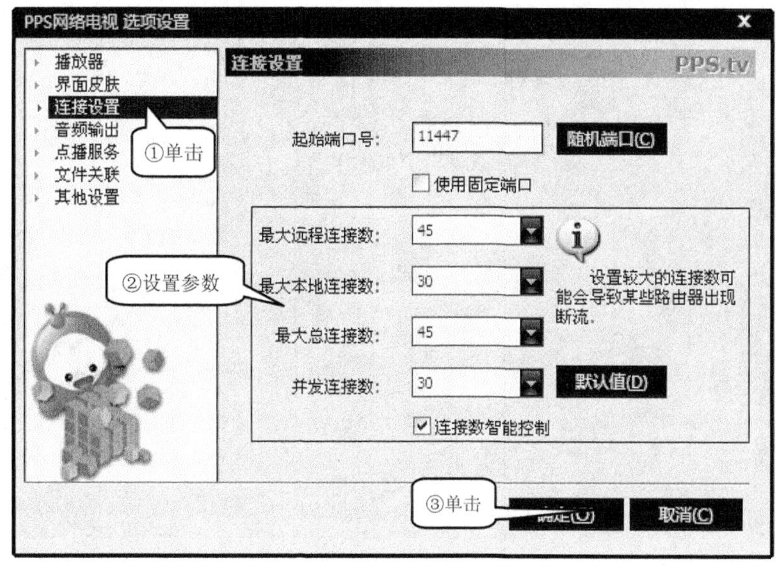

图 2-61　连接设置

任务二　学习网络电视 PPLive 的使用方法

📖 任务描述

① 观看自己喜欢的电视节目。

② 点播自己喜欢的影片。

③ 收看多路电视。

📖 任务分析

PPLive 是一款 P2P 网络电视软件,它支持对海量高清影视内容的“直播+点播”功能,所以用户既可以观看直播节目,也可以点播视频节目。

📖 知识链接

PPLive 是一款用于互联网上视频直播的共享软件,有着比有线电视更加丰富的视觉资源,各类频道如体育、动漫等,丰富的电影及各种娱乐频道尽收眼底,总之当前流行什么,这里就有什么。PPLive 使用网状模型,有效地解决了当前网络视频点播服务的带宽和负载有限问题,有用户越多,播放越流畅的特性。

📖 任务设计

1. 观看节目

PPLive 的安装非常简单,根据提示进行安装即可。安装完成后启动软件,从右侧节目列表中选择要收看的节目。可以查看节目预告,根据预告内容选择要播放的电视节目,或者直接在搜索栏中输入电视台名称,观看该台当前正在播放的节目,如图 2-62 所示。

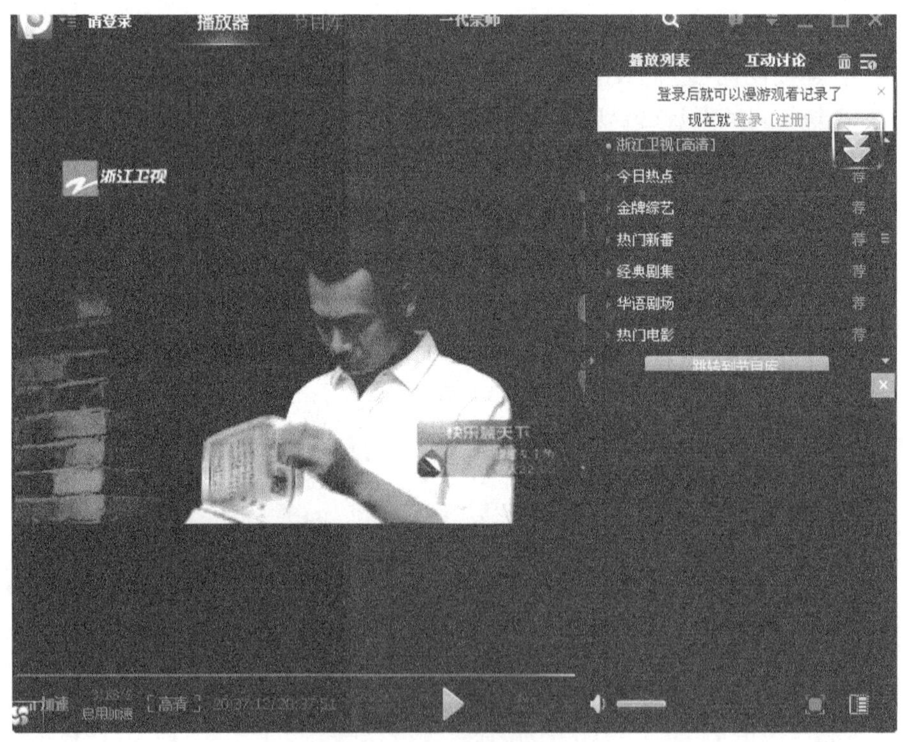

图 2-62　播放电视节目

2. 点播影片

PPLive 除了可以观看正在播放中的节目内容,还可以点播自己喜欢的影片。与观看电视节目内容不同的是,点播影片是从影片开头开始播放,并不是正在播放什么内容就只能看什么内容,用户可以根据自己的意愿观看喜欢的影片,如图 2-63 所示,双击,播放热门影片。

图 2-63　播放影片

3. 设置网络连接

PPLive 为用户提供了不同速度下载播放方式，如果网络不好，会造成画面断断续续，因此可以通过设置网络连接参数来提高播放效果，如图 2-64 所示，选择全速下载方式。

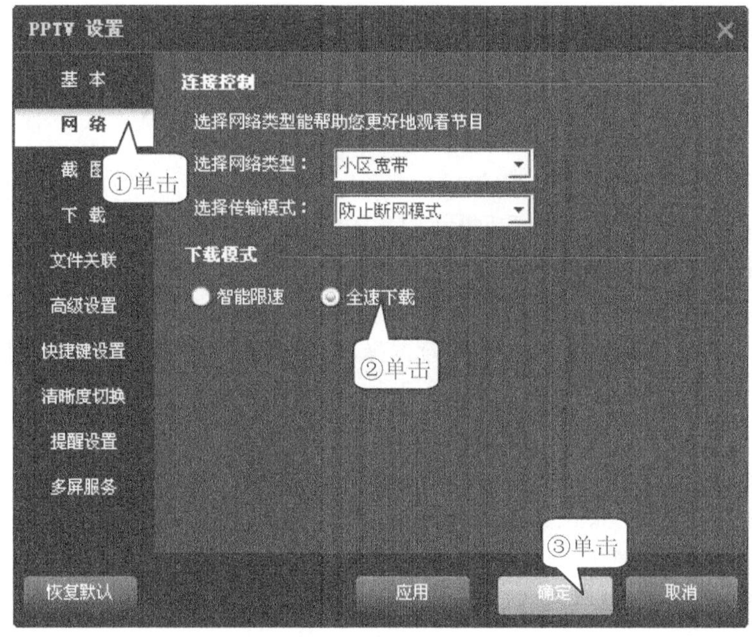

图 2-64　设置网络连接

练 习 二

一、选择题

1. 一般浏览器不具备的功能是(　　)。

A. 清除历史浏览记录　　B. 清理地址栏记录

C. 收藏网页　　D. 更新脱机网页

2. CuteFTP 具有网际快车不具备的功能是(　　)。

A. 上传文件　　B. 下载文件

C. 断点续传　　D. 支持多线程下载

3. 利用 Foxmail,可以帮助用户在不登录网站的情况下方便地(　　)电子邮件。

A. 删除邮件　　B. 分类邮件

C. 收取和发送　　D. 创建邮件用户

4. 使用 PPLive 可以(　　)。

A. 编辑视频　　B. 播放幻灯片

C. 播放任意电视节目　　D. 播放在线电影

5. 在因特网上传输文件必须按照(　　)文件传输协议进行传输。

A. HTTP　　B. FTP　　C. ICMP　　D. XML

二、思考题

1. 列举 4 种以上即时通信软件并说明即时通信软件有什么特点?

2. 如何使用 Foxmail 邮件收发工具创建其他类型的邮箱账户并使用该邮件账号接收邮件?

3. 列举 5 种常用下载工具,并简单描述其功能。

4. 限制迅雷下载速度有什么意义?

5. 简要描述百度、搜狐、新浪和网易四大国内搜索引擎的用途。

三、操作题

1. 使用 IE 浏览器

① 利用 IE 浏览器保存网页内容,注意选择不同类型的保存。登录学院网站,用各种类型保存其首页到自己姓名文件夹中。

② 利用 IE 浏览器保存网页中的部分文字和图像内容。

③ 收藏夹的脱机浏览。

④ IE 浏览器中的 Cookie、临时文件与历史记录的处理。

2. 使用邮件收发工具 Foxmail 收发邮件。

① 建立账户、收发与阅读邮件。

② 带附件、Web 页面的发送。

③ 创建地址簿,群发邮件。

3. 通过 CuteFTP 软件连接到教师主机,上传下载自己姓名文件夹中的文件。

4. 使用搜狗浏览器访问万方数据库,选定几篇电子商务方面的论文,用迅雷进行单个文件和成批文件下载并保存。

模块三　文件文档工具

学习目标

- 电子图书阅读工具——Adobe Reader、CAJViewer、SSReader；
- 制作电子书工具——在线制作、eBook Workshop、Adobe Acrobat；
- 文件及文件夹的压缩与解压缩工具——WinRAR；
- 文件及文件夹的加密与解密工具——文件夹加密超级大师；
- 文档格式转换工具——PPTConverttoDOC、Solid Converter PDF、ABBYY fineReader；
- 翻译转换工具——有道词典、灵格斯词霸。

随着时代的发展，特别是进入信息爆炸时代的今天，人们在使用计算机的时候，用得最多、接触最频繁的资源是文件文档。人类的交流和学习方式也发生了翻天覆地的改变。以前阅读书本和整理文稿的工作变成了对数字化文件和文档的整理。但整理大量的文件和文档是一件让人十分头疼的事情，如何让整理工作变得更加轻松？通过本模块的文件文档工具学习，用户将找到适合自己的解决办法。

项目一　电子图书阅读工具

随着计算机多媒体技术的发展，电子出版物以其大容量、多信息的特点，越来越受读者欢迎，特别是随着网络发展起来的网上图书馆的诞生，又形成一个更大的信息中心。如何访问和利用这些宝贵的电子图书资源呢？这就需要利用电子图书阅读工具，如 Acrobat Reader 电子书阅览器和超星阅览器等。

任务一　PDF 文件阅读器——Adobe Reader

任务描述

使用 Adobe Reader 阅读 PDF 文档、复制文档内容、使用朗读功能和插入批注。本任务以 Adobe Reader XI 11.0.00 版为例介绍其使用方法。

任务分析

下载并安装 Adobe Reader 应用程序。在 Adobe Reader 应用程序中可以打开 PDF 文档进行阅读，用户根据需要还可以对文档中的文字或图片进行复制操作。使用朗读功能可实现自动朗读 PDF 文档中的内容。

知识链接

1. PDF(Portable Document Format)简介

PDF 文件格式是 Adobe 公司开发的电子文件格式。这种文件格式与操作系统平台无关，也就是说，PDF 文件不管是在 Windows、UNIX 还是在苹果公司的 Mac OS 操作系统中都是通用的。这一特点使得 PDF 成为在 Internet 上进行电子文档发行和数字化信息传播的理想文档格式。越来越多的电子图书、产品说明、公司文告、网络资料、电子邮件开始使用 PDF 格式文件。PDF 格式文件目前已成为数字化信息事实上的一个工业标准。

2. Adobe Reader 简介

Adobe Reader(也称为 Acrobat Reader)是美国 Adobe 公司开发的一款优秀的 PDF 文件阅读软件。Adobe Reader 是用于打开和使用在 Adobe Acrobat 中创建的 Adobe PDF 的工具。虽然无法在 Reader 中创建 PDF，但是可以使用 Adobe Reader 查看、打印和管理 PDF。

启动 Adobe Reader XI，其操作界面如图 3-1 所示。

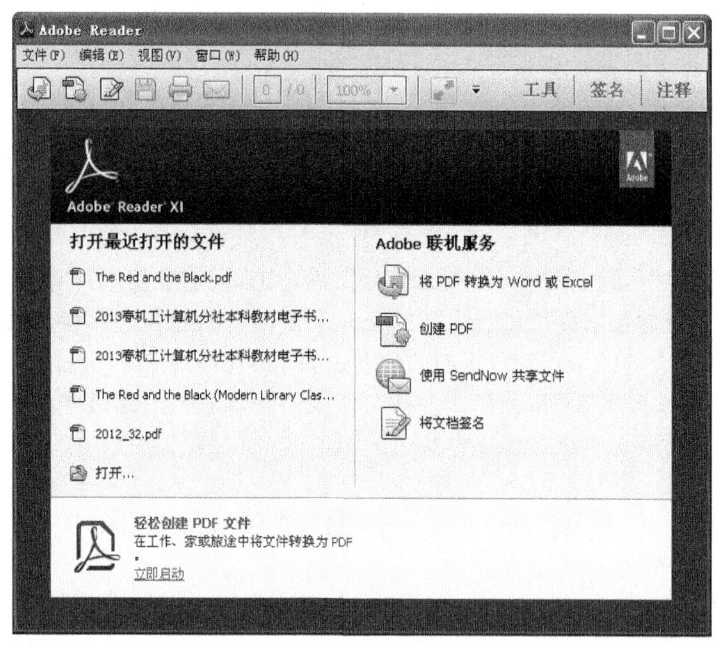

图 3-1　Adobe Reader 操作界面

任务设计

使用 Adobe Reader 可以很方便地阅读 PDF 文档，随着 Adobe Reader 版本的升级，在其中加入更多的个性化设计，例如可以对文字和图片进行不同的选择操作。

任务要求：阅读世界名著《红与黑》的英文版电子书"The Red and the Black. pdf"；复制文档 Part One 中 Chapter Two：A Mayor 的第一段内容；使用语音朗读功能朗读当前打开的文档；将世界名著《老人与海》PDF 文档共享给他人，并给该 PDF 文档的标题加上作者简介。

1. 在 Adobe Reader 中打开 PDF 文档

① 启动 Adobe Reader，选择"文件"→"打开"命令，或单击窗口中的 打开... 图标，弹出"打开"对话框。

② 在"打开"对话框中选定要打开的 PDF 文档"The Red and the Black. pdf"。

③ 单击 打开(O) 按钮即可打开 PDF 文档。

其操作步骤如图 3-2 所示。

图 3-2　在 Adobe Reader 中打开 PDF 文档

2. 阅读 PDF 文档

① 使用鼠标滚动键上下滚动页面，或单击工具栏上的按钮和按钮上下翻阅文档。

② 使用缩略图进行浏览。

• 单击导览面板中的按钮，在导览面板中显示文档每一页的缩略图。

• 单击要浏览页面的缩略图，即可快速打开对应的页面，其效果如图 3-3 所示。

③ 使用书签进行浏览。

• 单击导览面板中的按钮，显示当前 PDF 文档的目录。

• 单击相关目录链接，即可快速打开想要阅读的页面。如单击“Part One”中的“Chapter Three：A Priest”项，即跳转到“Chapter Three：A Priest”页，如图 3-4 所示。

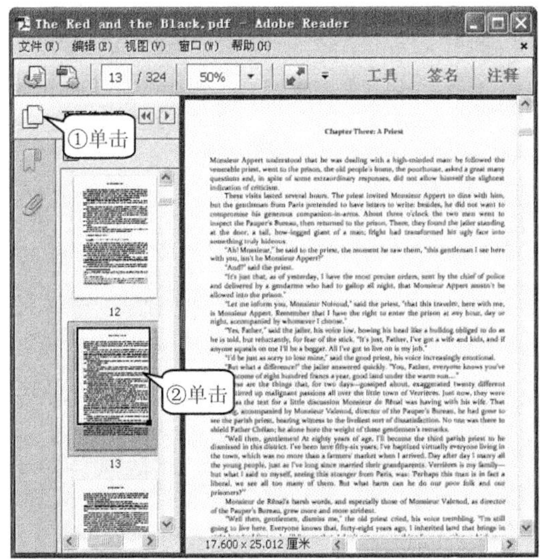

图 3-3　使用缩略图浏览

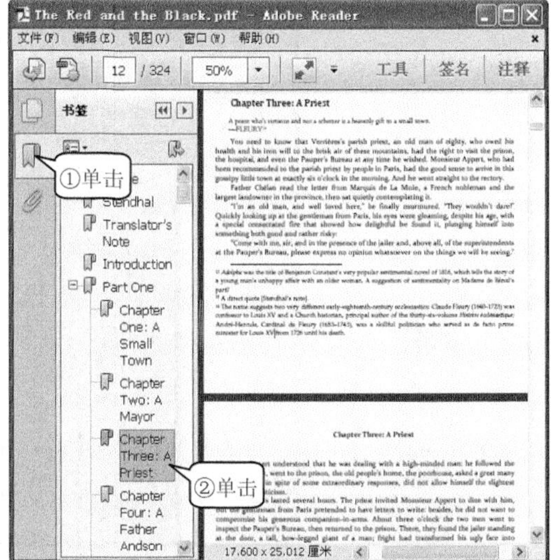

图 3-4　使用书签浏览

④ 使用工具栏上的➕按钮和➖按钮,用户可放大或缩小正在阅读的内容。

⑤ 用户如果要实现文档的全屏阅读,可选择“视图”→“全屏”命令来实现。

3. 复制文档内容

① 打开“The Red and the Black. pdf”文档。

② 使用目录链接跳转到 Part One 中 Chapter Two：A Mayor 页面内容。

③ 在页面上右击,在打开的快捷菜单中选择“选择工具”命令。

④ 按住鼠标左键在页面选中要复制的第一段内容。

⑤ 右击鼠标,在打开的快捷菜单中选择“复制”命令即可复制所选中的第一段文字。如图 3-5 所示。

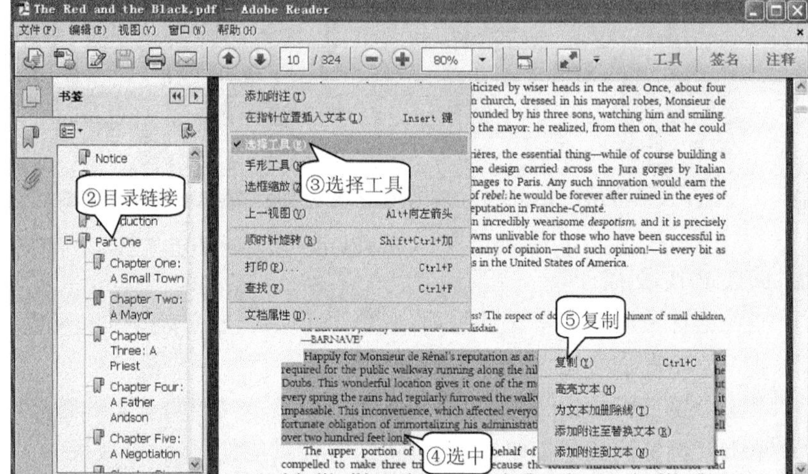

图 3-5 复制文档内容操作过程

4. 语音朗读文档

① 打开“The Red and the Black. pdf”文档。

② 选择“视图”→“朗读”→“启用朗读”命令,如图 3-6 所示。

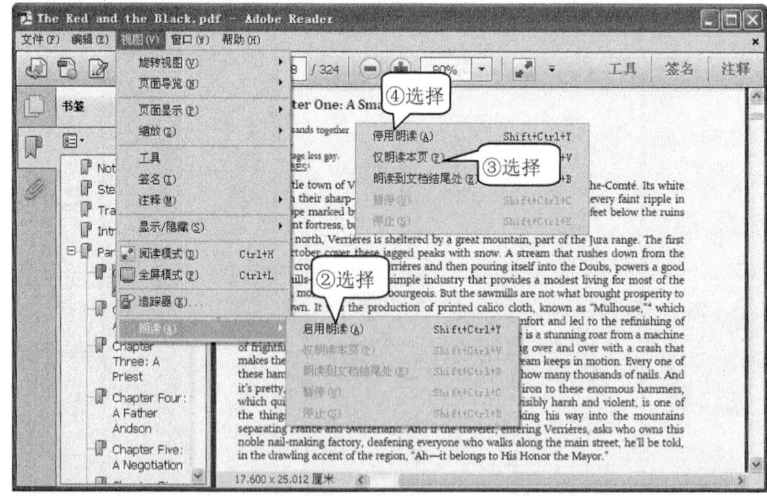

图 3-6 开启或停用朗读

③ 用户可以对开启朗读功能的文档选择“仅朗读本页”或“朗读到文档结尾处”。

④ 选择“视图”→“朗读”→“停用朗读”命令，即可停止对文档的朗读。如图 3-6 所示。

5. 共享文档

用户使用 Adobe SendNow 或通过电子邮件两种方式，可以实现通过 Adobe Reader 与他人共享文档。

(1) 使用 Adobe SendNow 共享文件

其操作步骤如下。

① 选择“文件”→“发送文件”命令，或单击工具栏上的“电子邮件”按钮，打开如图 3-7所示的“发送电子邮件”对话框。

② 在“发送电子邮件”对话框中，单击“使用 Adobe SendNow”，打开“发送文件”任务窗格。

③ 按如图 3-8 所示在“发送文件”任务窗格中的“收件人”、“主题”和“内容”文本框中输入各项内容，单击“发送链接”按钮。

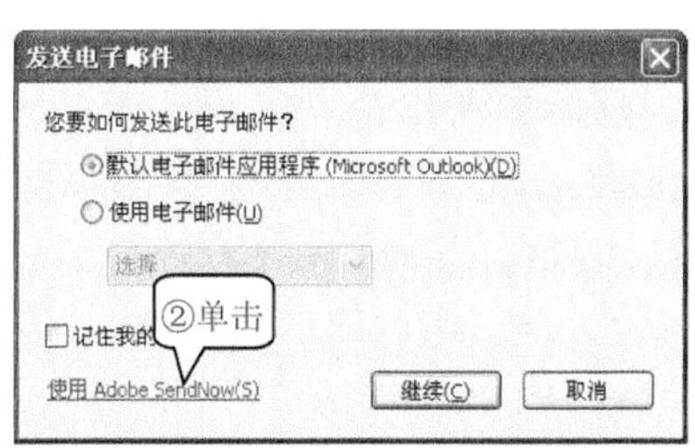

图 3-7　“发送电子邮件”对话框

图 3-8　“发送文件”对话框

(2) 通过电子邮件共享文件

① 选择“文件”→“发送文件”命令，或单击工具栏上的“电子邮件”按钮，打开“发送电子邮件”对话框，如图 3-7 所示。

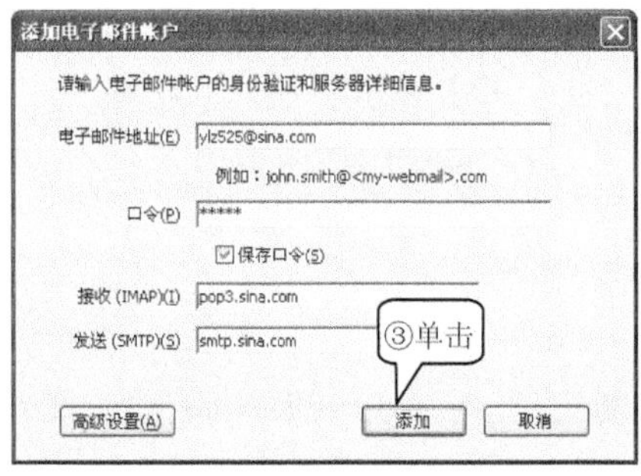

图 3-9　“添加电子邮件账户”对话框

② 在“发送电子邮件”对话框中，选择“默认电子邮件应用(Microsoft Outlook)(D)”或“使用电子邮件(U)”任一选项，如此处选择“使用电子邮件(U)”单选按钮。

③ 选择“使用电子邮件(U)”单选按钮下方组合框中的“添加其他”，打开“添加电子邮件账户”对话框，按如图 3-9 所示填写各项内容，单击“添加”按钮。

④ 返回如图 3-10 所示的“发送电子邮件”

对话框，并在组合框中选中刚添加的电子邮件账户，单击“继续”按钮，在打开的“警告”对话框中单击“是”按钮即可完成 PDF 文档的共享。

6. 注释和审阅 PDF 文件

用户可以使用批注和图画标记工具为 PDF 文件添加注释，当收到要审阅的 PDF 后，可使用如图 3-11 所示的“批注”面板和如图 3-12 所示的“图画标记”面板上的工具为其添加批注。

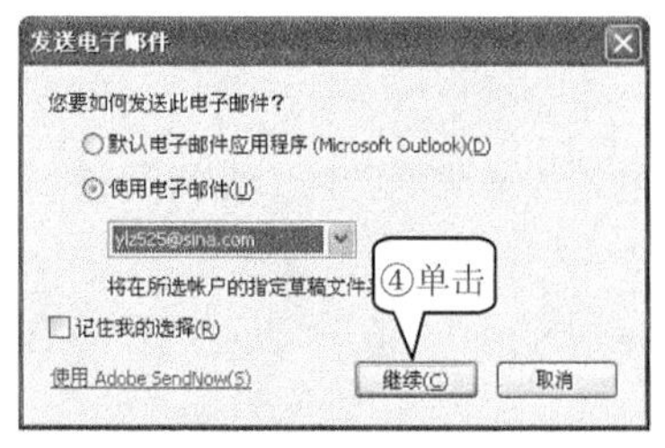

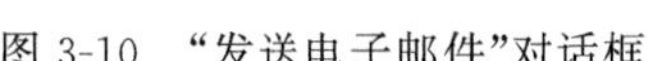
图 3-10 “发送电子邮件”对话框

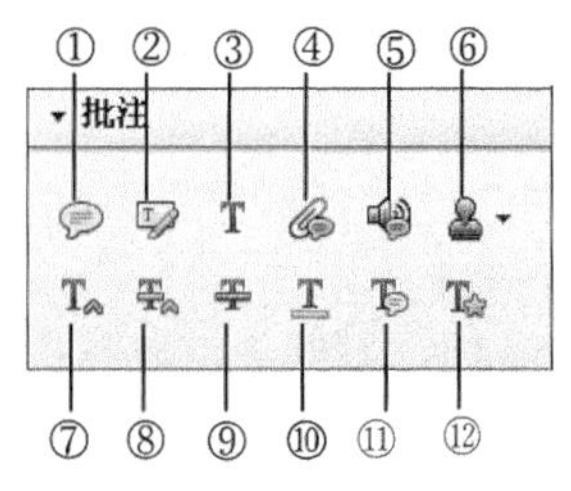

图 3-11 “批注”面板

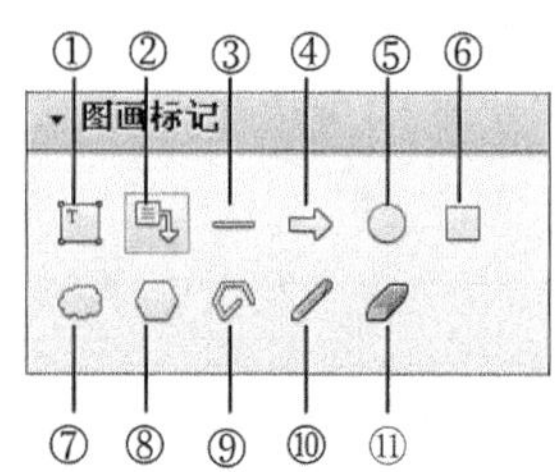

图 3-12 “图画标记”面板

(1) “批注”面板工具说明

①添加附注；②高亮显示文本；③添加文本注释；④附加文件；⑤录音；⑥添加图章工具和菜单；⑦在指针位置插入文本；⑧替换文本；⑨删除线；⑩下划线；⑪添加附注到文本；⑫文本更正标记。

(2) “图画标记”面板工具说明

①添加文本框；②添加文本标注；③绘制线条；④绘制箭头；⑤绘制椭圆形；⑥绘制矩形；⑦绘制云朵；⑧绘制多边形；⑨绘制连接线条；⑩绘制各种形状；⑪擦除各种形状。

(3) 使用“添加附注”工具给 PDF 电子书《老人与海》加上作者简介

① 打开 PDF 文档：《老人与海》。

② 单击“工具栏”中的“注释”选项，打开“批注”与“图画标记”面板。

③ 在“批注”面板中单击“添加附注”工具，在《老人与海》文档的标题处单击，弹出“弹出式附注”文本框，在文本框中输入作者“海明威”简介：海明威：欧内斯特·米勒·海明威(Ernest Miller Hemingway，1899 年 7 月 21 日—1961 年 7 月 2 日)是美国记者、作家以及二十世纪最著名的小说家之一。海明威出生于美国伊利诺伊州芝加哥市郊区的奥克帕克，晚年在爱达荷州凯彻姆的家中自杀身亡。海明威的一生感情错综复杂，先后结过四次婚，是美国“迷失的一代”(Lost Generation)作家中的代表人物，作品中对人生、世界、社会都表现出了迷茫和彷徨。

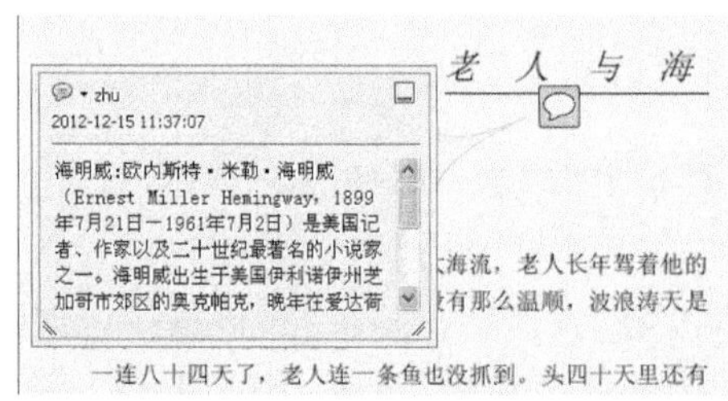

图 3-13 插入批注

④ 插入批注的结果如图 3-13 所示。

任务二 CAJ 浏览器——CAJViewer

任务描述

CAJ 全文浏览器是中国期刊网的专用全文格式阅读器，与 Adobe Reader 类似，CAJ 浏览器也是一个电子图书阅读器。使用 CAJ 浏览器阅读中国网数据库中的期刊、学位论文、会议论文、报纸和专业知识仓库中的学术文献，在阅读过程中插入用户标注，并快速搜索要

阅读的内容。本任务以 CAJViewer7.2 版为例介绍其使用方法。

📖 任务分析

打开中国期刊网:http://www.cnki.net/,下载并安装 CAJViewer7.2,在 CAJ 浏览器中不但可以浏览、打印文献,还可让用户在文献上插入标注、对文献内容进行搜索,以及自动识别用扫描方式制作的电子文档中的内容。

📖 知识链接

CAJViewer 是一款专门的学术文献浏览软件,它支持中国期刊网的 CAJ、NH、KDH 和 PDF 格式文件阅读。CAJ 全文浏览器可配合网上原文的阅读,也可以阅读下载后的中国期刊网全文,并且它的打印效果与原版的效果一致。它具有浏览页面、查找文字、文本识别、邮件传输等功能。支持 PDF 的浏览和集成 OCR 文本识别是该软件的两大亮点,准确及时解决可能出现的问题,灵活使用其功能可极大地方便用户对学术文献的浏览和使用。CAJ 阅读器是期刊网读者必不可少的阅读器。

📖 任务设计

使用 CAJ 浏览器浏览从期刊网上下载的参考文献,如“个性化推荐系统的研究和实现.caj”,在阅读文献的过程中搜索与用户提供的关键词相匹配的内容,以及使用 CAJViewer 内置的 OCR 识别工具识别和复制各种文献内容,实现文档格式的转换。

1. 使用 CAJ 阅读文献

(1) 打开 CAJViewer 浏览器和参考文献

① 选定并双击桌面上的 CAJViewer 浏览器快捷方式,启动 CAJViewer 浏览器应用程序。

② 在 CAJViewer 浏览器中,选择“文件”→“打开”命令。

③ 在弹出的“打开文件”对话框中选择要阅读的文献“个性化推荐系统的研究和实现.caj”,单击“打开”按钮。如图 3-14 所示。

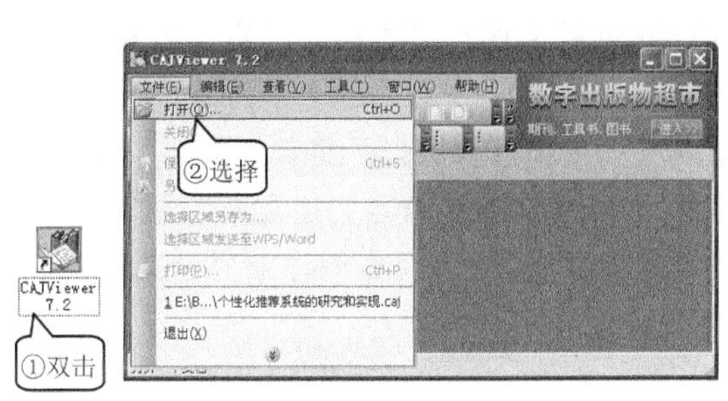

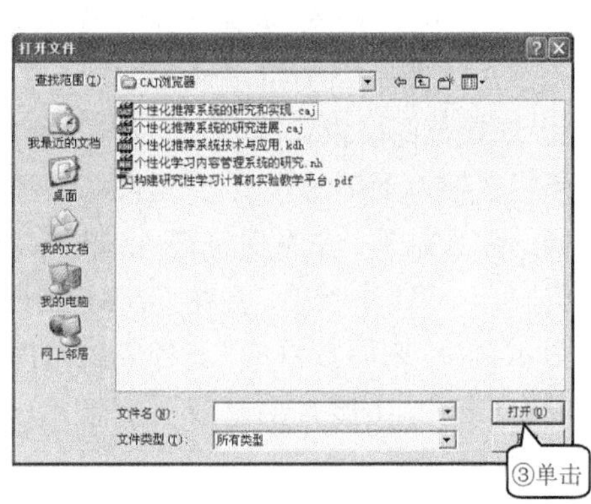

图 3-14　打开 CAJViewer 浏览器和参考文献

(2) 对于打开的文献,用户可以使用下列几种方法阅读参考文献

① 使用手形工具按住鼠标左键上下拖动查看文档。

② 使用导航工具上的按钮,可以按第一页、上一页、下一页、最后一页、后退、前进等方式查看文献内容。

③ 使用布局工具上的按钮,用户可依次以单页显示、连接显示、连续对开显示、对开显示、顺时针旋转、逆时针旋转、全屏、适合宽度、适合页面、缩小、放大等方式浏览文献内容。

2. 文献搜索

在阅读文献的过程中,CAJViewer 可以搜索与用户提供的关键词匹配的内容。操作步骤如下。

① 选择“编辑”→“搜索”命令,或单击工具栏上“搜索”按钮,打开“搜索”任务窗格。

② 在任务窗格的“请输入搜索内容:”文本框中输入要搜索的内容,如输入“个性化推荐”,并在“搜索范围”组合框中选择“在 CNKI 中搜索”,单击“开始搜索”按钮,返回的搜索结果如图 3-15 所示。

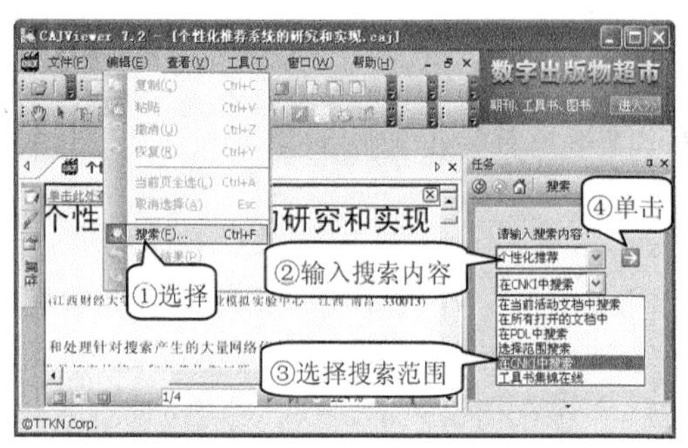

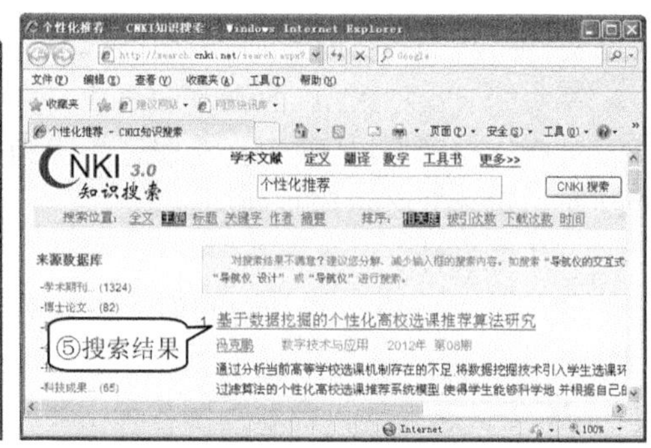

图 3-15　文献搜索结果

“搜索范围”组合框中各搜索选项的含义如下。

① 在当前活动文档中搜索:搜索结果将在窗口下部的列表框里显示,搜索完成后主页面上将显示搜索到的第一条文本,单击不同的搜索结果,主页面将进入到相应的区域。

② 在所有打开的文档中搜索:搜索结果将在窗口下部的列表框里显示,搜索完成后主页面上将显示搜索到的第一条文本,单击不同的搜索结果,主页面将进入到相应的区域。

③ 在 PDL 中搜索:如果安装了个人数字图书馆将打开该软件,并在该软件中搜索,搜索结果在个人数字图书馆中显示。

④ 选择范围搜索:选择一个目录进行搜索,将搜索所有 CAJViewer 可以打开的文件,搜索结果将在窗口下部的列表框里显示,搜索完成后主页面上将显示搜索到的第一条文本,单击不同的搜索结果,主页面将进入到相应的区域,如果文件没有打开将首先打开文件。

⑤ 在 CNKI 中搜索:将在 CNKI 数据库中以输入的搜索内容为主题进行搜索,在页面左侧显示文献“来源数据库”及各类数据库中的文献数量,在页面右侧详细显示文献的标题、作者、期刊名称、出版日期及摘要信息。

3. 文献识别

对于一些用扫描方式制作的电子文档,由于无法直接复制其中的文字内容,给用户操作带来不便。使用 CAJViewer 内置免费的 OCR 识别工具,可以轻松识别和复制各种文献电子文档内容,实现文档格式的转换,大大节省了论文编辑的时间。

根据文献原文档的生成方式,可选择下列任一种方法对文献内容进行复制或识别。

(1) 文件另存法

在工具栏中选择“文件”→“另存为”,在保存类型中选择“文本文件(*.txt)”,整篇文献即实现了格式转换,这种方法仅保留文档中的文本内容。

(2) 文本选择法

此方法为按行选择和按区域选择两种方法。

① 按行的方式选择：首先，使工具栏上的“选择文本”按钮处于选中状态，然后在页面区按住鼠标左键拖动。

② 按区域的方式选择：使工具栏上的“选择文本”按钮处于选中状态，然后在页面区按住鼠标左键拖动。高亮显示的文本都是被选中的文本，按“Ctrl＋C”组合键进行复制。按“Ctrl＋V”组合键将文本复制到指定位置。

(3) 文本识别法

CAJViewer 采用的是清华文通的 OCR 识别技术，识别精度非常高，操作方法也较简单。当工具栏中的“选择文本”按钮显示为灰色，表示当前文献中的内容不可直接复制，需要进行文本识别后方可复制。单击工具栏中的“文字识别”按钮，然后按住鼠标左键拖动形成选取文字识别范围，稍候就会弹出“文字识别结果”窗口来显示识别出来的文字内容，单击“复制到剪贴板”按钮可以将该内容保存到剪贴板中使用，若单击“发送到 WPS/WORD(W)”按钮则可以自动粘贴到 Word 文档中。

4. 文献标注

用户在阅读文献过程中可以对重点内容加上不同的标注，也可边读边做笔记，操作步骤如下。

① 选择“查看”→“标注”命令，即可在当前文档主页面的左边出现标注管理的窗口，在该窗口下，可以显示并管理当前文档上所作的所有标记。

在工具栏中共有十多种标注工具，分别是：添加书签、注释工具、直线工具、曲线工具、矩形工具、椭圆工具、添加 Flash 标注、添加图像标注、添加视频标注、添加音频标注、高亮、删除线、下划线、添加为知识元链接。

② 单击工具栏上的标注工具如高亮，然后按住鼠标左键在文档中拖动需要标注的文本，鼠标拖动的文本将突出显示。如图 3-16 所示。

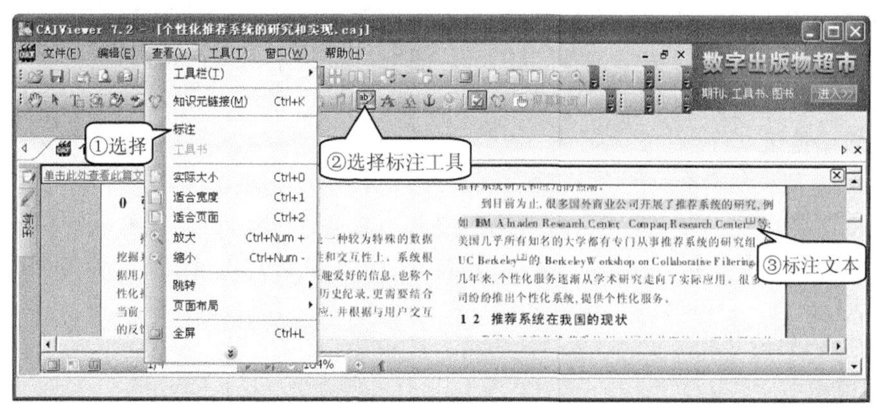

图 3-16　给文献加上标注

5. 截取文献中的公式、图表或图片

当用户需要引用或保存文献中的公式、图表或图片，可以使用 CAJViewer 中的选择图像功能来实现。操作步骤如下。

① 单击工具栏上的“选择图像”工具按钮。

② 在上述打开的“个性化推荐系统的研究和实现”文献中的“图 1 个性化推荐系统流程

图”上，按住鼠标左键拖动以选取整张图表，如图 3-17 所示。

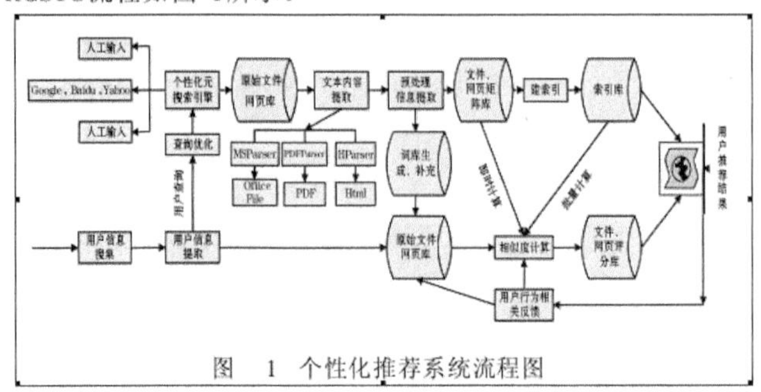

图 3-17 选择图像

③ 右击鼠标，在快捷菜单中选择“发送图像到 WPS/WORD(W)”，图像将自动粘贴到 Word 文档中。也可按“Ctrl＋C”组合键复制图片，然后按“Ctrl＋V”组合键将复制的图片粘贴到目标文档中。

任务三 超星阅览器——SSReader

📖 任务描述

超星阅览器(SSReader)是超星公司拥有自主知识产权的图书阅览器，使用 SSReader 阅读图书、检索图书、排行图书、推荐图书，以及采集整理网络资源。本任务以 SSReader4.1 版为例介绍超星阅览器的常用方法。

📖 任务分析

目前全国各大图书馆、各高校图书馆纷纷建设数字化图书馆，阅读网络上这些丰富的电子图书资源，是用户快速获取信息的方法之一。使用 SSReader 阅览器不但可以阅读由 35 万授权作者近 40 万本电子图书，还可以用于对图书进行检索、排行、推荐，以及查看学术视频和采集整理网络资源等。

📖 知识链接

SSReader 阅览器简介

超星阅览器(SSReader)是专门针对电子图书的阅览、下载、打印、版权保护和下载计费而研究开发的图书浏览器，可以访问 27 个分类图书馆的藏书。超星图书阅览器支持的文件格式为 PDG、PDF 和 HTML，是国内外用户数量最多的专用图书阅览器之一。

📖 任务设计

1. 阅读图书

使用 SSReader 可以在线或离线阅读大量免费的图书，这也是用户日常使用 SSReader 最多的功能。操作步骤如下。

(1) 运行 SSReader

首次启动 SSReader 阅览器，会弹出“用户登录”对话框，已注册的用户直接输入用户名和密码即可登录，新用户单击“免费注册”按钮可进入注册页面，此处单击“取消”按钮，进入如图 3-18 所示的 SSReader 主界面。下面就主界面的部分功能作简要介绍。

① 菜单栏:拥有应用软件的所有操作命令。

② 工具栏:集成常用操作命令。

③ 浏览区:阅读电子图书内容。

图 3-18　SSReader 主界面

(2) 查找并阅读数字图书

① 在 SSReader 主界面的导航栏中单击“读书”选项,切换到“超星读书”页面。

② 在“超星读书”页面中设置图书的搜索条件为“书名”。

③ 在“图书搜索”栏输入图书的书名,如“健康饮食”,如图 3-19 所示。

图 3-19　设置图书搜索条件

④ 单击 搜索 按钮，图书搜索结果如图 3-20 所示。

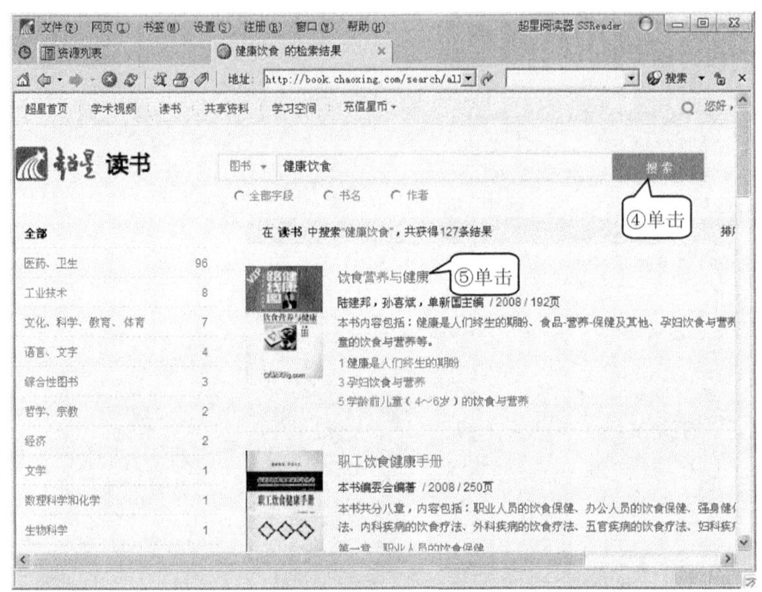

图 3-20　图书搜索结果

⑤ 在图书搜索结果页面上单击要阅读的图书，如“饮食营养与健康”。

⑥ 打开如图 3-21 所示的“饮食营养与健康”图书资源，单击 试读17页 按钮。

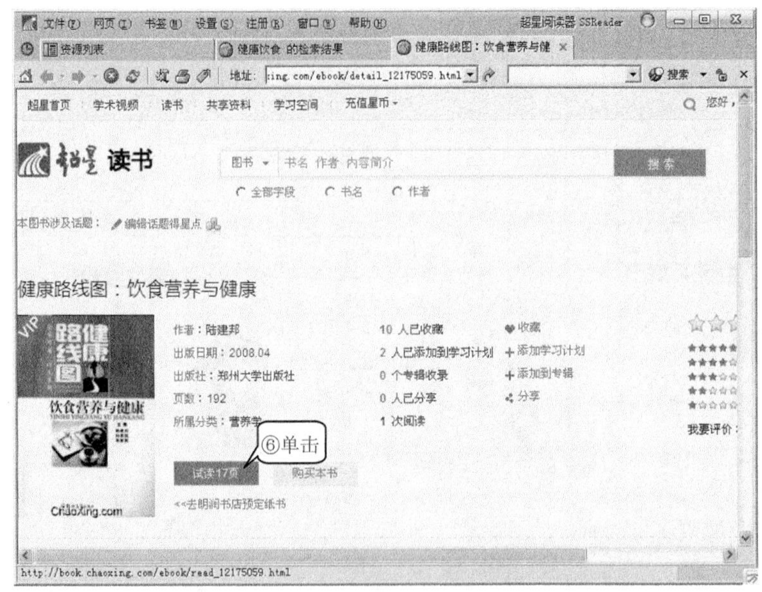

图 3-21　打开选定的图书资源

⑦ 连接服务器成功后，SSReader 阅览器会自动把服务器端的数字图书下载到本地存储器，并成为可阅读的数字图书，如图 3-22 所示。

⑧ 单击超星阅读器按钮 阅读器阅读，进入如图 3-23 所示的超星阅读器界面。使用 SSReader 阅读器中的工具栏，或选择“图书”→“转到”命令中的级联菜单，用户即可以以不同的方式阅读电子书。

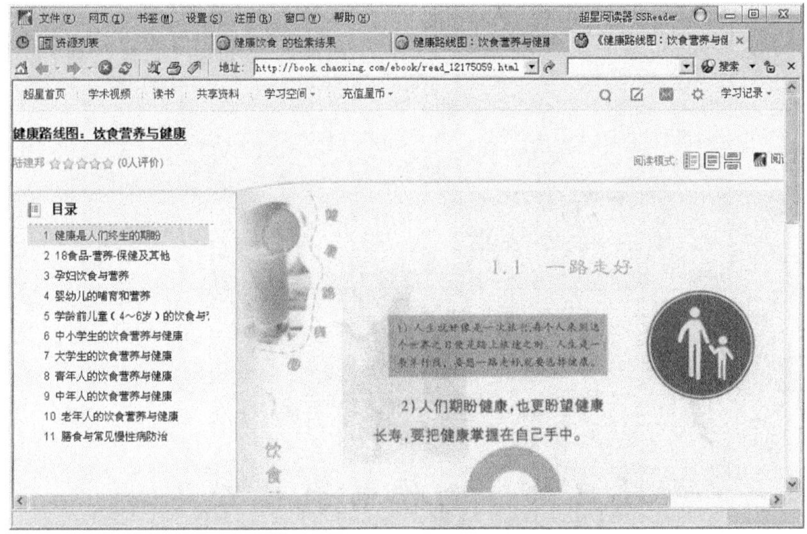

图 3-22　打开免费数字图书

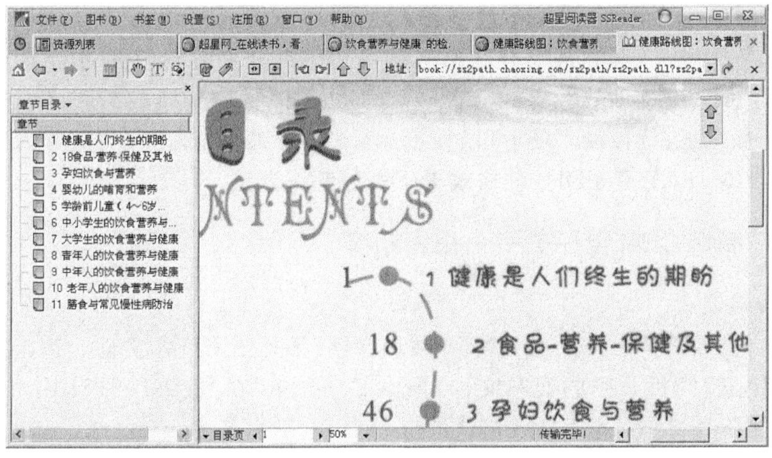

图 3-23　阅读数字图书

2. 下载图书

在 SSReader 阅读器中打开的电子书,用户可以在线阅读,也可以下载更正为:离线阅读。操作步骤如下。

① 在已经打开的电子书阅读页面上右击鼠标,在弹出的快捷菜单中选择"下载"命令,打开如图 3-24 所示的"下载选项"对话框。

② 选择图书的存放目录。若要更改图书的默认存放位置,可通过设置阅览器菜单中的"设置"→"选项"→"下载监视"中的"默认图书存放路径"来实现。

③ 设置下载属性。在超星阅览器的"下载选项"对话框中,设置图书的书名,指定下载某些页,也可以

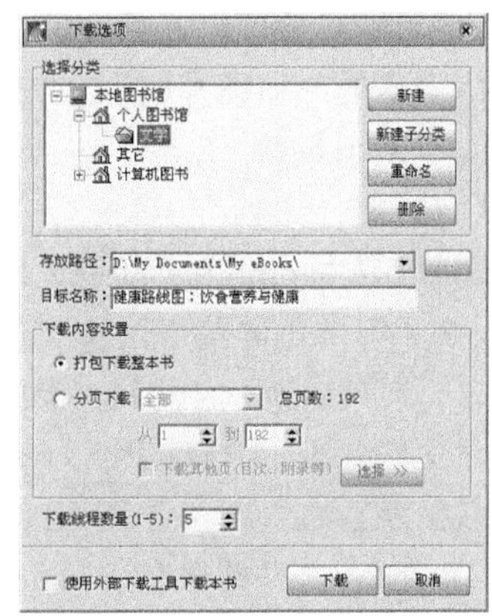

图 3-24　"下载选项"对话框

设置代理等。

④ 设置好各个选项，单击“下载”按钮，打开如图 3-25 所示的“下载监视”界面。

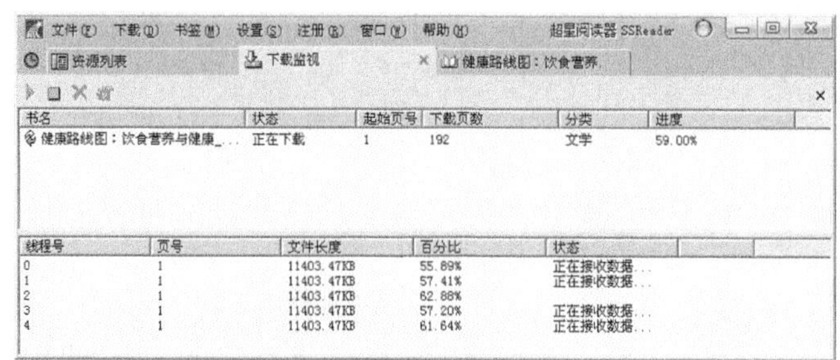

图 3-25 “下载监视”界面

项目二 制作电子书工具

电子书是一种电子读物，它将原始的 html、txt、doc、图像文件等打包制作而成的一个独立的可执行文件。电子书的格式有很多种，如 EXE 格式、CHM 格式、PDF 格式、HLP 格式、LIT 格式、WDL 格式等。其中有些格式的电子书要用特定的软件才能打开和阅读，如 PDF 文件要用 Adobe Acrobat Reader 阅读，WDL 文件要用华康的 DynaDoc Free Reader 来阅读等。一般来说，用得最多的、可以直接运行的是 EXE 格式和 CHM 格式的电子书，本项目将介绍 CHM、EXE 和 PDF3 种格式电子书的制作方法。

任务一 制作 CHM 电子书——在线制作

📖 任务描述

通常所说的“CHM 电子书”和“CHM 帮助文档”都是指 CHM 文件。请将“E:\BOOK\常用工具软件\素材”目录中的文本文件“Jane Eyre. txt”在“做书网”(http://www. makebook. com/)上在线制作一本 CHM 格式的电子书，电子书名为:《Jane Eyre》. chm，以简爱. jpg 图片作为电子书的封面。

📖 任务分析

电子书具有阅读与传播方便、界面美观等优点，它不仅是纸张书籍在网络世界流通的替代品，也是用户整理自己保存的文档、图片、网页等资料的好助手。首先准备制作 CHM 电子书所需要的封面图片、目录、内容等素材。

📖 知识链接

CHM 电子书简介

CHM 是“Compiled Help Manual”的简写，翻译成汉语就是“已编译的帮助文件”，它是微软 1998 年推出的基于网页文件特性的帮助文件系统，把网页内容以类似数据库的形式编译储存。因此，它也像网页一样支持 Javascript、VBscript、ActiveX、Java Applet、Flash、常见图片文件(GIF、JPEG、PNG)、音频视频文件(MID、WAV、AVI)等，并可以通过超级链接与互联网联系在一起。使用 CHM 有以下几点好处。

① CHM 文件是微软 Windows 98 及更高版本都默认支持的文件格式，也就是说只要是 Windows 98 及更高版本的 Windows 系统，CHM 文件都可以直接打开，不需要安装任何

应用软件。

② CHM 文件有着网页的丰富表现能力，它支持图片、脚本程序、Flash 动画、音视频文件等。

③ CHM 文件是“打包”的文件，把很多的网页“打包”成一个文件，且高度压缩，不占用空间。

④ CHM 文件有索引、搜索、目录等功能，非常方便阅读和查找。

📖 任务设计

在“做书网”上将小说《Jane Eyre》.txt 文档制作成 CHM 格式的电子书《Jane Eyre》.chm，并下载阅读。操作步骤如下。

① 打开“E:\BOOK\常用工具软件\素材”目录中的“Jane Eyre.txt”文件，按内容分章节制作好电子书的目录及每一章的内容，如图 3-26 所示。

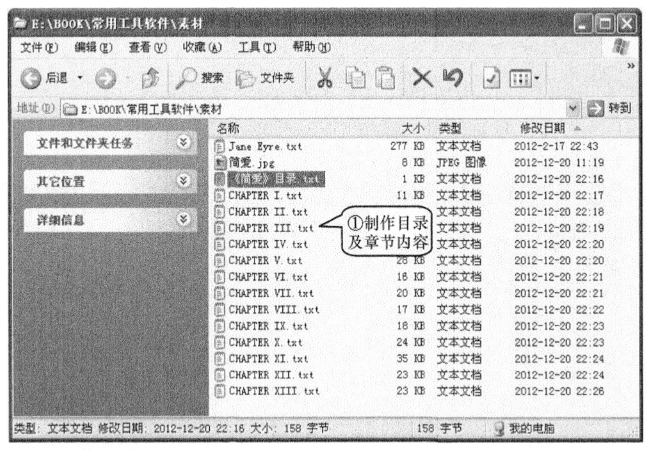

图 3-26　电子书目录及章节

② 在浏览器地址栏输入：http://www.make-book.com/，打开“做书网”的主页。

③ 进入如图 3-27 所示的页面，在页面右侧输入已注册的用户名和密码，单击 登录账号 按钮。对于新用户可单击 立即注册账号 按钮注册一个新用户后再登录。

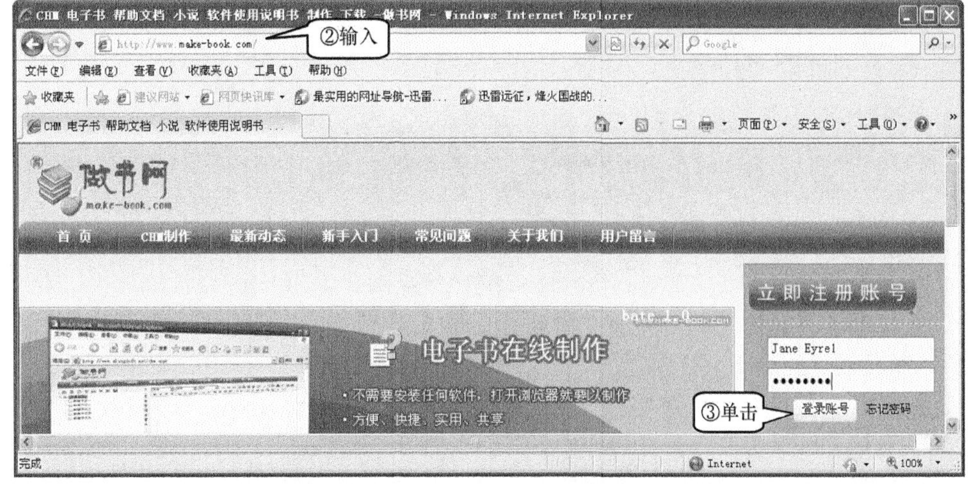

图 3-27　“做书网”主页面

④ 进入如图 3-28 所示的会员页面，单击页面导航中“CHM 制作”导航按钮 CHM制作 或单击页面左侧中的 CHM制作，打开如图 3-29 所示的 CHM 制作界面。

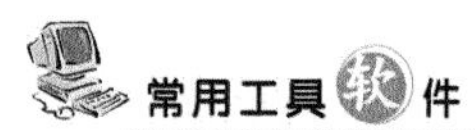

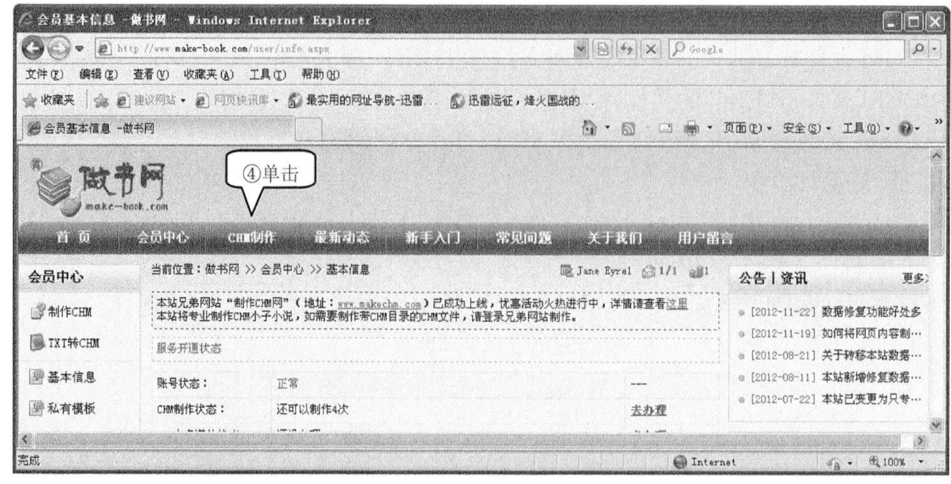

图 3-28 会员登录页面

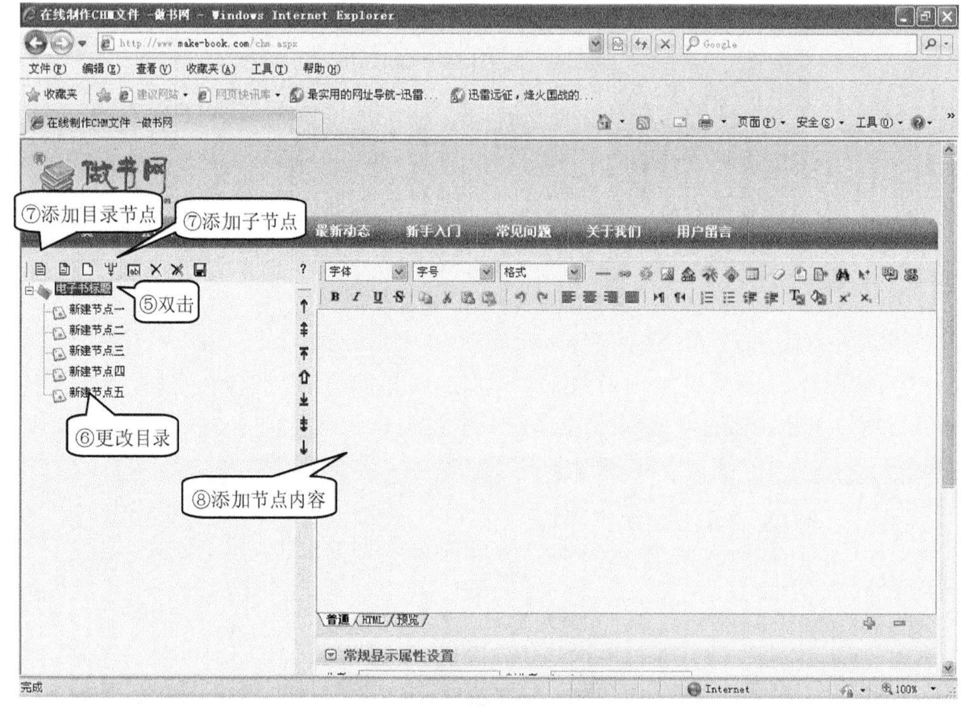

图 3-29 CHM 制作界面

⑤ 更改电子书标题。双击界面左边树形结构的首节点,这时首节点处于可编辑状态,直接输入新标题:《Jane Eyre》。

⑥ 制作电子书目录。依次将左边的“新建节点一”、“新建节点二”…更改为“CHAPTER I”、“CHAPTER II”、…。

⑦ 添加节点。用户可根据需要增加目录节点和子节点,其方法如下。

• 添加目录节点:如果作为电子书的目录节点不够,选择电子书标题“《Jane Eyre》”,单击工具栏上的“添加节点”按钮,即可添加目录节点,并依次按章节名称重命名目录节点标题,如 CHAPTER VI。

• 添加子节点：选择一个目录节点（该节点会成为新添加节点的父节点），如 CHAPTER I，单击工具栏上的“插入节点”按钮，此时在“CHAPTER VI”目录节点下新增一个子节点，根据需要用户可对子节点重命名，如 Section I。

⑧ 添加节点内容。选择好左边的目录节点后（当前节点会高亮显示，其他节点为非当前节点），如 CHAPTER I，在右边的编辑区域里输入第①步制作好的“CHAPTER I. txt”文档中的内容，并设置文本的字体、字号、格式、字形和对齐方式。

⑨ 重复以上⑤～⑦步完成电子书目录建立及相应章节内容的输入，结果如图 3-30 所示。

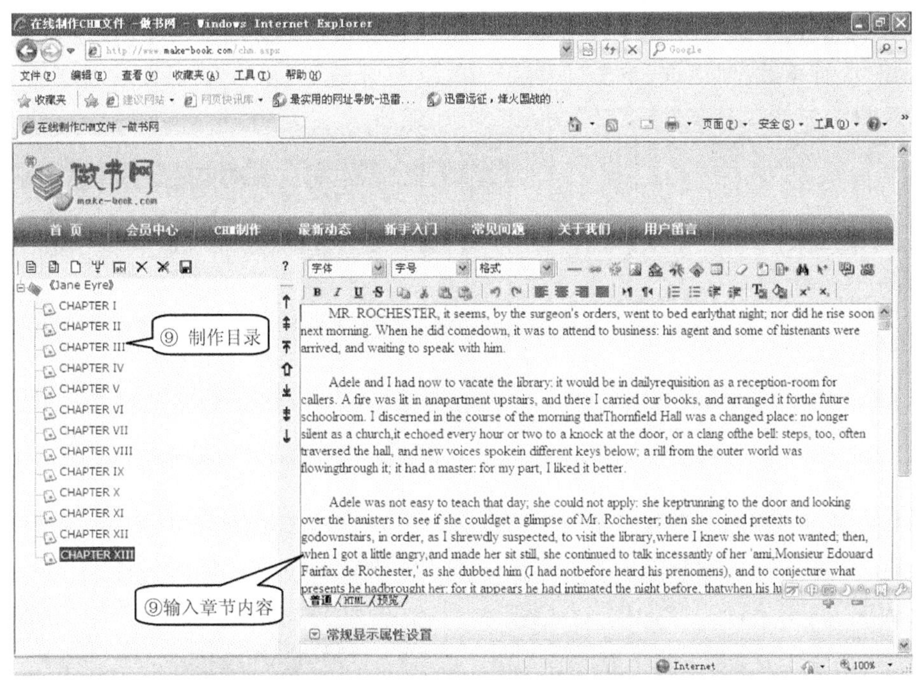

图 3-30 制作目录及输入章节内容

⑩ 常规显示属性设置。在电子书制作界面的下方，输入《简·爱》小说的作者（夏洛蒂·勃朗特），电子书的制作者，以及电子书简介：（《简·爱》创作于英国谢菲尔德，是一部带有自传色彩的长篇小说，它阐释了这样一个主题：人的价值＝尊严＋爱。《简·爱》中的简爱人生追求有两个基本旋律：富有激情、幻想、反抗和坚持不懈的精神；对人间自由幸福的渴望和对更高精神境界的追求。这本小说的主题是通过对孤女坎坷不平的人生经历，成功地塑造了一个不安于现状、不甘受辱、敢于抗争的女性形象，反映一个平凡心灵的坦诚倾诉的呼号和责难，一个小写的人成为一个大写的人的渴望。），然后设置“默认模板选择”为“四叶草的幸福”，设置结果如图 3-31 所示。

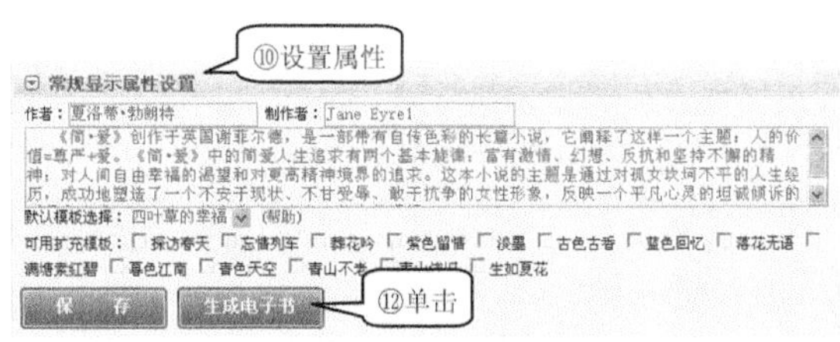

图 3-31 常规显示属性设置

⑪ 用户也可以通过工具栏上的工具在电子书中插入链接、图片、视频、FLASH、文件、图表等内容。

⑫ 设置好各项内容和选项，单击界面下方的“生成电子书”按钮，在弹出的提示上单击“确定”按钮。上传封面有新内容补充进入“恭喜您，生成电子书成功！”页面。

⑬ 接着进入“上传封面”的页面，单击“浏览”按钮，在弹出的“选择要加载的文件”对话框中选择“简爱.jpg”图片，单击“打开”按钮，如图 3-32 所示。

⑭ 单击“上传封面”按钮即完成电子书的制作，并在页面中显示“恭喜您，生成电子书成功！点击下载”提示信息。单击“点击下载”按钮可下载刚刚制作的《Jane. Eyre》电子书，弹出“文件下载”对话框，单击“保存”按钮，在打开的“另存为”对话框中选择保存路径为“E:\BOOK\常用工具软件\素材”，单击“保存”按钮。

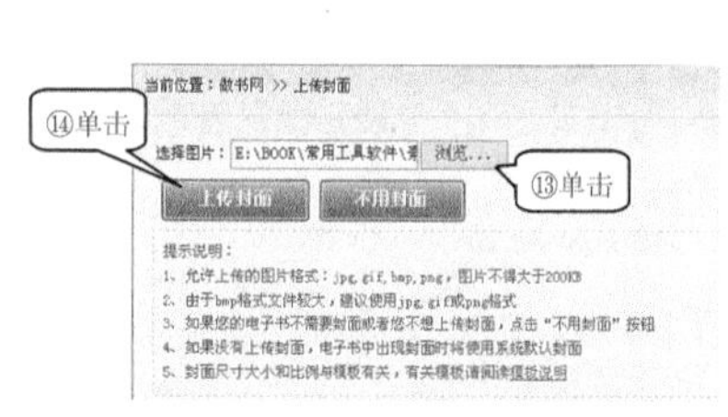

图 3-32　上传封面

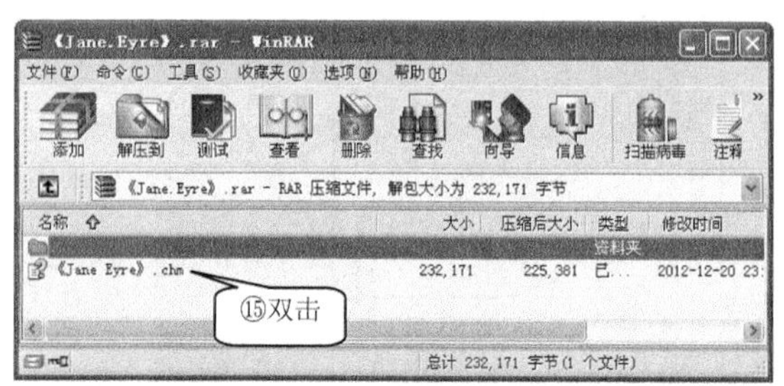

图 3-33　“《Jane. Eyre》. rar”压缩文件

⑮ 打开刚下载的电子书压缩文件：《Jane. Eyre》. rar，如图 3-33 所示，选中“《Jane Eyre》. chm”文档并双击鼠标左键打开如图 3-34 所示的“《Jane Eyre》. chm”电子书。

图 3-34　制作好的《Jane Eyre》. chm 电子书

任务二　制作 EXE 电子书——eBook Workshop

任务描述

请使用软景 HTML 制造机、eBook Workshop 软件，将“E:\BOOK\常用工具软件\素材”目录中的文本文件“Jane Eyre. txt”制作成一本 EXE 格式的电子书：《Jane Eyre》. exe，以“简爱. jpg”图片作为电子书的封面。

任务分析

首先下载并安装软景 HTML 制造机 txt2htmlV3. 0 和 eBook WorkshopV1. 5 软件，准备好制作电子书《Jane Eyre》. exe 所需要的封面图片、目录、内容等电子书素材。

知识链接

1. eBook Workshop 简介

eBook Workshop (中文名称为 e 书工场)是将 HTML 页面文件、图片、Flash 等捆绑成 EXE 电子文档的制作软件。本软件可以说是吸收了目前其他同类软件的优点，采用文件流技术，所有文件都在内存中释放和读取，不产生垃圾文件；软件采用界面外壳，制作时可以选择界面，界面优美且可以不断升级界面；制作的电子书可以部分或全部加密，因而可以保护制作者的利益，是制作 EXE 电子图书的最佳选择。

2. 软景 HTML 制造机

软景 HTML 制造机(Softscape HTML Builder)3 是一款基于模板的将文本文件转换为网页文件的工具软件(Txt2html、Text to Html)。只需把文章的题目、内容按顺序放在文本文件里，经程序处理，即可快速生成带索引文件、“上一页”、“下一页”链接的 HTML 文件群，是快速制作 e-Book 电子书、“书屋”、“技巧”类站点的得力助手。软景 HTML 制造机 3 自带 10 套不同风格的精美模板，不会做网页的用户也可以轻松使用。

软件特点：一个文本文件可包含一篇或多篇文章，程序一次可处理多个文本文件，支持图形插入，文章段落自动缩进，段间自动空行，用户既可使用自带模板，又可自制模板，可以对软件进行无限扩展。

任务设计

使用软景 HTML 制造机、eBook Workshop 软件将小说《Jane Eyre》. txt 文档制作成 EXE 格式的电子书《简爱》. exe，并打开制作好的电子书进行阅读。

1. 使用“软景 HTML 制造机”将文本文件转换成 html 形式

① 先把要做成 EXE 电子书的小说《Jane Eyre》. txt 文档按目录、章节内容排好版。

② 打开下载的软景 HTML 制造机安装包“txt2html_3. 0. rar”，选中 txt2html. exe 文件并双击启动软景 HTML 制造机应用程序，进入软件主界面，如图 3-35 所示。

③ 单击“添加“按钮，然后将要转换成 HTML 格式的 TXT 文档依次添加到当前应用软件窗口中。如图 3-35 所示。

④ 按如图 3-35 所示设置“软景 HTML 制造机”软件界面各个选项。

- 首先对于 TXT 文件内容选择分篇方法。

一个文件一篇：每个文件生成一个网页，文件名格式：前缀＋计数；

一个文件一篇(文件名作标题)：每个文件生成一个网页，文件中第一行为文件名除去后缀；

* 个或更多连续空行作为标记：文本中的空行连续出现 * 个或以上时，文本再次断开，每一部分生成一个网页。

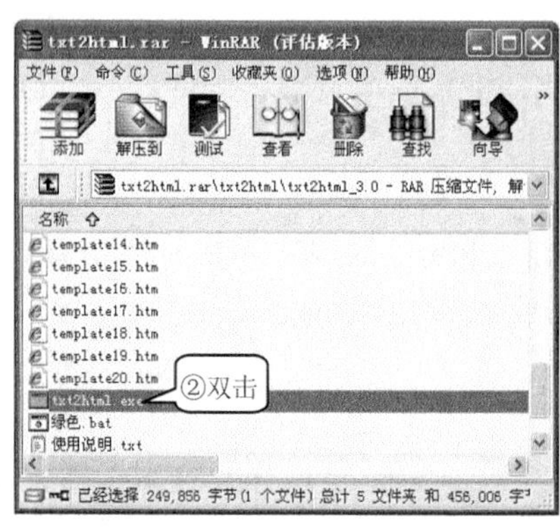

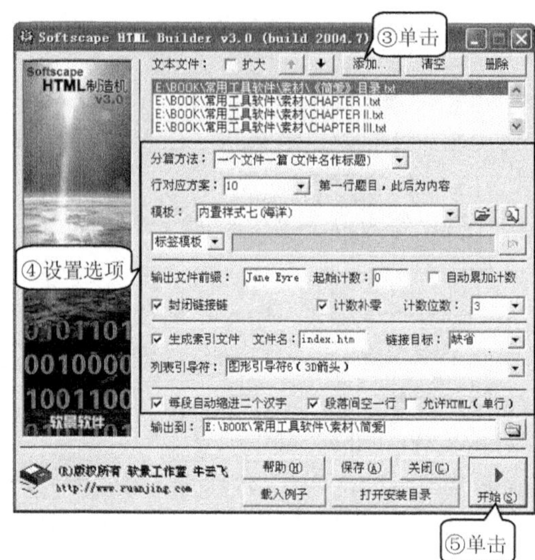

图 3-35　进入软景 HTML 制造机界面

• 设置行对应方案。

“10”模板打开后可以看到[part1][part0][part2]等标记,10 方案即分篇后的第一行对应替换[part1],其后内容替换[part0]。一般[part1]为标题,[part0]为文章内容。即为第一行题目,此后为内容;

“110”有时需要插入作者名,此时就需要选择 110 方案,选择后文本中分篇后的第二行将作为作者名,一般是[part2]的位置。即第一行是题目,第二行是作者,此后为内容。

• 选择模板:软景内置 20 个模板,分别对应 10 和 110 方案各 10 个,单击后方第一个下拉按钮,可以选择其他模板,按第三个按钮可以预览模板。如果要自制模板,单击第二个按钮,选择一个自制模板。

• 标签模板:选择网页中“上一页”、“回目录”、“下一页”为图片格式还是文字格式。

• 文件名:建议将所有复选框都选上。

• 索引文件:即目录,一般模板默认格式是将所有章节名称按居中换行排版,可以通过修改 htm 更改。链接目标不是很确定时,就按默认值设置。

• 列表引导符:为目录中章节名称前面的标志符。

• 生成:由于是制作电子书,那么每个段落前留空,段落空行都是一定要选择的。如果文本中有 HTML 语言,且是单行形式的,需要其生效的话请选择 HTML。

⑤ 在“输出到:”文本框中输入保存文件的目录,单击“开始”按钮。

⑥ 弹出如图 3-36 所示的“总标题”提示框,然后单击“确定”按钮。

⑦ 在弹出的如图 3-37 所示的提示框中单击“是”按钮。

图 3-36　“总标题”提示框

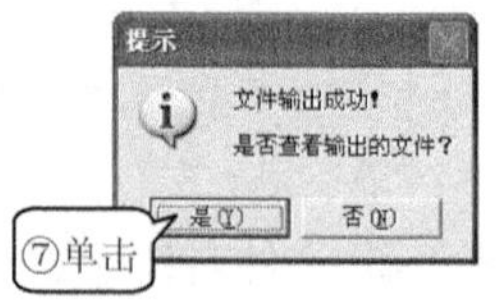

图 3-37　提示框

⑧ 在生成 HTML 文件的"E:\BOOK\常用工具软件\素材\简爱"目录中，选中并单击"index. htm"文件，打开的目录效果如图 3-38 所示。

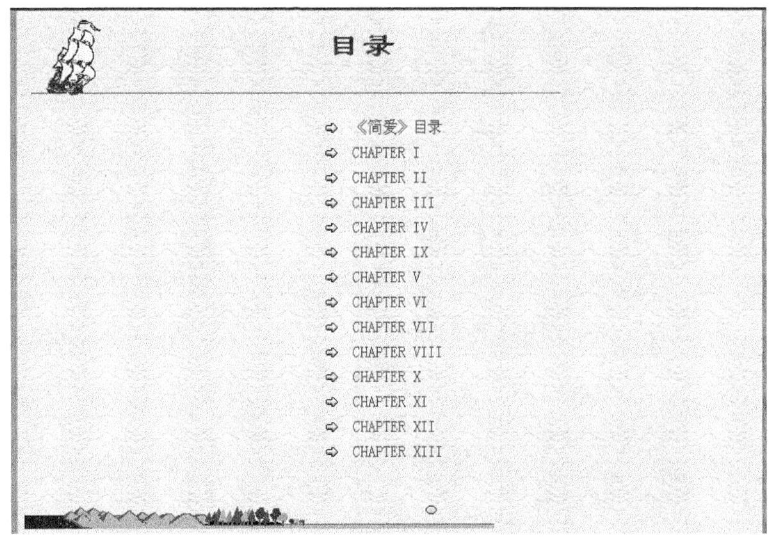

图 3-38 生成的电子书目录

2. 用 eBook Workshop 制作《Jane Eyre》. exe 电子书

① 关闭软景 HTML 制造机软件，选定并双击桌面上的"eBook Workshop"快捷方式进入 eBook Workshop 软件界面。

② 单击文本框右边的"打开"图标，弹出"浏览文件夹"对话框。

③ 选择要载入的电子书文件夹"简爱"，单击"确定"按钮。如图 3-39 所示。

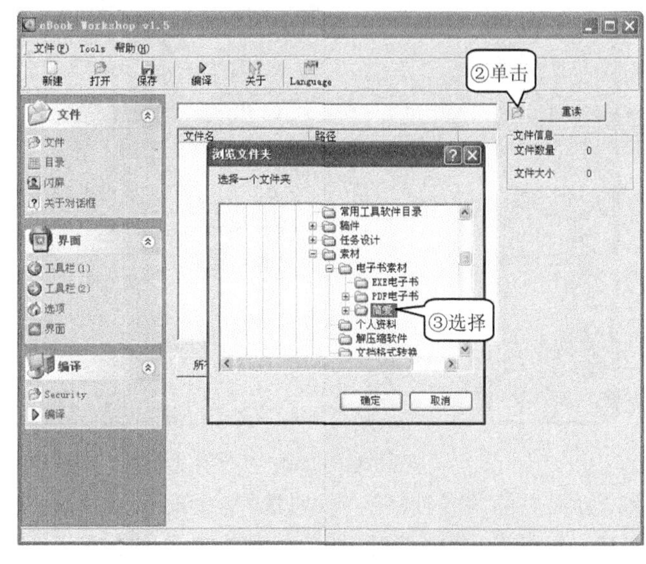

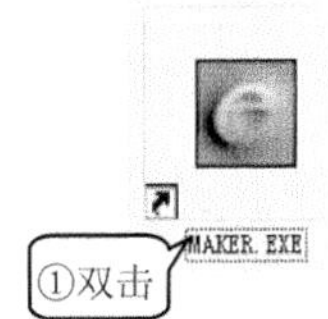

图 3-39 启动 eBook WorkshopV1.5 软件

④ 单击界面左侧中的"目录"选项，界面如图 3-40 所示。在该界面中用户可以看到被载入的文件，界面共为 3 格，第一格是硬盘上的现存，第二格是将会在电子书中出现的目录，

此目录可以任意改名。

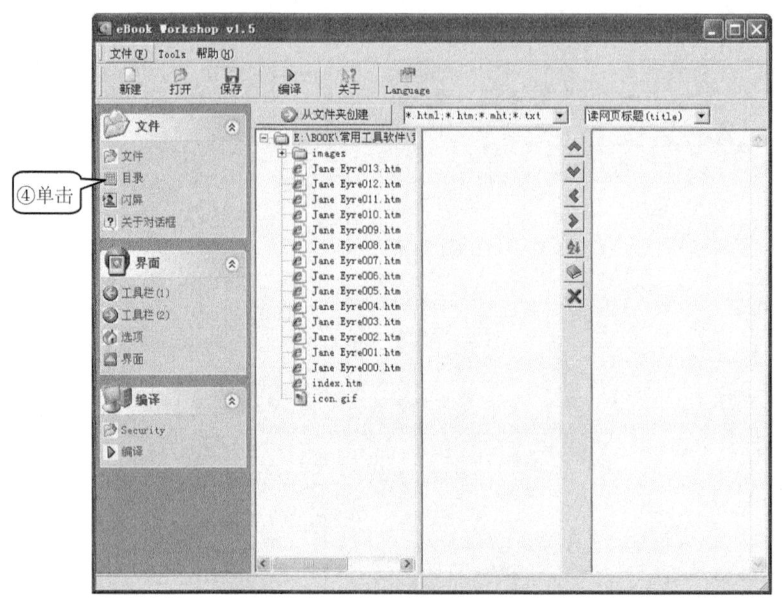

图 3-40 “目录”选项结果

⑤ 单击第一格上方的“从文件夹创建”，或直接将第一格的文件夹拖放到第二格。如图 3-41所示。在第二格中，用户通过使用上、下移动图标对文章进行排序或设置子目录。

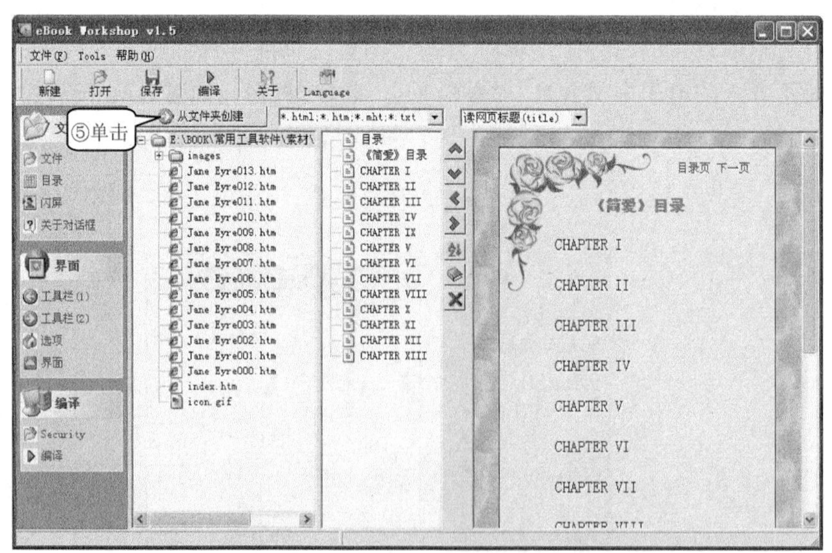

图 3-41 单击“从文件夹创建”后的结果

⑥ 单击界面左侧的“闪屏”选项，勾选“启动时显示闪屏”复选框，并设置“闪屏的秒数”（一般为 4 秒），以及单击“打开”图标选择作为电子书 LOGO 的图片，如图 3-42 所示。

⑦ 单击“打开”按钮，在如图 3-43 所示可以看到被载入的图片。

⑧ 单击界面左侧的“工具栏(1)”选项，出现如图 3-44 所示的画面，可以看到许多将要在电子书中显示的按钮，用户根据需要进行选择，按钮的名称也可以任意命名。

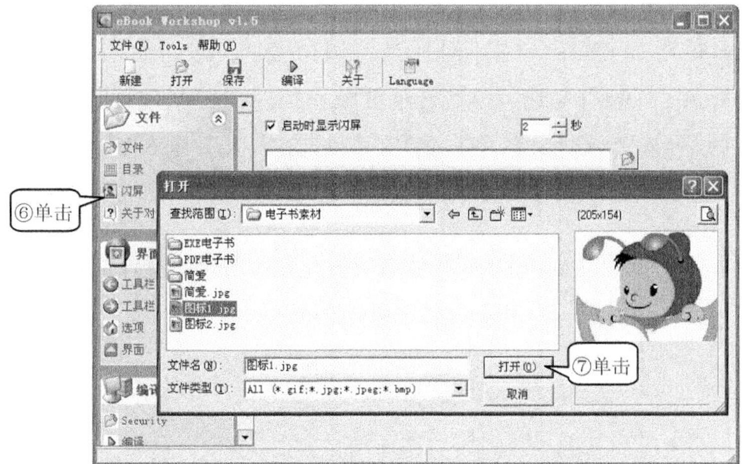

图 3-42　设置“闪屏”和电子书 LOGO

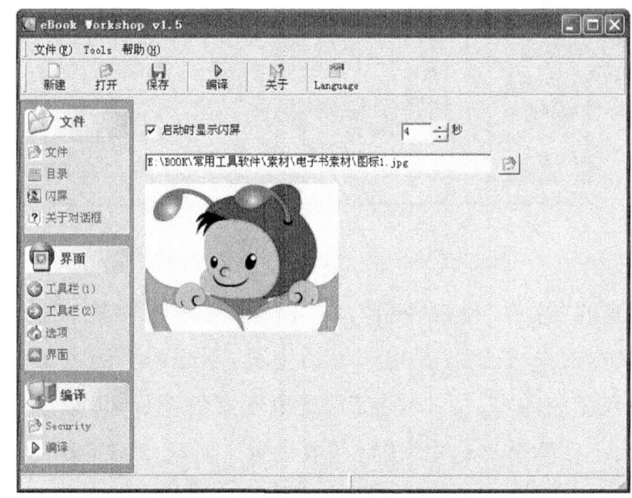

图 3-43　载入电子书 LOGO

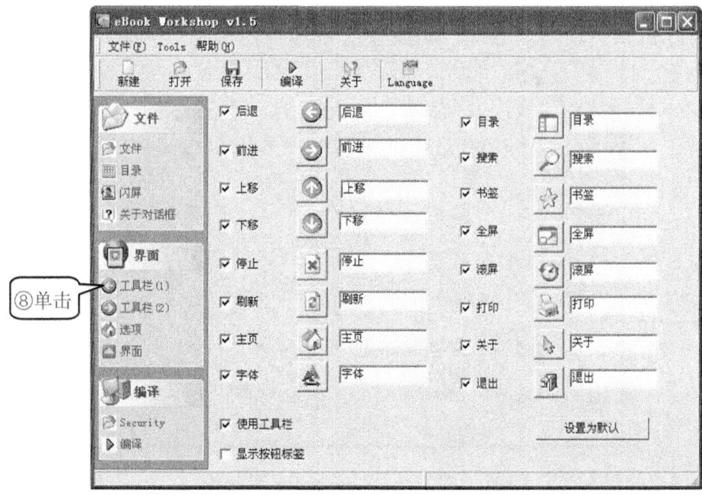

图 3-44　“工具栏(1)”选项显示结果

⑨ 单击界面左侧的“工具栏(2)”选项，勾选“标志”选项区域中的“可视”复选框，选择一张图片作为电子书的LOGO；“链接”网址是可以改变的，此处输入E书吧的主页地址：http://www.eshuba.com/；勾选“背景”选项区域中的“可视”复选框，用户可以选择合适的背景；在状态栏的“可视”复选框前打勾，在“文本1”文本框中输入“本电子书由Keeki整理制作”；在“文本2”文本框中输入“E书吧欢迎您！”。设置结果如图3-45所示。

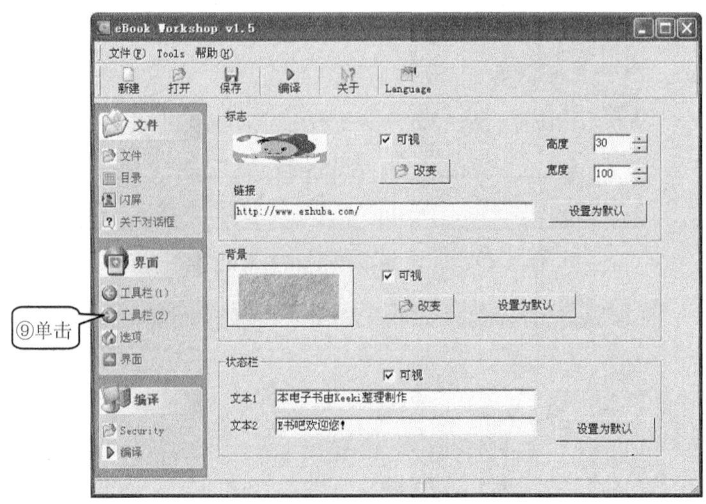

图3-45 “工具栏(2)”选项设置结果

⑩ 单击界面左侧的“选项”按钮 选项，在“标题”文本框中输入电子书的名称；在“主页”、“默认”这两个文本框中(这两项是电子书的主页，不是网页的主页，请注意其默认的主页是：index.htm)输入相应内容；“e书图标”即是电子书的图标，可以改变；“显示”选项区域设置电子书的显示大小；“读书器选项”按默认值设置。其设置结果如图3-46所示。

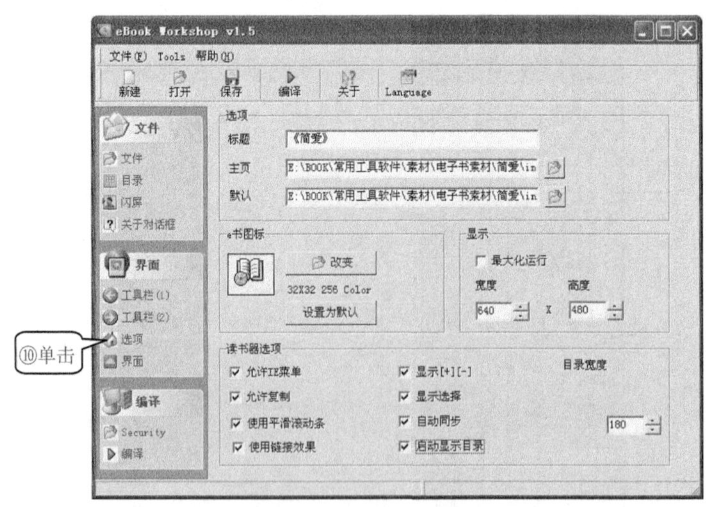

图3-46 “选项”设置结果

⑪ 单击界面左侧的“界面”选项，勾选“使用界面”单选按钮，在列表框中选择自己喜欢的界面，如图 3-47 所示。

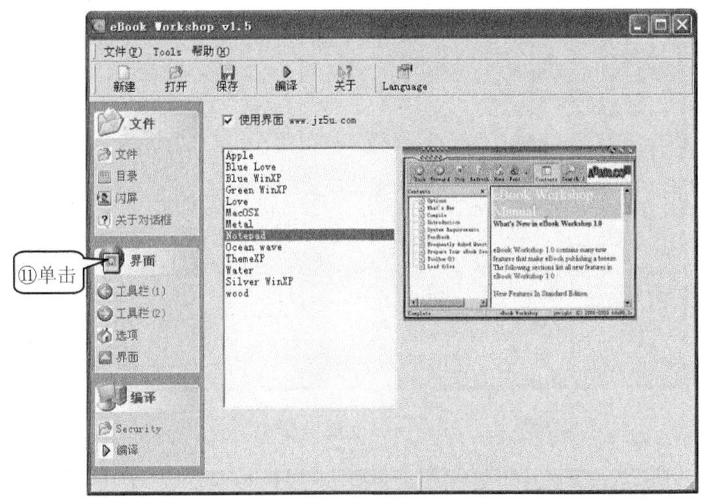

图 3-47　设置“界面”选项

⑫ 单击“编译”按钮后，先单击“保存”按钮，填写电子书的名称和保存的路径，再单击“编译”按钮，如图 3-48 所示。

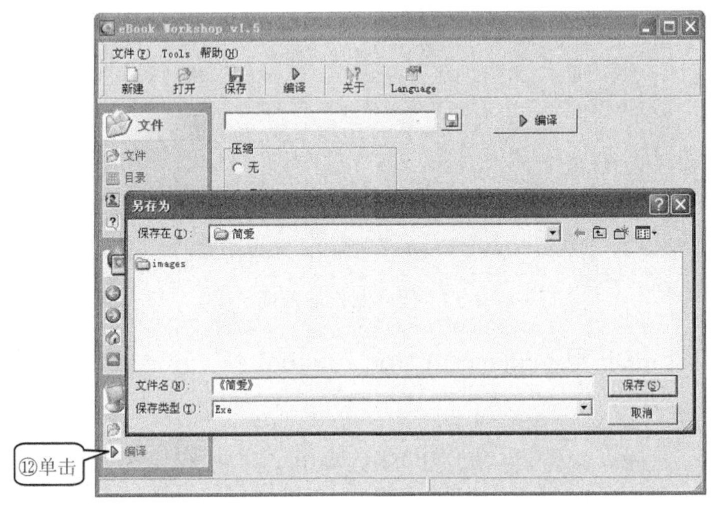

图 3-48　“编译”电子书

⑬ 等上几秒钟后，即可生成电子书，单击如图 3-49 所示的“红色框”链接，打开的“《简爱》.exe”电子书效果如图 3-50 所示。

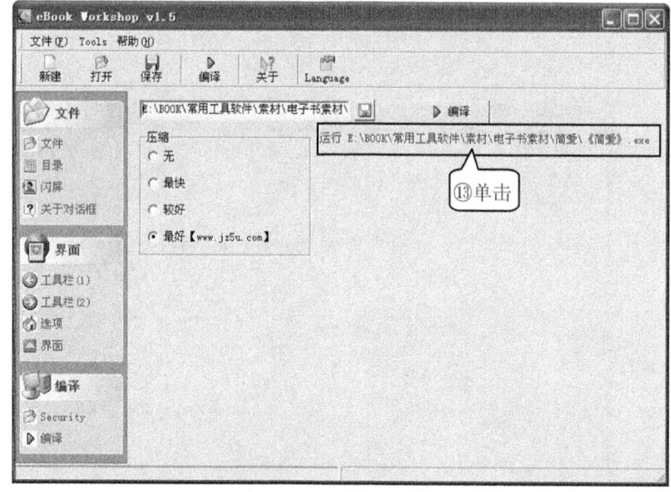

图 3-49　生成电子书

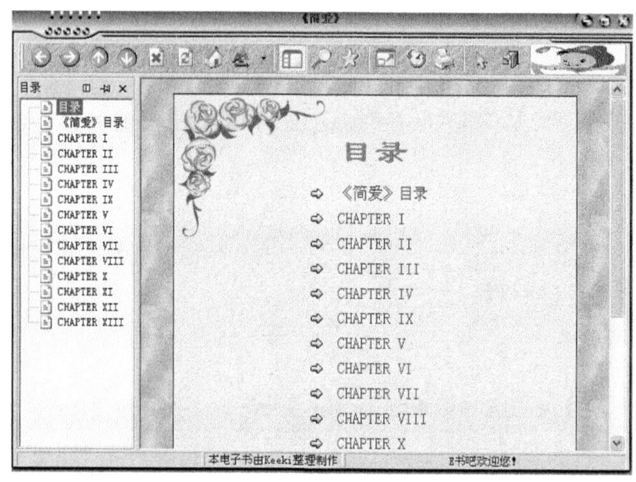

图 3-50　阅读制作好的电子书

任务三　制作 PDF 电子书——Adobe Acrobat

任务描述

使用 Adobe Acrobat 软件，将“E:\BOOK\常用工具软件\素材\电子书素材”目录中的文本文件“Jane Eyre.txt”制作成一本 PDF 格式的电子书：《简爱》.pdf 以“简爱.jpg”图片作为电子书的封面。

任务分析

首先下载并安装 Adobe Acrobat 应用程序，准备制作电子书《简爱》.pdf 所需要的封面图片、目录、内容等电子书素材；然后使用 Adobe Acrobat 软件制作 PDF 格式的电子书，并阅读制作好的电子书。

知识链接

Adobe Acrobat 简介

用户使用 Adobe Acrobat 软件可以创建、合并和控制 Adobe PDF 文档，以便轻松和更

加安全地进行分发、协作及数据收集，它是制作 PDF 文档的利器。Adobe Acrobat 将各种内容统一到一个井井有条的 PDF 文件夹中，通过电子文档查看展开协作，以及创建和管理动态表单，帮助保护敏感信息。

任务设计

使用 Adobe Acrobat 软件，将"E:\BOOK\常用工具软件\素材\电子书素材"目录中的文本文件"Jane Eyre. txt"制作成一本 PDF 格式的电子书:《简爱》. pdf，并打开进行阅读。

1. 准备制作电子书的素材

一般来说，PDF 电子书都是由文档、图像、网页等文件转换后生成的，因此用户在制作电子文档时，先应选择相关的编辑工具对电子文档进行编辑，如在 Word 中进行格式处理后，再将其转入到 Adobe Acrobat 中进行制作。此处准备好制作《Jane Eyre》PDF 电子书所需要的 TXT 文档和封面图片。

2. 导入电子书素材

将上一步所编辑的电子书素材导入 Adobe Acrobat，然后转换成 PDF 格式，这是制作的第一步。

(1) 导入合并文件

① 打开 Adobe Acrobat 应用程序，单击工具栏上的"创建"图标 创建，在下拉列表框中显示"文件创建 PDF"、"从扫描仪创建 PDF"、"从网页创建 PDF"、"从剪贴板创建 PDF"、"将文件合并为单个 PDF"、"PDF 表单"和"PDF 包"等多种创建方式。用户可以根据创建 PDF 的素材来选择相应的创建方式。

② 此处在下拉列表框中选择"将文件合并为单个 PDF"选项。

③ 在弹出的"合并文件"对话框中单击"添加文件"按钮 添加文件...，在下拉列表框中选择"添加文件"命令。

④ 在弹出的"添加文件"对话框中选择制作电子书所需要的素材或者添加一个存放素材的文件夹，单击"添加文件"按钮。如图 3-51 所示。

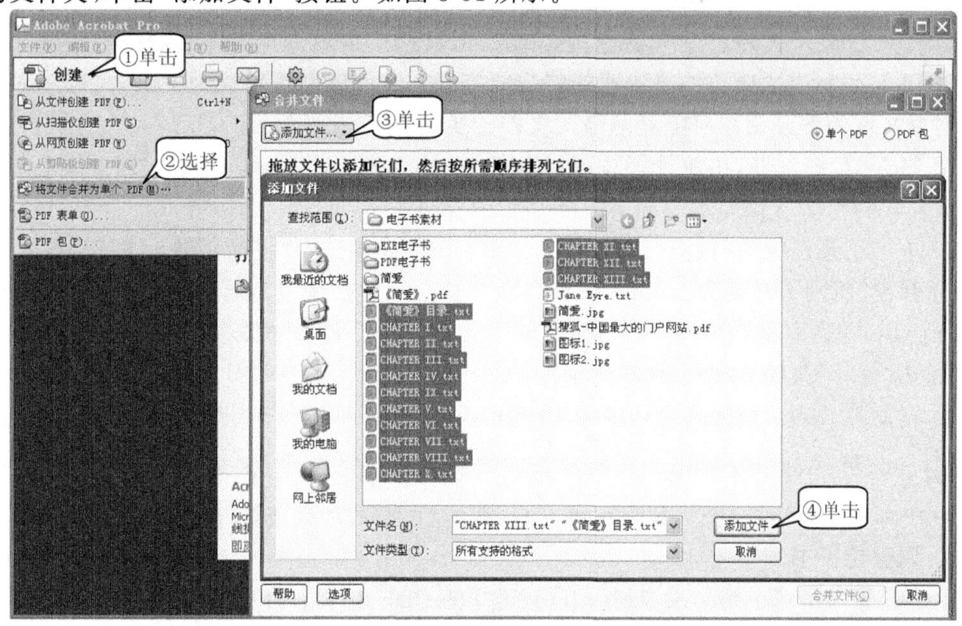

图 3-51 选定需要合并的文件

⑤ 返回到如图 3-52 所示的“合并文件”对话框，单击 合并文件(C) 按钮，开始进行文件的导入和转换，在导入过程中 Adobe Acrobat 会自动扫描文档中的有关信息，如图片、段落类型、链接、目录等，随后在 PDF 文档中出现的链接、目录等与原文一一对应，在生成的 PDF 文件中的所有可视信息都和原来的文件相同。

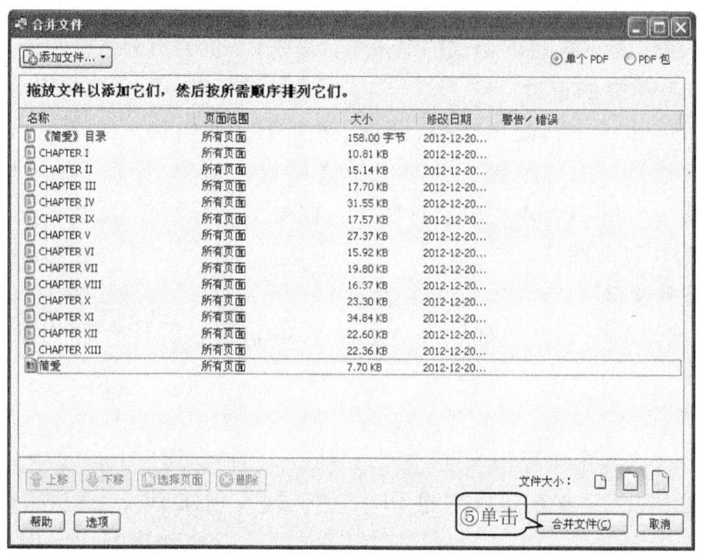

图 3-52 “合并文件”对话框

⑥ 单击“文件”→“另存为”命令，在弹出的“另存为”对话框中设置电子书的保存路径“E:\BOOK\常用工具软件\素材\电子书素材”和文件名“《简爱》”，单击“保存”按钮即制作好了一个包含多个页面的 PDF 电子书，至此第一步工作已经完成。

(2) 将其他格式文档转换成 PDF 文件

当用户安装完 Adobe Acrobat 应用程序，系统会在 Office 组件、IE 浏览器等应用程序的菜单栏中生成一个 PDF 菜单 Adobe PDF(B) 或在工具栏中生成一个 PDF 快捷插件 转换 ，用户通过 PDF 菜单或快捷插件能快速的将当前打开的文件或网页转换为 PDF 文档。下面以转换网页文件为例介绍如何将其他格式文档转换成 PDF 文件。

① 打开 IE 浏览器，在地址栏中输入网址：http://www.sohu.com/，按回车键进入搜狐主页。

② 单击工具栏中的“转换”按钮 转换 ，在下拉列表中选择“将网页转为 PDF”选项。

③ 弹出“将网页转换为 Adobe PDF”对话框，在对话框中设置转换的 PDF 文件保存路径为“E:\BOOK\常用工具软件\素材\电子书素材”，文件名为“搜狐-中国最大的门户网站.pdf”，单击“保存”按钮。如图 3-53 所示。

④ 自动打开当前搜狐网页转换成 PDF 的文件，效果如图 3-54 所示。

说明：Adobe Acrobat 安装后，在“控制面板”的“打印机”项目中多出一个 Adobe PDF 打印机，用户通过这个虚拟打印机可以以打印文档的方式将其转化成 PDF 格式。

3. 调整电子书细节

上述步骤只是简单地导入、转换 PDF，这样的 PDF 电子书由于页面顺序等问题还只是一个半成品，接下来用户还需要进一步完善制作。

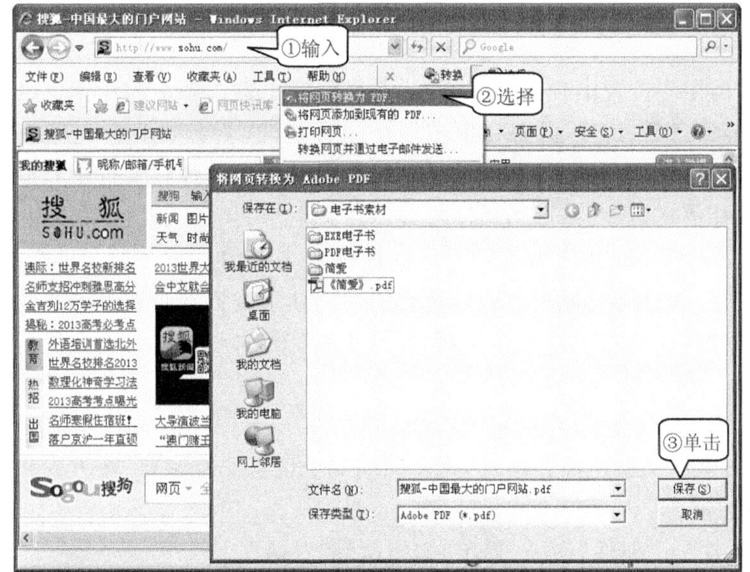

图 3-53　打开搜狐主页并进行转换

图 3-54　网页转换成 PDF 文件

打开制作好的“半成品”电子书《简爱》.pdf，由于整体批量导入文件素材，因此电子书中的页面比较混乱，所以用户首先需要把电子书的各个页面按顺序排列好。

① 单击主窗口左侧的“书签”图标，此时会显示出包含的书签所有目录，如果需要调整顺序，只需要选定书签目录并拖动书签到相应的位置即可。例如此处选定“CHAPTER IX”书签并拖动到“CHAPTER X”书签前面。

② 设置文档属性以给电子书加上标题等备注信息。单击“文件”→“属性”选项，弹出“文档属性”对话框，例如我们可以添加标题、作者、主题和关键字等属性。

4. 为电子书添加注释

完成上一步操作，基本上完成电子书的制作，用户还可以对电子书中的关键地方设置注释等信息。

① 添加批注。打开《简爱》.pdf 电子书，单击工具栏中的“添加附注”按钮，用户可以看到在 PDF 文档相应位置出现一个注释框，在注释框中输入添加的注释信息即可。当用户添加了多个注释信息后，PDF 页面会出现多个注释框，这会影响我们浏览 PDF 文件内容，此时通过单击注释框右上角的“隐藏”按钮来隐藏注释框。这样在文件中只显示一个注释图标，以后浏览注释信息时，双击该图标即可显示注释信息。

② 设置标记。Adobe Acrobat 应用程序提供了丰富的标记工具，如箭头工具、文本框工具、线形工具等，用户可根据需要进行选择使用。如果我们在查看 PDF 时，看到某句话叙述不太清楚，或者发现错别字需要标注，则可以使用“图画标记”工具栏提供的各种标记工具进行标注。

5. 为电子书加密

由于是作为电子文档的保存格式，则文档的安全性也非常重要，按下列步骤我们可以将 PDF 文件进行加密。

① 单击“文件”→“属性”命令，弹出“文档属性”对话框。

② 选择对话框中的“安全性”选项卡，在“安全性方法”下拉列表框中选择“口令安全性”选项，如图 3-55 所示。

③ 弹出“口令安全性-设置”对话框，在该对话框中输入一个打开文档的密码，设置密码之后当用户再打开该文档时，只有输入正确的密码才能打开。如果用户不想让其他用户更改 PDF 文件，可以输入“更改许可口令”，这样只有知道密码的用户才能修改 PDF 文件。设置结果如图 3-56 所示。

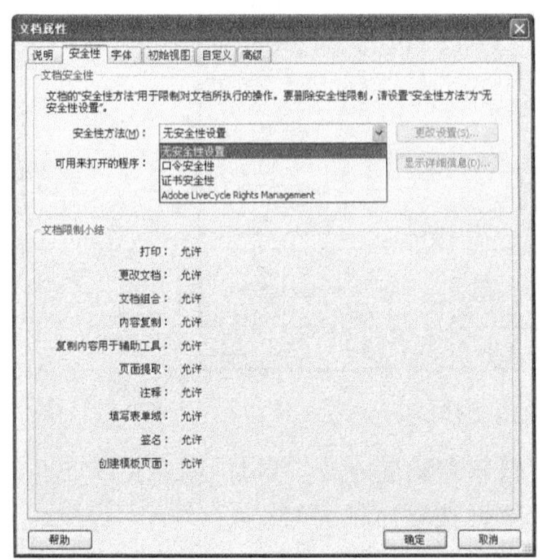

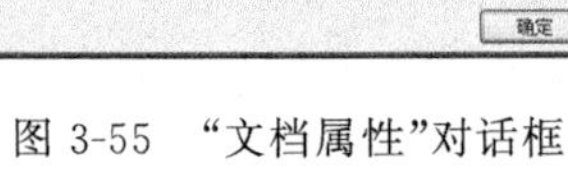
图 3-55 “文档属性”对话框

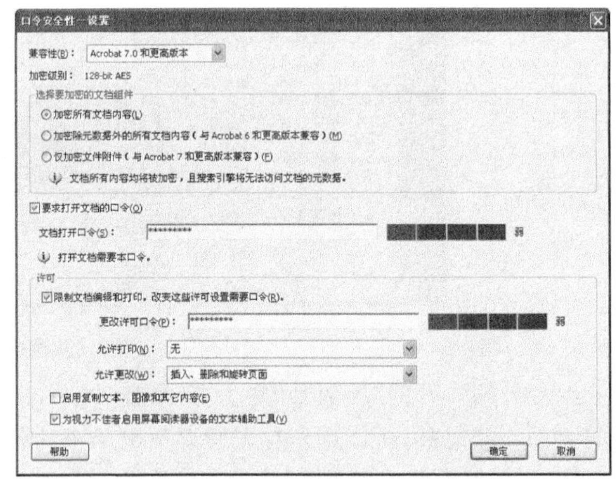

图 3-56 “口令安全性-设置”对话框

④ 单击“确定”按钮，在弹出的提示框中再次输入“文档打开口令”和“更改许可口令”，单击“确定”按钮即可完成电子书的加密。

项目三　文件解压缩工具——WinRAR

WinRAR 是一个强大的压缩文件管理工具。它能备份用户的数据,减少 E-mail 附件的大小,解压缩从 Internet 上下载的 RAR、ZIP 和其他格式的压缩文件,并能创建 RAR 和 ZIP 格式的压缩文件。WinRAR 内置程序可以解压 CAB、ARJ、LZH、TAR、GZ、ACE、UUE、BZ2、JAR、ISO 等多种类型的档案文件、镜像文件和 TAR 组合型文件;具有历史记录和收藏夹功能;新的压缩和加密算法,使得压缩率进一步提高,而资源占用相对较少,并可针对不同的需要保存不同的压缩配置;固定压缩和多卷自释放压缩以及针对文本类、多媒体类和 PE 类文件的优化算法是大多数压缩工具所不具备的。本项目以 WinRAR 4.2 版为例介绍其用法。

任务一　快速解压缩文档

🕮 任务描述

首先使用 WinRAR 将“E:\BOOK\世界名著”目录中的所有世界名著文件压缩成一个名称为“世界名著.rar”的文件。然后解压刚压缩的“世界名著.rar”文件。

🕮 任务分析

首先下载并安装 WinRAR 软件的最新版 wrar420sc.exe,并设置好 WinRAR 软件操作界面。

🕮 知识链接

WinRAR 4.2 介绍

WinRAR 是目前流行的压缩工具之一,界面友好、使用方便,在压缩率和速度方面都有很好的表现。快速压缩、解压文档是 WinRAR 最基本的功能,也是用户使用得较多的功能。掌握这些常用功能的使用方法,用户就可以对文档进行解压缩操作。

🕮 任务设计

使用 WinRAR 将“E:\BOOK\世界名著”目录中如图 3-57(a)所示的文件压缩成如图 3-57(b)所示的压缩文件。然后将刚压缩的“世界名著.rar”文件分别解压到当前文件夹或指定目录中。

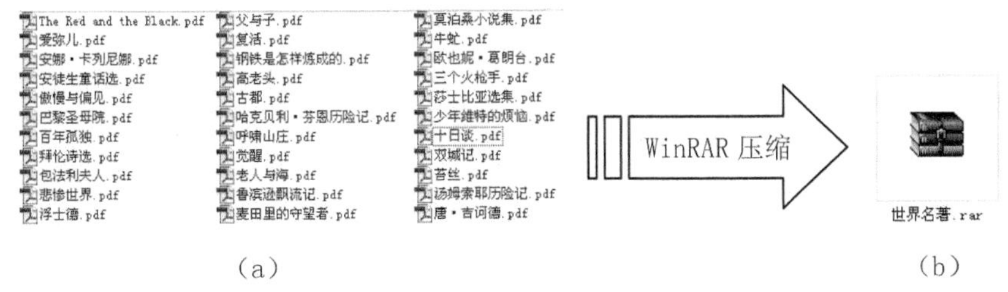

(a)　　　　(b)

图 3-57　快速压缩文档

1. 快速压缩文档

① 打开“E:\BOOK\世界名著”目录,选中要压缩的全部世界名著文件,如图 3-58 所示。

② 在选中的文件上右击,在弹出的快捷菜单中选择“添加到‘世界名著.rar’”命令,弹

出“正在创建压缩文件”进度对话框，压缩完成后的压缩文件为“世界名著.rar”，如图 3-59 所示。

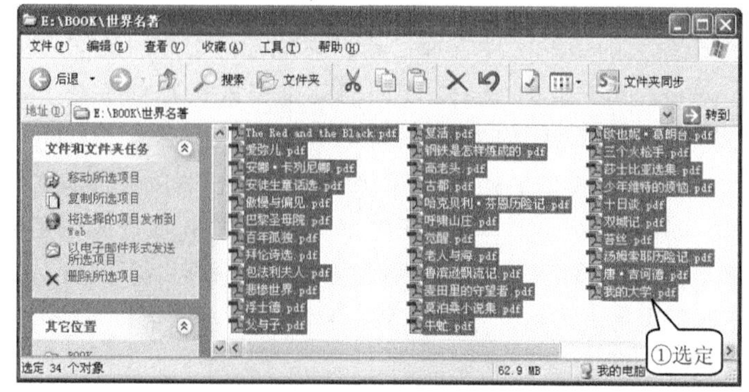

图 3-58 选定要压缩的文件

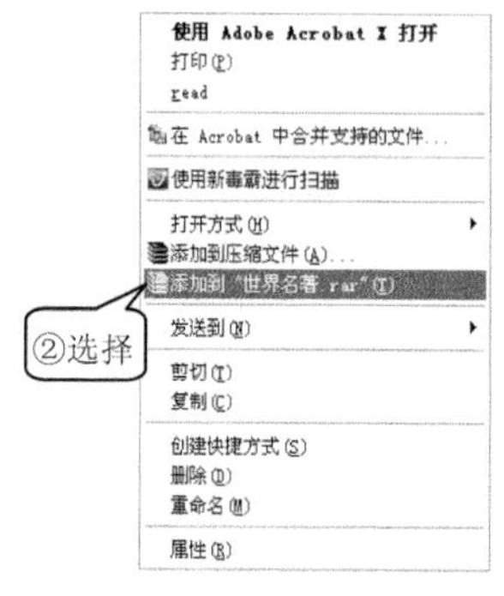

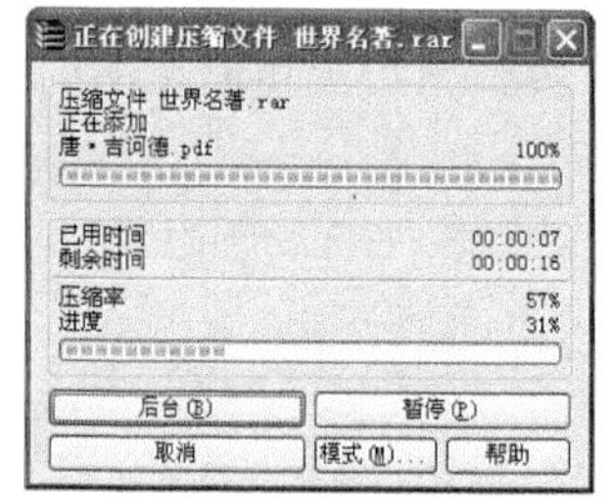

图 3-59 运行压缩程序

2. 快速解压文件

(1) 解压到当前文件夹

① 选定上述压缩好的“世界名著.rar”文件，右击。

② 在弹出的快捷菜单中选择“解压到当前文件夹”命令，打开解压程序。

③ 由于选择的选项是“解压到当前文件夹”，所以会弹出让用户是否“确认文件替换”的提示框，操作过程如图 3-60 所示。

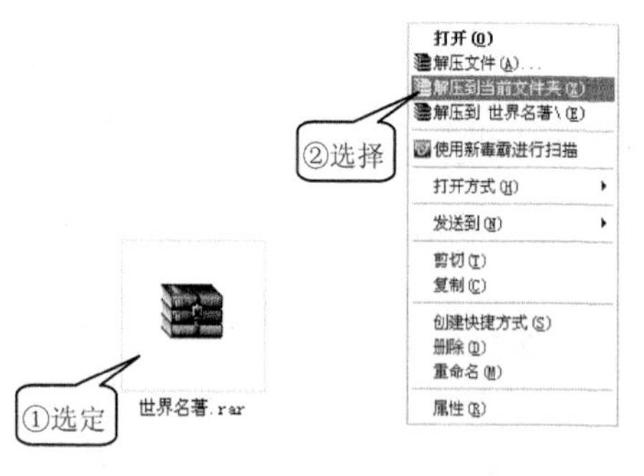

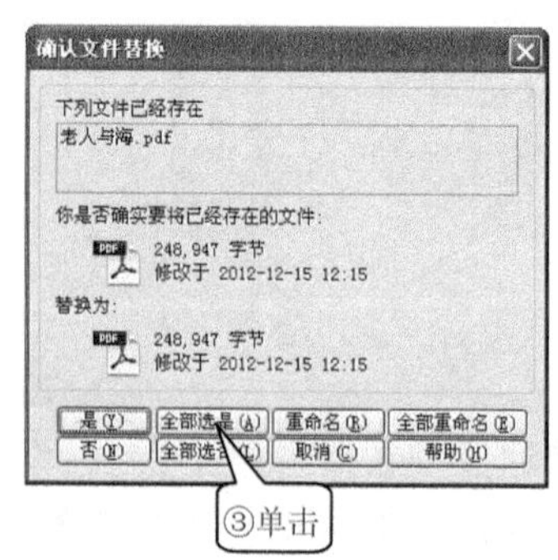

图 3-60 解压到当前文件夹

(2) 解压到文件夹

① 选定上述压缩好的“世界名著. rar”文件,右击。

② 在弹出的快捷菜单中选择“解压到世界名著”命令,打开解压程序。

③ 将所有文件解压到与原压缩文件同一目录的“世界名著”文件夹中,操作过程如图 3-61 所示。

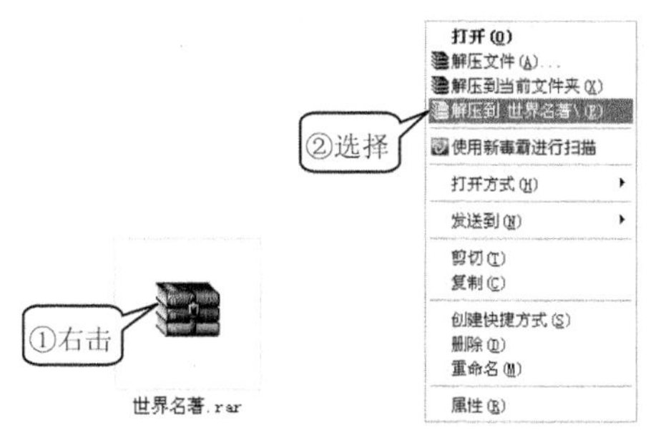

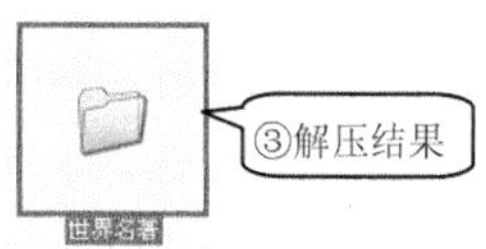

图 3-61　解压到文件夹

3. 解压到指定目录

① 选定上述压缩好的“世界名著. rar”文件,右击。

② 在弹出的快捷菜单中选择“解压文件”命令,弹出“解压路径和选项”对话框。

③ 设置解压路径,单击“确定”按钮,打开解压程序完成文件的解压。操作过程如图 3-62 所示。

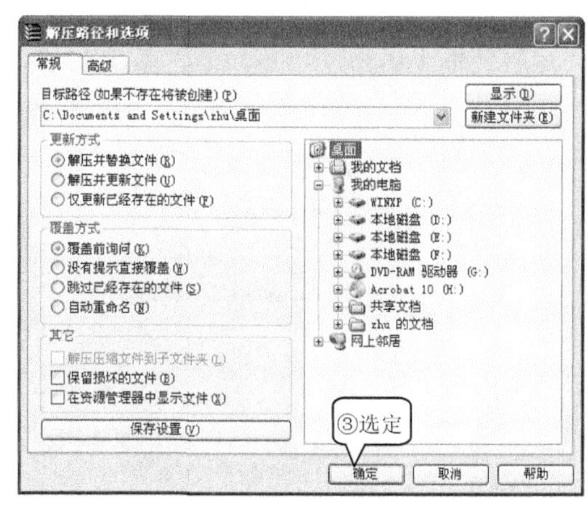

图 3-62　解压到指定目录

任务二　分卷解压缩文件

任务描述

首先使用 WinRAR 将“D:\Downloads”目录中的“电影. mkv”文件分卷压缩成多个压缩文件,每个分卷最大为 100 MB。然后将刚分卷压缩的多个压缩文件解压合并成一个文件。

任务分析

下载并安装 WinRAR 软件的最新版 wrar420sc. exe,并设置好 WinRAR 软件操作界面。

📖 **知识链接**

WinRAR 的“分卷压缩”功能可以将大文件进行拆分压缩，使用该项功能可以方便文件的存放和网上传输，“分卷解压”功能还可以将拆分压缩的多个文件解压合并成一个文件。

📖 **任务设计**

使用 WinRAR 将如图 3-63(a)所示的“电影.mkv”文件拆分压缩成如图 3-63(b)所示的多个压缩文件。然后将分卷压缩的多个压缩文件解压合并成一个文件“电影.mkv”。

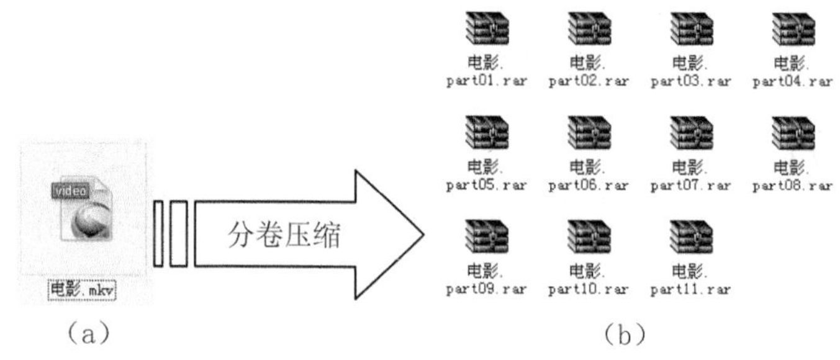

图 3-63　分卷压缩文件

1. 分卷压缩文件

① 打开“D:\Downloads”目录，选中要分卷压缩的文件“电影.mkv”，右击。

② 在弹出的快捷菜单中选择“添加到压缩文件”命令，打开“压缩文件名和参数”对话框。

③ 在对话框中设置“压缩为分卷，大小”的值为“100 MB”，如图 3-64 所示。

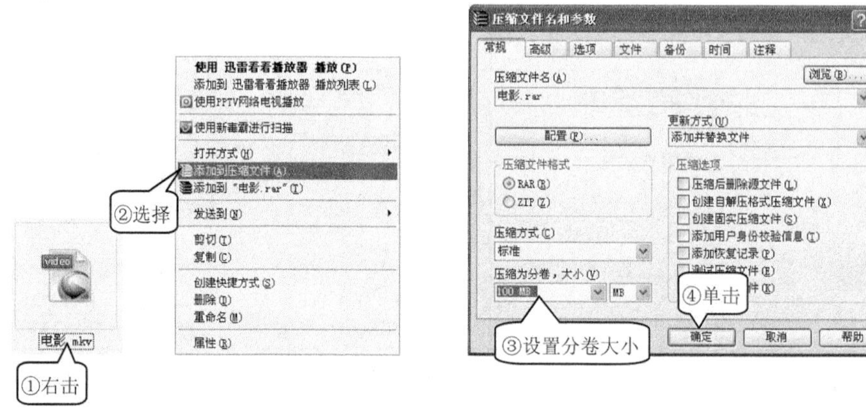

图 3-64　设置“压缩文件名和参数”对话框

④ 单击“确定”按钮，打开压缩程序。

⑤ 如果压缩的文件比较大时，用户可以单击【后台(B)】按钮，让压缩程序在后台运行，以便节约系统开销。压缩完成的效果如图 3-65 所示。

2. 解压分卷压缩文件

(1) 解压分卷压缩文件

① 选定上述分卷压缩好的任意一个文件，右击。

② 在弹出的快捷菜单中选择“解压到当前文件夹”命令，即可完成将分卷压缩文件解压

合并成一个文件，操作过程如图 3-66 所示。

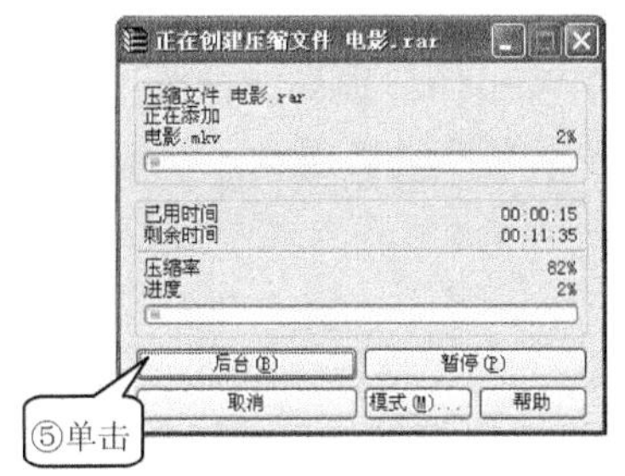

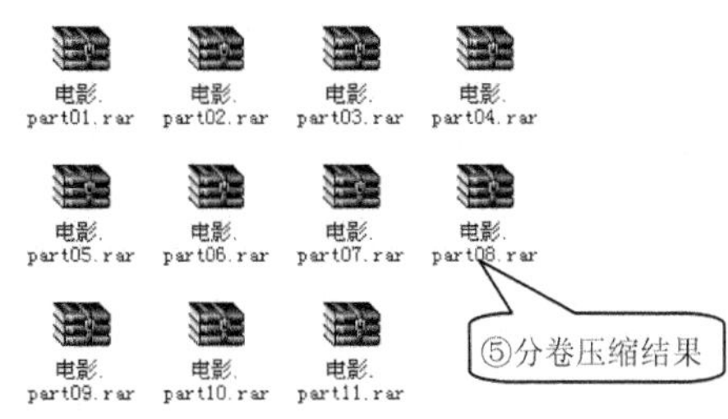

图 3-65　运行压缩程序和压缩结果

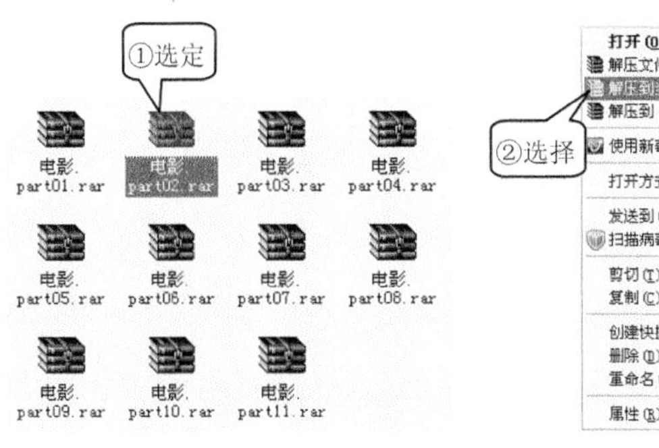

图 3-66　解压分卷压缩文件

(2) 寻找丢失的分卷

① 在分卷解压过程中，如果所有压缩的分卷没有存放在同一个目录中，则解压时会弹出如图 3-67 所示的"需要下一压缩分卷"对话框。

② 在对话框中单击"浏览"按钮，选择丢失分卷的存放路径。

③ 单击"确定"按钮即可继续解压分卷文件。

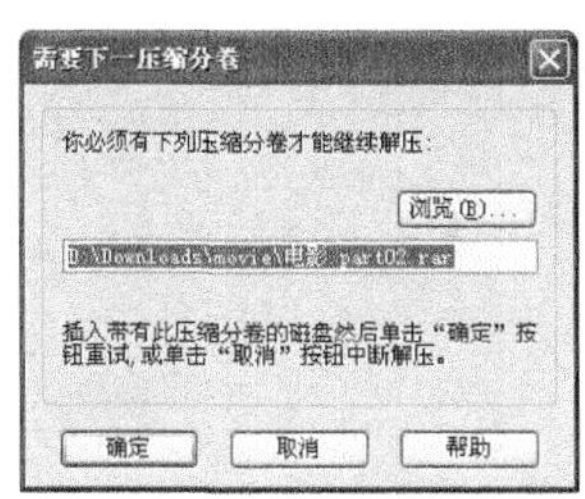

图 3-67　"需要下一压缩分卷"对话框

任务三　设置压缩密码

任务描述

使用 WinRAR 将"E:\BOOK\世界名著"目录中的"安徒生童话选.pdf"压缩成一个压缩文件"安徒生童话选.rar"，并设置压缩密码，然后试着解压设置了压缩密码的压缩文件，以检验压缩加密是否成功。

任务分析

下载并安装 WinRAR 软件的最新版 wrar420sc.exe，并设置好 WinRAR 软件操作界面。

📖 知识链接

用户为了保护信息不被他人轻易窃取或查看，可使用 WinRAR 提供的设置压缩密码功能来实现。一旦在压缩时给文件设置了压缩密码，则在解压文件时必须输入正确的密码才能解压。

📖 任务设计

使用 WinRAR 将如图 3-68(a)所示的“安徒生童话选.pdf”文件压缩成图 3-68(b)所示的压缩文件，并设置压缩密码为 321654，然后试着解压刚设置了压缩密码的压缩文件。

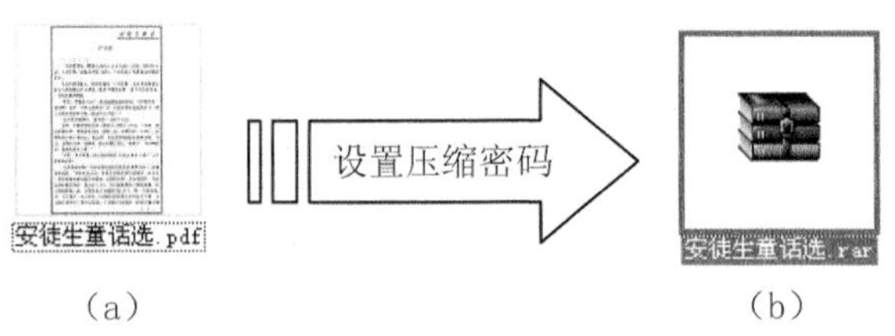

图 3-68　设置压缩密码

1. 压缩文件并设置压缩密码

① 打开“E:\BOOK\世界名著”目录，选中要压缩的“安徒生童话选.pdf”文件，右击。

② 在弹出的快捷菜单中选择“添加到压缩文件”命令，打开“压缩文件名和参数”对话框。

③ 在对话框中选择“高级”选项卡，单击“设置密码”按钮。

④ 弹出“输入密码”对话框，依次设置“输入密码”和“再次输入密码以确认”选项。

⑤ 单击“确定”按钮，完成压缩密码的设置。

⑥ 单击“压缩文件名和参数”对话框中“确定”按钮，打开压缩程序。操作过程如图 3-69 所示。

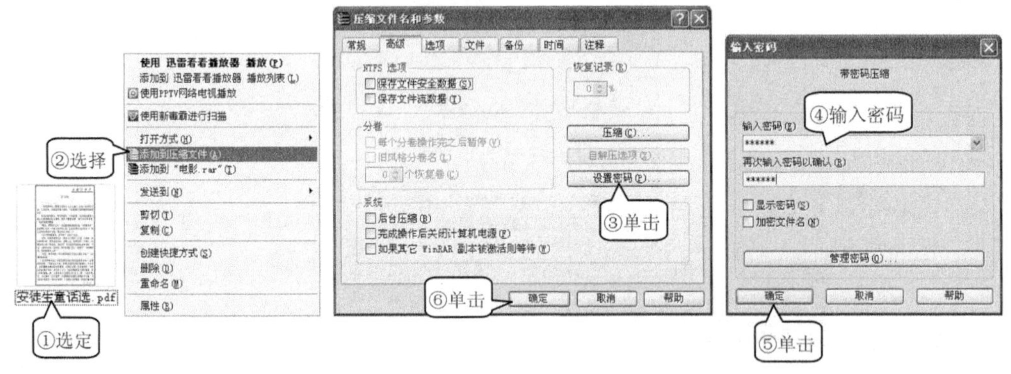

图 3-69　设置压缩密码

2. 解压设置了压缩密码的压缩文件

① 打开“E:\BOOK\世界名著”目录，选定“安徒生童话选.rar”文件，右击。

② 在弹出的快捷菜单中选择“解压到当前文件夹”命令。

③ 在执行解压过程中弹出“输入密码”对话框，说明压缩密码设置成功。在“输入密码”对话框中输入压缩密码：321654。

④ 单击“确定”按钮即可继续完成解压。操作过程如图 6-70 所示。

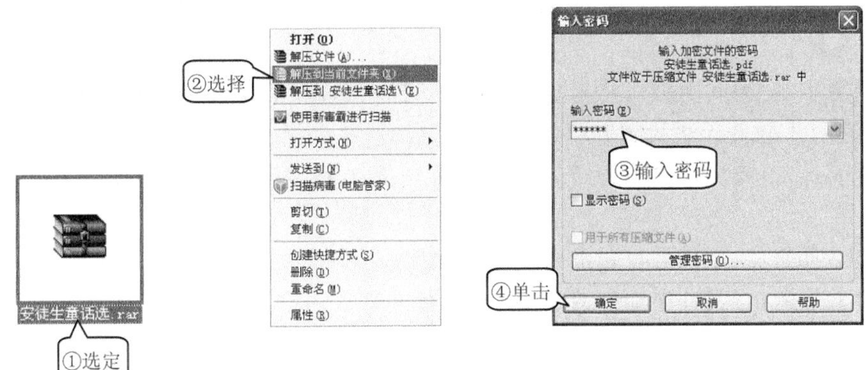

图 3-70 检验加密是否成功

项目四 文件夹加密工具

在信息时代中计算机几乎成为人们日常工作和学习的工具，用户很多文件资料都会存储在计算机中。当一台计算机供多人共用时，那么如何让其他人无法阅读自己需要保密的资料内容呢？给文件或文件夹加密是解决该问题的有效办法之一，常用的文件夹加密软件有文件夹加密超级大师、超级加密 3000、超级秘密文件夹、文件夹保护 3000 等，各种软件有各自的优势，用户可根据自己所要达到的加密效果进行合理的选择。本项目将介绍使用“文件夹加密超级大师”软件进行文件加密的方法，以及如何使用操作系统自带的文件夹加密方法，即无须安装软件的绿色加密方法。

任务一 使用文件夹加密超级大师

任务描述

使用“文件夹加密超级大师”软件对计算机中的文件或文件夹进行加密、解密，以及实现对整个磁盘分区的保护。

任务分析

下载并安装好“文件夹加密超级大师”软件，在“文件夹加密超级大师”应用窗口中可以实现对文件或文件夹 5 种类型的加密：“闪电加密”、“隐藏加密”、“全面加密”、“金钻加密”和“移动加密”。

知识链接

软件简介

文件夹加密超级大师是专业的文件、文件夹加密软件。该软件有多样化的加密方式以满足不同用户、不同方式的加密需求，其采用了先进成熟的加密方法对文件夹进行快如闪电的加密和解密，也采用了先进成熟的加密算法，对文件和文件夹进行超高强度的加密，让用户的加密文件、加密文件夹无懈可击，没有密码无法解密并且能够防止被他人删除、复制和移动。该软件同时还具有禁止使用或只读使用 USB 设备和数据粉碎删除等辅助功能。

文件夹加密超级大师对文件夹有以下 5 种加密方式。

① 闪电加密:瞬间加密计算机或移动硬盘上的文件夹,无大小限制,加密后可防止复制和删除,并且不受系统影响,即使重装、GHOST 还原、DOS 和安全模式下,加密的文件夹依然保持加密状态。

② 隐藏加密:瞬间隐藏用户指定的文件夹,加密速度、效果和闪电加密相同,加密后的文件夹不通过本软件无法找到和解密。

③ 全面加密:将文件夹中的所有文件一次全部加密,用户使用时需要哪个文件就打开对应的文件。

④ 金钻加密:将文件夹打包加密成加密文件。

⑤ 移动加密:将文件夹加密成 EXE 可执行文件。用户可以将重要的数据以这种方法加密后,再通过网络或其他的方法在没有安装"文件夹加密超级大师"的计算机上使用。

任务设计

使用"文件夹加密超级大师"软件对"E:\BOOK\常用工具软件\素材\个人资料"文件夹进行"闪电加密",以及将"E:\BOOK\常用工具软件\素材\文件夹加密"目录中的文件"钢铁是怎样炼成的. pdf"进行加密和解密。

1. 文件夹的加密与解密

(1) 文件夹加密

① 打开"E:\BOOK\常用工具软件\素材"目录,找到要进行加密的文件夹"个人资料",右击。

② 在弹出的快捷菜单中选择"加密"。

③ 弹出"加密文件夹"对话框,在对话框中输入文件夹加密密码,选择加密类型"闪电加密",单击 加密 按钮。

④ 由于选择的是"闪电加密",加密会在瞬间完成。操作过程如图 3-71 所示。

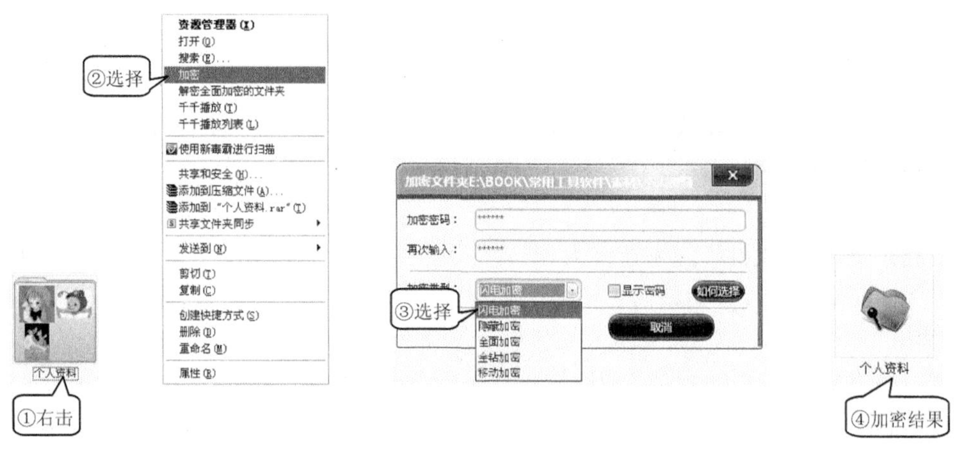

图 3-71 文件夹"闪电加密"

说明:加密后的"个人资料"是闪电加密文件夹的快捷方式,不是真正的文件夹,用户可以通过这个快捷方式打开或解密闪电加密文件夹。另外如果用户想要备份或移动闪电加密文件夹,则需要先对加密的文件夹进行解密,因为这只是一个快捷方式。

(2) 文件夹解密

① 打开“E:\BOOK\常用工具软件\素材”目录，选中刚加密的文件夹“个人资料”，双击鼠标右键。

② 在弹出的“文件夹加密超级大师-请输入密码”文本框中输入密码，单击“打开”按钮。

③ 在弹出的“控制模式选择”提示框中单击“文件夹浏览器”按钮。如图 3-72 所示。

图 3-72　输入解密密码

④ 在打开的“文件夹浏览器”里显示的就是加密文件夹里的所有内容，如图 3-73 所示。

说明：在“文件夹浏览器”里对文件和文件夹的操作方法与“我的电脑”是一样的，用户可以复制、移动、删除、重命名里面的文件夹和文件，也可以把里面的文件或文件夹通过复制、移动的方法复制到“我的电脑”里，或把“我的电脑”里的文件或文件夹复制、移动到“文件夹浏览器”里。当然用户还可以通过“文件夹浏览”快速地把“我的电脑”里的文件或文件夹导入到加密文件夹里，以及把加密文件夹里的文件通过“文件夹浏览器”快速解密。

图 3-73　“文件夹浏览器”窗口

⑤ 在使用“文件夹浏览器”的过程中，如果用户有感觉不方便的地方，可以单击“文件夹浏览器”上方的“临时解密”按钮。

⑥ 此时文件夹就处在临时解密状态，同时屏幕上出现一个加密文件夹的控制窗口。如图 3-74 所示。

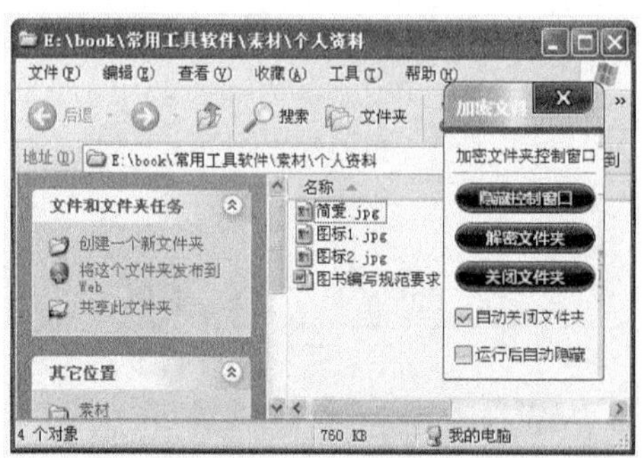

图 3-74　文件夹处于临时解密状态

2. 文件的加密与解密

刚刚介绍了文件夹加密和解密的方法，其实文件的加密与解密的方法与文件夹的加密和解密方法是一样的。

(1) 文件加密

① 打开“E:\BOOK\常用工具软件\素材\文件夹加密”目录，找到要进行加密的文件“钢铁是怎样炼成的.pdf”，右击。

② 在弹出的快捷菜单中选择“加密”。

③ 弹出“加密”对话框，在对话框中输入文件加密密码，选择加密类型“金钻加密”。

④ 单击加密按钮，即可完成对文件的加密，加密后的文件如图 3-75 所示。

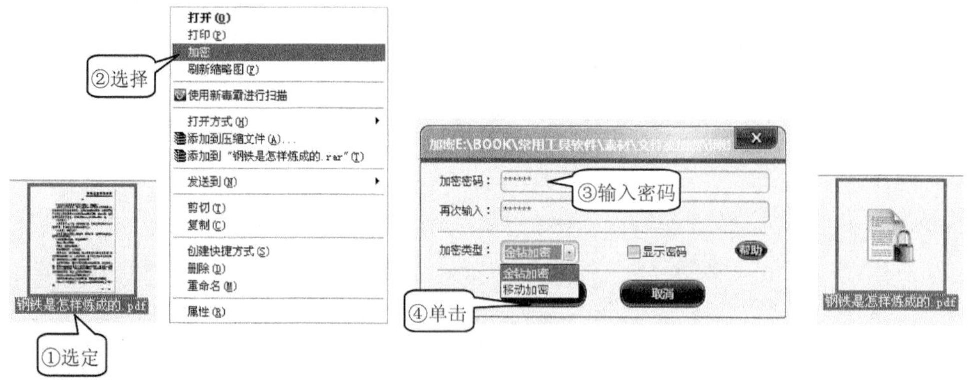

图 3-75　文件加密

(2) 文件解密

① 打开“E:\BOOK\常用工具软件\素材\文件夹加密”目录，选中并双击刚加密的文件“钢铁是怎样炼成的.pdf”。

② 在弹出“请输入密码”对话框中输入文件解密密码。

③ 单击打开按钮，即可打开加密的文件。如图 3-76 所示。

④ 用户可以对打开的加密文件进行修改或查看，当"关闭"文件后，文件就自动恢复到加密状态。如果在步骤③选择解密，则加密文件就恢复到未加密状态。

图 3-76　文件解密

3. 磁盘保护

文件夹和文件加密都是小范围内的加密方式，"文件夹加密超级大师"软件除这些功能外，还能实现对整个磁盘分区的保护。其提供 3 种磁盘保护方式："初级保护"、"中级保护"和"高级保护"，不同保护方式可实现对磁盘不同程度的保护。

三种磁盘保护的区别如下。

- 初级保护：磁盘分区被隐藏和禁止访问，但在命令行和 DOS 下可以访问。
- 中级保护：磁盘分区被隐藏和禁止访问，命令行下也无法看到和访问，但在 DOS 下可以访问。
- 高级保护：磁盘分区被彻底的隐藏，在任何环境用任何工具都无法看到和访问。

磁盘保护的操作步骤如下。

① 打开"文件夹加密超级大师"软件，选择功能导航中的"磁盘保护"按钮。

② 弹出"磁盘保护"对话框，单击按钮。

③ 在弹出的"添加磁盘保护"对话框中，选择想要保护的磁盘分区和保护级别，单击"确定"按钮。此时当用户在"我的电脑"中寻找刚被保护的磁盘，发现已经看不到了。操作过程如图 3-77 所示。

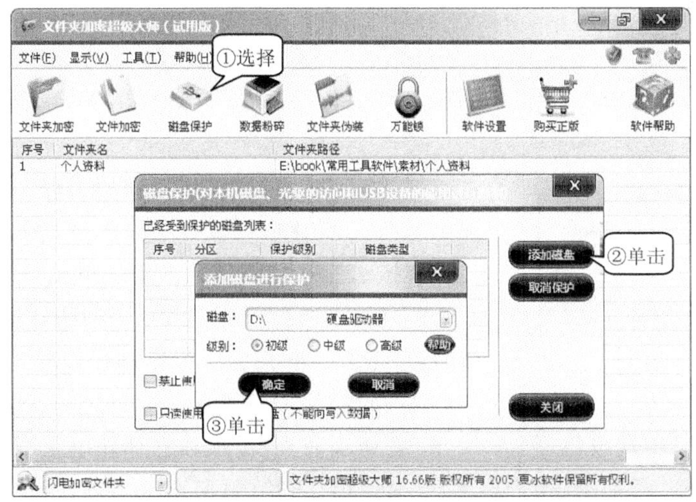

图 3-77　磁盘保护

“文件夹超级加密大师”软件除了能对计算机本身的磁盘进行保护外，还可以禁止使用或只读使用 USB 设备，这样能够更好地保护自己计算机中资料的安全性。

如果用户担心其他人用“文件夹超级加密大师”软件加密不想加密的数据，则可以通过在软件的“高级设置”里设置一个软件密码，这样没有密码的用户是无法使用该软件的。

任务二　使用操作系统自带的加密方法

任务描述

在无须安装任何辅助软件下，使用操作系统自带的各种方法对计算机中的文件夹、文件进行加密。

任务分析

用户可以使用文件和文件夹属性、加密文件系统(Encrypting File System，EFS)、脚本、回收站、注册表等方法给文件、文件夹进行加密。使用 EFS 加密方法的前提是操作系统的磁盘格式必须为 NTFS。

知识链接

当用户使用 EFS 对文件或文件夹加密后，在重装系统前要导出密钥，否则在新系统中不能访问原先加密过的文件和文件夹。由于使用 EFS 加密后，系统会根据您的 SID(Security Identifier，安全标示符)自动生成一个密钥，当要解密这些加密过的文件就需要使用到这个密钥。对于系统而言，并不是根据用户名来区别不同的用户，而是根据这个唯一的 SID。SID 和用户名的关系跟人的姓名与身份证号码的关系是一样的。虽然有同名同姓的人，但是他们的身份证号码绝对不会相同；虽然网络上有相同的用户名，但是他们的 SID 是绝对不同的。

使用 Windows 的 EFS 加密后，在重装系统后，用户就无法打开原来被加密的文件。如果我们没有事先做好密钥的备份，那么就永远无法打开数据。由此可见，做好密钥的备份非常重要。

1. 备份密钥

① 首先以本地账号登录，最好是具有管理员权限的用户，接着单击“开始”→“运行”命令，弹出如图 3-78 所示的“运行”对话框，在“运行”对话框中输入“MMC”，按回车键打开“控制台”窗口。

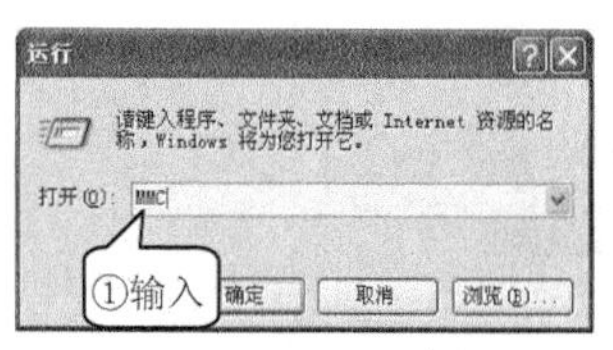

图 3-78　“运行”对话框

② 单击“控制台”窗口中的“文件”→”添加/删除管理单元”；在弹出的“添加/删除管理单元”对话框中单击“添加”按钮，弹出“添加独立管理单元”对话框。

③ 在“添加独立管理单元”对话框中选择“证书”选项后，单击“添加”按钮。操作过程如图 3-79 所示。

④ 弹出“证书管理单元”对话框，如图 3-80 所示。选择“我的用户账户”单选按钮，单击“完成”按钮返回到“添加独立管理单元”对话框，然后单击“关闭”按钮返回到“添加/删除管理单元”对话框，再单击“确定”按钮返回“控制台”窗口。

⑤ 依次展开“控制台”窗口左边的“控制台根节点”→“证书”→“个人”→“证书”→“选择

右边窗口中的账户”。

⑥ 右击选择“所有任务”→“导出”，弹出“证书导出向导”对话框，如图 3-81 所示。

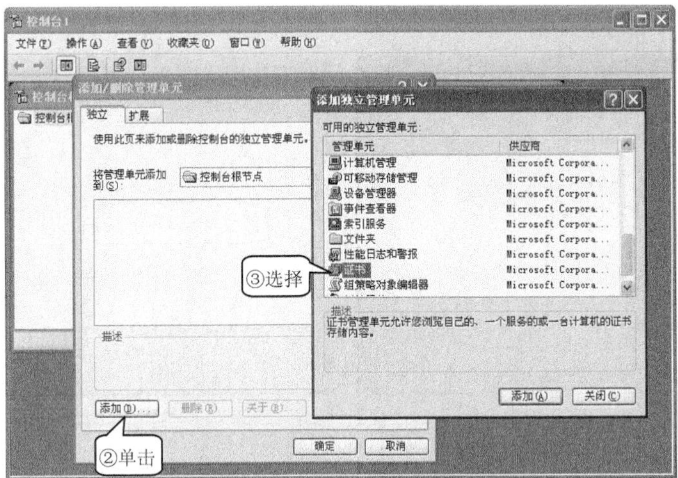

图 3-79　“添加证书”操作过程

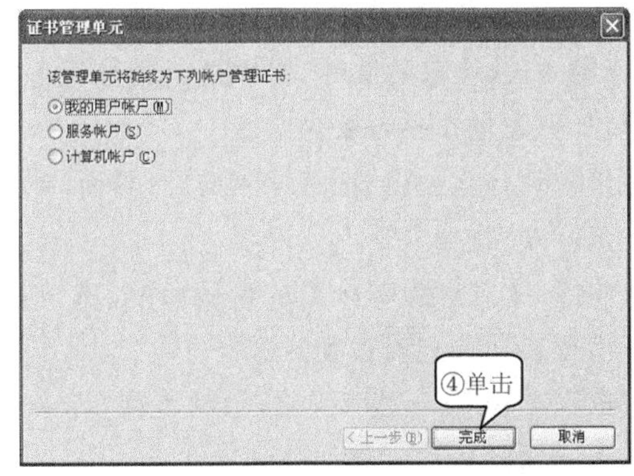

图 3-80　“证书管理单元”对话框

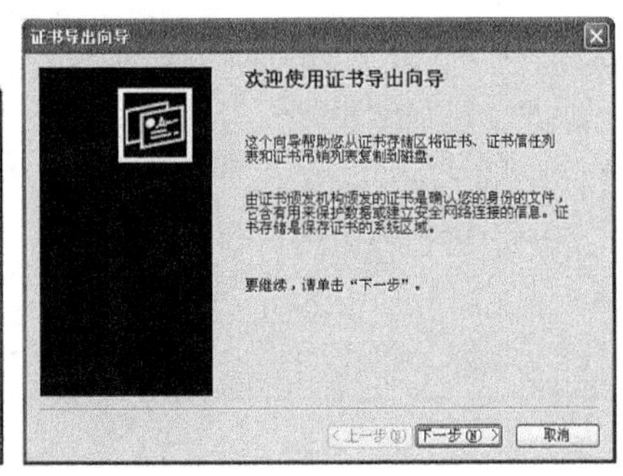

图 3-81　打开“证书导出向导”对话框

⑦ 单击“下一步”按钮，选择“是，导出私钥”单选按钮。单击“下一步”按钮，勾选“私人信息交换”下面的“如果可能，将所有证书包括到证书路径中”和“启用加强保护”选项。单击“下一步”按钮，进入设置密码界面，如图 3-82 所示。

⑧ 输入设置的密码(这个密码很重要,用户如果忘记,将永远无法找回,后继也就无法将证书导入),输入完成后,单击“下一步”按钮,选择保存私钥的位置和文件名,如图 3-82 所示。

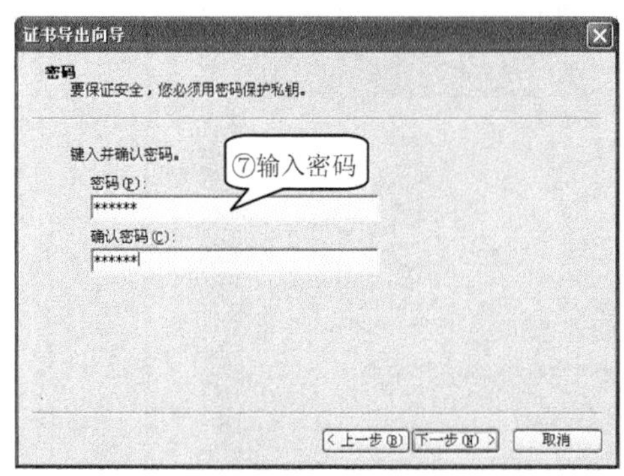

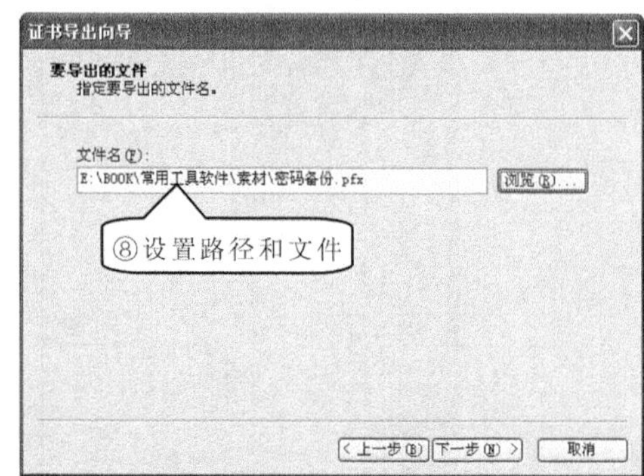

图 3-82　设置密码和私钥保存路径

⑨ 单击“完成”按钮,弹出“导出成功”对话框,表示证书和密钥已经成功导出成功,打开保存密钥的路径,会看到一个“信封＋钥匙”的图标 密码备份.pfx ,这就是刚导出的密钥。

2. 导入 EFS 密钥

由于重装系统后,对于被 EFS 加密的文件,用户是无法打开的,所以在新系统中需要将备份的密钥导入,才能查看加密过的文件或文件夹。

① 双击导出的密钥 密码备份.pfx ,弹出“证书导入向导”界面,单击“下一步”按钮,确认路径和密钥证书,然后单击“下一步”按钮。

② 在“密码”文本框中输入导出密钥时设置的密码,并勾选“启用强密钥保护”和“标志此密钥可导出”复选框,然后单击“下一步”按钮。

③ 根据对话框提示,依次单击“下一步”按钮,直到看到“导入成功”则表示已经成功导入密钥。操作过程如图 3-83 所示。

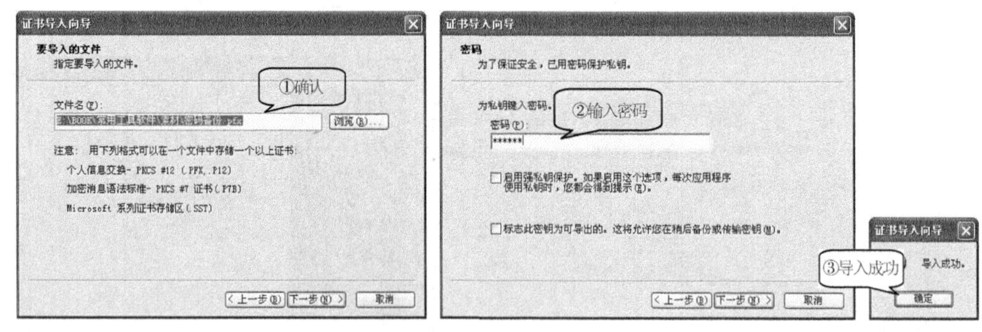

图 3-83　导入密钥

📖 任务设计

依次使用 EFS 和注册表等方法给“E:\BOOK\常用工具软件\素材”目录中的“个人资料”文件夹和“日志.doc”文件进行加密。

1. 使用 EFS 加密“个人资料”文件夹

① 打开“E:\BOOK\常用工具软件\素材”目录，选定“个人资料”文件夹，右击。

② 在快捷菜单中选择“属性”命令，弹出“个人资料 属性”对话框。

③ 单击“高级”按钮，弹出“高级属性”对话框，选中“加密内容以便保护数据”复选框，单击“确定”按钮返回“个人资料 属性”对话框。

④ 单击“确定”按钮，弹出“确认属性更改”对话框，选定“将更改应用于该文件夹、子文件夹和文件”单选按钮，单击“确定”按钮即完成对文件夹的加密。操作过程如图 3-84 所示。

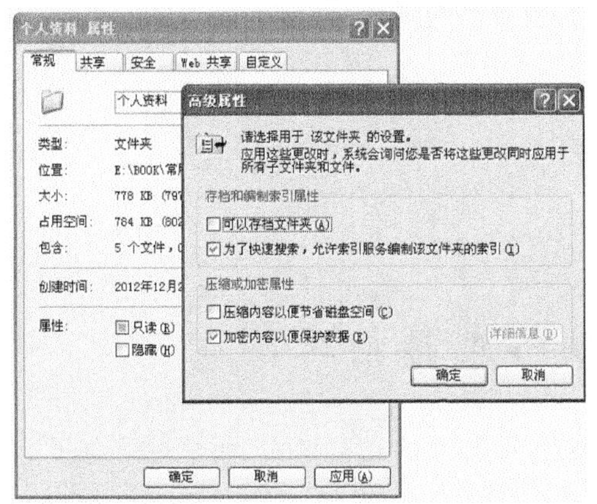

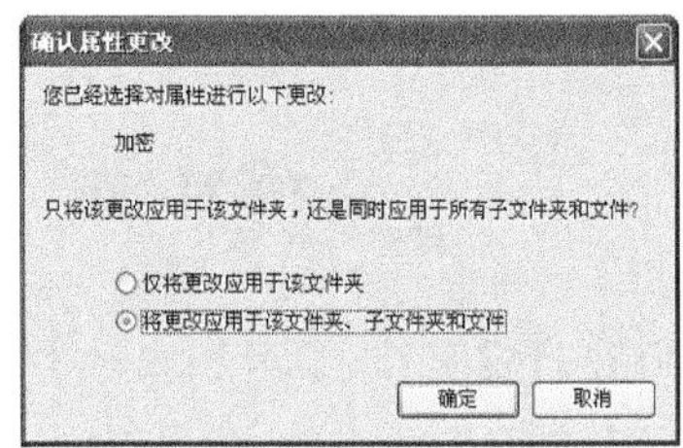

图 3-84 使用 EFS 加密文件夹

说明：EFS 加密的用户验证过程是在登录 Windows 时进行的，用户只要登录到 Windows，就可以打开任何一个被授权的加密文件。

2. 使用注册表给“日志.doc”文件加密

① 单击“开始”→“运行”命令，弹出“运行”对话框，在“打开”文本框中输入 regedit。

② 按回车键，打开“注册表编辑器”，定位到“HKEY_LOCAL_MACHINE/SOFTWARE/Microsoft/Windows/CurrentVersion/Exporer/Advanced”。

③ 单击“编辑”→“新建”→“DWORD 值”，然后输入 EncryptionContextMenu 作为键名，并设置键值为“1”，如图 3-85 所示。

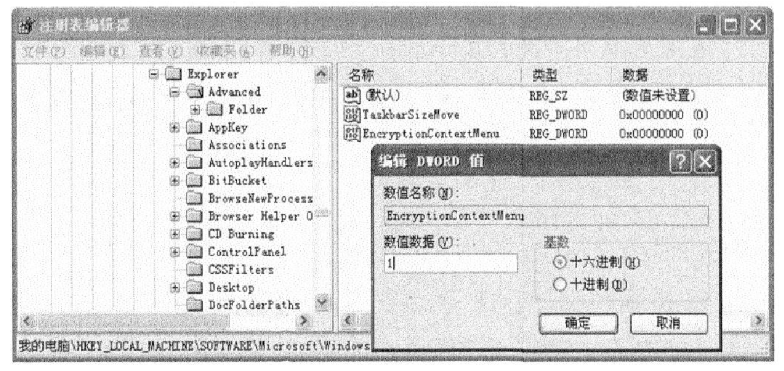

图 3-85 添加“DWORD 值”

④ 退出“注册表编辑器”，“E:\BOOK\常用工具软件\素材”目录，选中“日志.doc”文件。

⑤ 右击，在快捷键菜单中选择“加密”选项。

⑥ 在弹出的“加密警告”对话框中选择“只加密文件”单选按钮，单击“确定”按钮即完成对文件的加密操作。如图 3-86 所示。

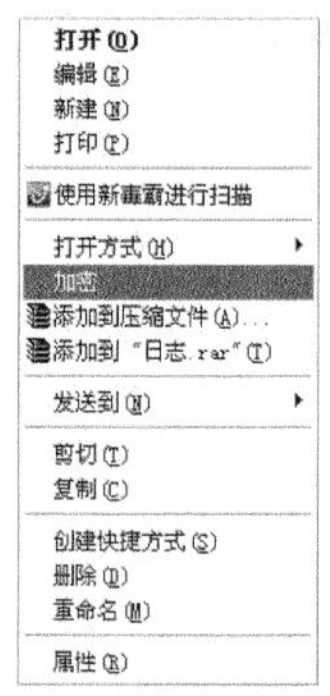

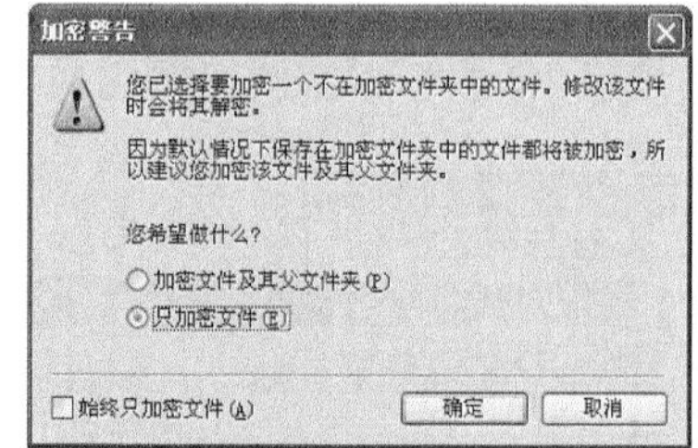

图 3-86　设置文件加密

项目五　文档格式转换工具

人们在日常工作、学习和娱乐中经常用到各种各样的文档格式，如常见的电子书文档有 PDF、EXE、CHM；办公文档有 Word、PowerPoint、Excel；音频文档有 MIDI、MP3、WMA、RAM/RA、WAV；视频文档有 MKV、AVI、RMVB、MPEG、DAT、MOV、MP4、3GP、TS 等。当用户手中拥有其中一种文档，如何快速的转换成想要的相应文档格式呢？本项目将介绍办公文档中的 Word、PowerPoint 和电子书文档 PDF 之间的格式转换，有关音频、视频文档格式的转换将在模块六详细介绍。

任务一　将 PowerPoint 文档转换成 Word 文档

任务描述

用户可以使用 4 种方法将 PowerPoint 文档转换成 Word 文档，分别为利用 PPTConverttoDOC 软件转换、利用大纲视图、利用“发送”功能转换和利用“另存为”直接转换。

任务分析

PowerPoint 文档常用来在报告时用作演示，但若要将其当作资料打印出来保存，幻灯片的 PPT 格式不太合适，需要将其转换成 Word 文档格式。此处下载 PPTConverttoDOC 1.0 绿色版。

知识链接

PPTConverttoDOC 简介

PPTConverttoDOC 是绿色版，用户无须安装即可直接运行。在使用该软件转换文档之前，先将 Word 和 PowerPoint 程序关闭。使用 PPTConverttoDOC 可将 PowerPoint 演示文稿的所有文字内容(包括幻灯片备注)提取成 Word 文档，默认情况下转换后的 Word 文档保存于演示文稿所在目录，若 PPT 文档名为“×××.ppt”，则转换后的 Word 文档的文件名将是“×××.ppt.Convertor.doc”，并且转换后的 Word 文档中文字顺序排列，但没有

排版，因此用户需要自行调整。

📖 任务设计

分别使用 PPTConverttoDOC 软件、大纲视图、“发送”功能和“另存为”直接转换这 4 种方法将“E:\BOOK\常用工具软件\素材\文档格式转换”目录中的“大学生职业生涯规划.ppt”、“个人求职规划.ppt”演示文稿转换成 Word 文档。

1. 利用 PPTConverttoDOC 软件转换

① 关闭当前运行的 Word 和 PowerPoint 应用程序。运行 pptConverttodoc.exe 应用程序，弹出“幻灯片文字提出程序”窗口。

② 打开“E:\BOOK\常用工具软件\素材\文档格式转换”目录，选中“大学生职业生涯规划.ppt”演示文稿并将其拖到“幻灯片文字提取程序”窗口中。

③ 单击“开始”按钮即可，操作过程中演示文稿和 Word 文档自行活动。转换时间根据幻灯片文字的多少而定，一般需要 1～2 分钟。

④ 转换结束后 pptConverttodoc.exe 程序自动退出，并打开转换好的 Word 文档。如图 3-87 所示。

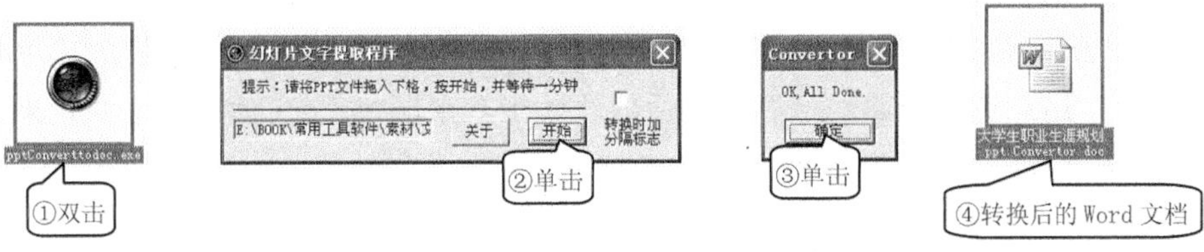

图 3-87　使用 PPTConverttoDOC 软件将 PPT 转换成 Word

2. 利用大纲视图转换

① 打开“E:\BOOK\常用工具软件\素材\文档格式转换”目录中的“个人求职规划.ppt”演示文稿。

② 切换到“普通视图”，单击左侧“幻灯片/大纲”任务窗格的“大纲”选项卡。

③ 按“Ctrl＋A”组合键选择全部内容，然后使用“Ctrl＋C ”组合键或右击在快捷菜单中选择“复制”命令，将内容粘贴到 Word 文档里。

3. 利用“发送”功能转换

① 打开“E:\BOOK\常用工具软件\素材\文档格式转换”目录中的“个人求职规划.ppt”演示文稿。

② 单击“文件”→“发送”→“Microsoft Office Word”命令，弹出“发送到 Microsoft Office Word”对话框。

③ 选择对话框中的“只使用大纲”单选按钮，单击“确定”按钮。

④ 稍等片刻即可看到整个 PPT 文档在一个 Word 文档里被打开。转换后会发现 Word 文档里有很多空行。

⑤ 使用“替换“功能将 Word 文档中的空行全部删除。

4. 利用“另存为”直接转换

① 打开“E:\BOOK\常用工具软件\素材\文档格式转换”目录中的“个人求职规划.

ppt”演示文稿。

② 单击“文件”→“另存为”命令，在弹出的“另存为”对话框中选择“保存类型”为“rtf”格式，单击“保存”按钮。

③ 用Word应用程序打开刚保存的“个人求职规划.rtf”文档，再对文档进行适当地编辑和调整。

任务二 将PDF文档转换成Word文档

📖 任务描述

PDF格式良好的视觉阅读性和通用性使得PDF文件的使用越来越广泛，网络上的PDF资料也越来越多，但是用户往往想要提出某些PDF文档里面的部分文字内容进行二次编辑，本任务将介绍比较通用的PDF转换为Word格式的软件工具：Solid Converter PDF；ABBYY fineReader。

📖 任务分析

下载并安装Solid Converter PDF V7和ABBYY fineReader 11软件。其中Solid Converter PDF工具适用于普通的PDF文件（即PDF文档中的内容可以用鼠标选中），ABBYY fineReader工具适用于图片类或者是扫描件做成的PDF文件（网络上下载的电子书通常是这种类型的）。用户应有针对性地选择合适的软件工具来转换PDF才有更好的效果。

📖 知识链接

1. Solid Converter PDF 介绍

Solid Converter PDF是一套专门将PDF文档转换成Word文档的软件，可以转换成Word文档，还可以转换成RTF和WordXML文件。除此之外，Solid Converter PDF还有一个图片撷取功能，使用它用户可以将PDF文档里的图片撷取出来，以及将PDF文档里的表格撷取出来，并输出到Excel文件里，方便我们编辑表格里的数据。

Solid Converter PDF是PDF转换Word的神器，支持PDF转换成Word/Excel/jpg等，还有增删更改水印功能。虽然转换速度比较慢，但是转换效果很不错，最大的亮点是对PDF转换成WORD乱码的处理能力比较好，能够直接复制乱码的PDF。

2. ABBYY FineReader 介绍

ABBYY FineReader是一种光学字符识别（OCR）系统，它用于将扫描文档、PDF文档、图像文件（包括数码照片）转换为可编辑格式。ABBYY FineReader的优势如下。

（1）识别快速精确

① ABBYY FineReader中的OCR系统可以让用户快速精确地识别任何文档的源格式并保留源格式（包括背景图像上的文本、彩色背景上的彩色文本、图像周围换行的文本等等）。

② 由于ABBYY采用了适应性文档识别技术：（ADRT®），ABBYY FineReader可以将一个文档作为一个整体进行分析和处理，而无须逐页进行。这种方法保留了源文档的结构，包括格式、超链接、电子邮件地址、页眉页脚、图像、表格标题、页码和脚注。

③ ABBYY FineReader可以识别186种语言中的一种或几种语言编写的文档，其中包括朝鲜语、中文、日语、泰国语和希伯来语。ABBYY FineReader还提供自动检测文档语言

的功能。

④ 更重要的是,ABBYY FineReader 在大多数情况下不受打印缺陷的影响,可以识别以任何字体打印的文本。

⑤ 该程序还提供众多输出数据选项:可以采用各种各样的格式保存文档,通过电子邮件发送文档,或传输至其他应用程序进行进一步处理。

(2) 轻松使用

① ABBYY FineReader 的用户友好性和直观性,用户可以在不进行任何其他培训的情况下使用程序。用户可以在程序中直接更改界面语言。

② ABBYY FineReader 快速任务包括将扫描文档、PDF 以及图像文件转换为可编辑格式的最常用任务,并且只需单击一次鼠标就可以检索电子文档。

③ ABBYY FineReader 和 Microsoft Office and Windows Explorer 的无缝整合,可以让用户从 Microsoft Outlook、Microsoft Word、Microsoft Excel 和 Windows 资源管理器直接识别文档。

任务设计

使用 Solid Converter PDF 软件将"E:\BOOK\常用工具软件\素材\文档格式转换"目录中的"移动学习在大学生学习中的应用. pdf"文档转换成 Word 文档"移动学习在大学生学习中的应用. doc"。使用 ABBYY FineReader 软件将"E:\BOOK\常用工具软件\素材\文档格式转换"目录中的"ACM 图灵奖(1966-2006)(第 3 版)-计算机发展史的缩影. pdf" PDF 文档转换成 Word 文档"ACM 图灵奖(1966-2006)(第 3 版). doc"。

1. 使用 Solid Converter PDF 软件转换

① 选定并双击桌面中的 Solid Converter PDF 应用程序快捷方式,进入如图 3-88 所示的软件界面。

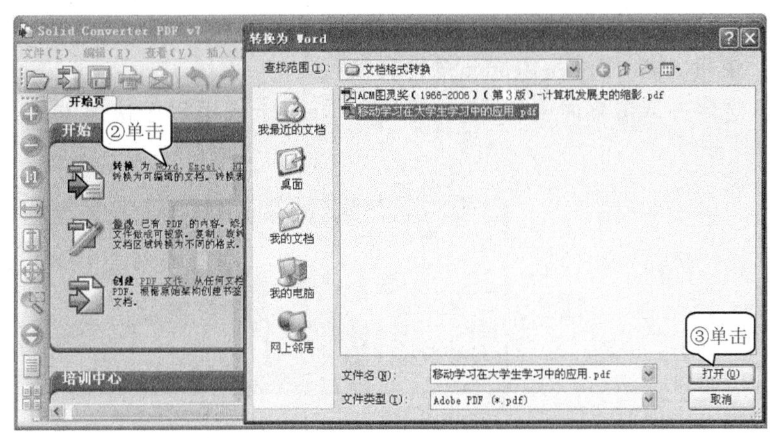

图 3-88　进入 Solid Converter PDF 软件界面

② 单击"开始"选项区域中"Word"选项,弹出"转换为 Word"对话框。

③ 在对话框中选定要转换的 PDF 文档"移动学习在大学生学习中的应用. pdf",单击"打开"按钮。

④ 单击"Solid Converter PDF"界面右侧的"转换"按钮,如图 3-89 所示。

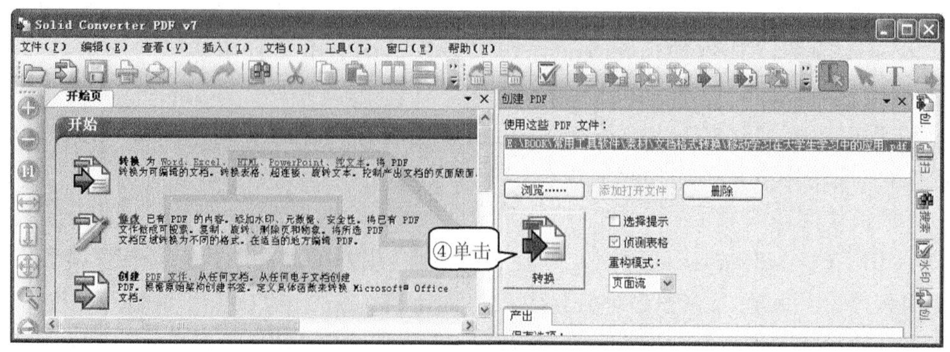

图 3-89　单击“转换”按钮

⑤ 打开“转换进度”提示框，等转换完成后，用户在“E:\BOOK\常用工具软件\素材\文档格式转换”目录中可看到刚转换成功生成的 Word 文档“移动学习在大学生学习中的应用.doc”。如图 3-90 所示。

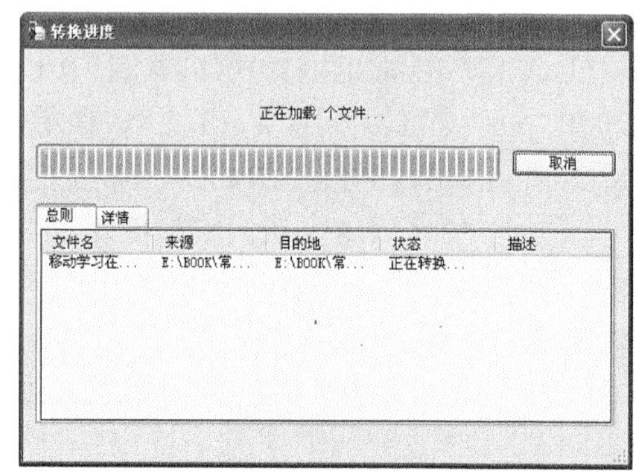

图 3-90　转换生成 Word 文档

2. 使用 ABBYY FineReader 软件转换

① 选定并双击桌面中的 ABBYY FineReader 应用程序快捷方式，进入如图 3-91 所示的软件界面。

图 3-91　进入 ABBYY FineReader 软件界面

② 在软件窗口的“文档语言”下拉列表中，选择与文档语言相对应的识别语言，此处选择“简体中文”。

③ 单击工具栏上的“任务”按钮 。

④ 打开“新建任务”对话框，选择“ 文件(PDF/图像)至 Microsoft Word”选项，如图 3-92 所示。

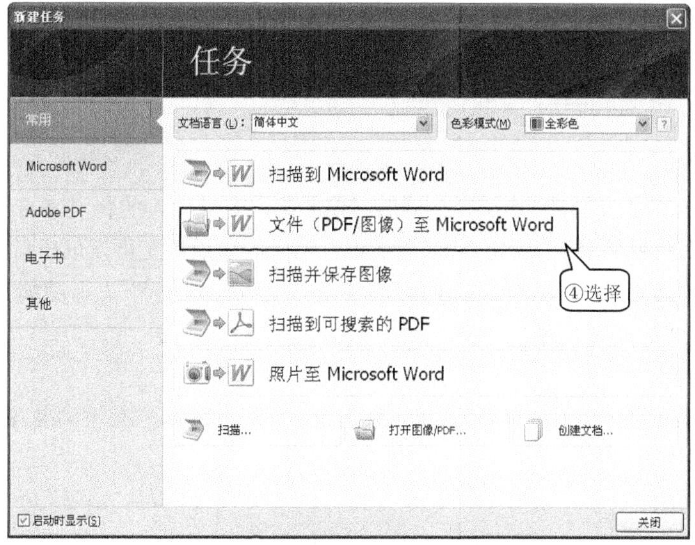

图 3-92　“新建任务”对话框

⑤ 弹出如图 3-93 所示的“打开图像”对话框，选择需要转换成 Word 的 PDF 文档“ACM 图灵奖(1966-2006)(第 3 版)-计算机发展史的缩影. pdf”，并设置页面范围为 1-10 页，单击“打开”按钮。

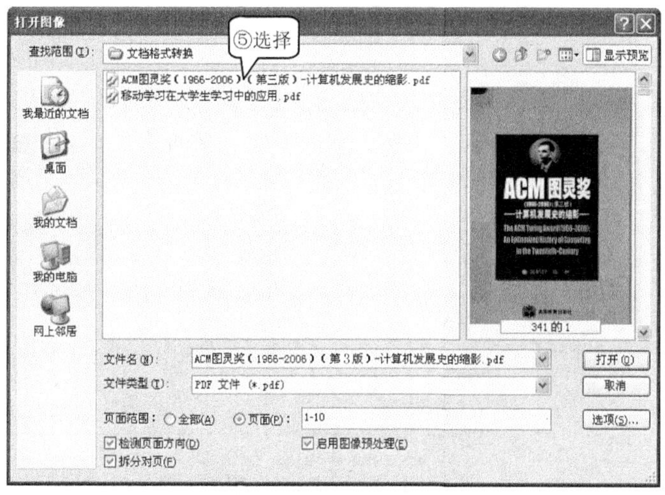

图 3-93　“打开图像”对话框

⑥ 弹出“转换进度”提示框，稍等片刻之后，将自动打开含有已识别文本的新 Microsoft Word 文档。

项目六　翻译转换工具

无论是我们平时浏览网页还是阅读文献都会或多或少遇到几个难懂的英文词汇，此时就难免要翻翻词典了。在计算机上使用的词典工具可分为两种：一种是在线词典，通过访问网站进行在线查询翻译；另一种是离线词典，就是可以不用联网，用户只要下载安装并运行翻译软件就可以取词翻译。

两种词典各有优势，本项目将介绍一款在线词典“有道词典”和一款离线词典“灵格斯词霸”。

任务一 在线词典——有道词典

任务描述

有道是网易自主研发的搜索引擎，并提供词典功能。有道词典的释义来自海词，但又有很多创新，比如英英翻译、网络释义、例句查询、同义词、反义词等，用户还可以创建自己的单词本。

使用“有道词典”中的网络释义、屏幕取词、全文翻译、划词释义等功能来解决用户日常工作或学习中碰到的翻译问题。

任务分析

打开有道词典的主页：http://cidian.youdao.com/，下载并安装“有道词典”的最新桌面版。

知识链接

有道词典简介

有道词典支持中、英、法、日、韩 5 种语言，不仅提供常规的英汉、法汉、日汉、韩汉互译以及汉语词典和全文翻译的功能，还收录了各类词汇的网络释义，例句和百科知识。除此之外，有道词典的取词划词还融合了“指点”释义，除了提供常规的翻译外，还会同时提供给用户更多资讯，包括新闻、影视资讯、百科、人物等。

任务设计

学会“有道词典”中的网络释义、屏幕取词、全文翻译、划词释义等功能的运用。

1. “网络释义”功能

① 选定并双击桌面中“有道词典”的快捷方式，进入“有道词典”主界面。

② 单击界面上方的“词典”选项，并在文本框中输入要查询的词，如输入“奥运会”，单击 查词 按钮，进入如图 3-94 所示的界面。

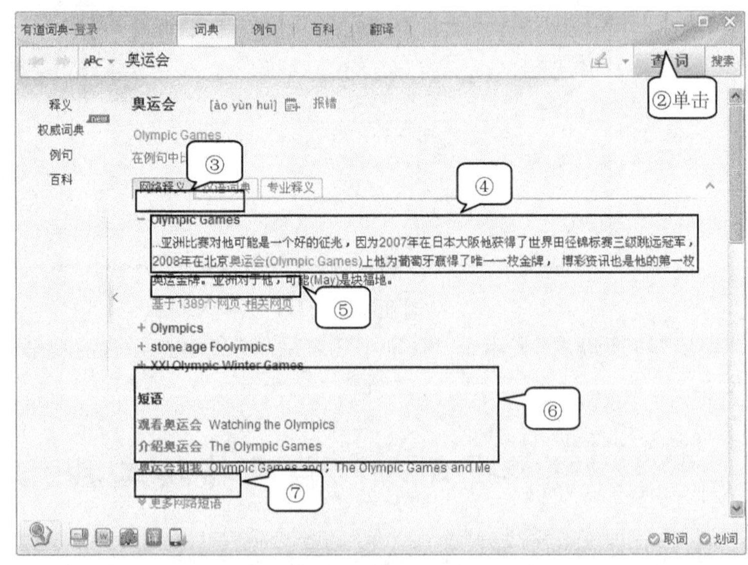

图 3-94 “网络释义”功能

③ 网络释义解释：查询词的网络释义结果，单击可以展开或者折叠显示该释义的摘要。

④ 网络释义的摘要：指网络释义在网页中的上下文信息。

⑤ 网络释义的来源信息：基于 n 个网页，标明的是网络释义依据的网页数目。单击“相关网页”，可以打开浏览器显示该词在有道搜索中的结果。

⑥ 网络释义短语：单击可以显示匹配查询词的相关词或者词组的详细网络释义结果。

⑦ 更多网络短语：单击可以显示更多匹配查询词的网络释义短语结果。

2. “屏幕取词”功能

屏幕取词就是把光标停留在屏幕上的一段文本上（可以是中文、英文、法文、日文、韩文），有道词典的取词窗口中就会自动显示所指的单词或词组的释义，即取即译。

① 打开“E:\BOOK\常用工具软件\素材\电子书素材”目录中的“Jane Eyre. txt”文档。

② 将光标放在文档中的标题文字“Jane Eyre”上方，即弹出“有道词典”的取词窗口。如图 3-95 所示。

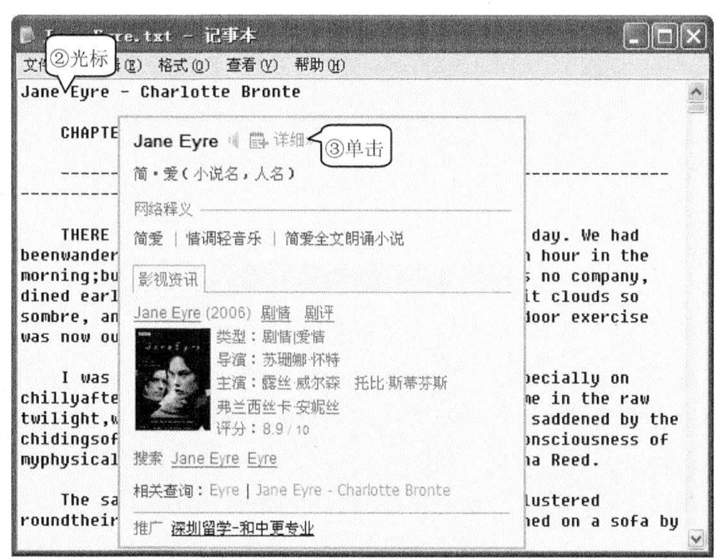

图 3-95　“屏幕取词”窗口

③ 单击“屏幕取词”窗口中的“详细”可以转到“有道词典”界面，将呈现更详细的翻译和例句。

④ 单击“屏幕取词”窗口中复制图标，用户可以轻松地将“屏幕取词”窗口中的文字复制到剪贴板。

⑤ 单击“屏幕取词”窗口中图钉图标或拖动“屏幕取词”窗口即可固定取词窗口，并且该窗口在闲时会自动收缩。

⑥ 此外，单击“屏幕取词”窗口中声音图标，可以对所取到的英文单词进行朗读功能。

3. “全文翻译”功能

有道推出的全文翻译系统采用了基于统计算法的机器翻译技术，与传统的规则翻译方法不同的是，这是通过汇集有道收录的数以亿计的中英文网页及文档，以整句为单位使用统计算法对原文进行多重模糊匹配，并结合语法规则进行优化与校正后得到的翻译结果，代表了目前机器翻译技术发展的方向，也是国内第一家由搜索引擎厂商自主研发的全文翻译系统。

全文翻译支持中英、中日、中韩、中法互译。当用户输入一段文本后，程序会自动进行语言检测，用户也可以单击语言选择框自主选择翻译环境，单击“翻译”按钮或按“Ctrl＋Enter”组合键即可查看翻译结果。

① 选定并双击桌面中“有道词典”的快捷方式，进入“有道词典”主界面。单击界面上方的“翻译”选项，进入“翻译”界面，在该界面中提供了“左右对照”和“上下对照”两种翻译布局供用户选择。如图 3-96 所示。

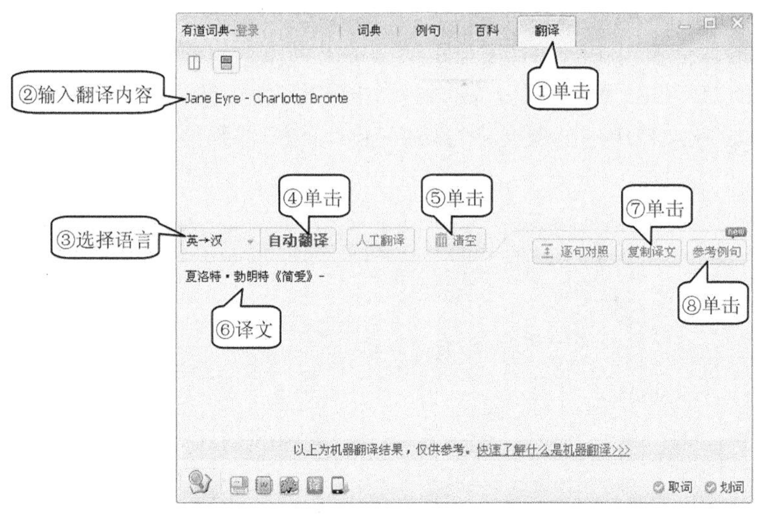

图 3-96 “翻译”界面

② 在“翻译”界面的原文输入区输入想要翻译的内容，如 Jane Eyre - Charlotte Bronte。

③ 语言选择：在“语言选择”下拉列表中用户可以在中英、中日、中韩、中法 4 种语言之间自由切换。

④ 翻译按钮：单击“自动翻译”按钮 自动翻译 或“Ctrl＋Enter”组合键，即可呈现翻译结果。

⑤ 清空按钮：单击“清空”按钮 清空 即可清除所有内容，方便用户开始进入第二次查询。

⑥ 译文显示区域：在该区域可以查看译文，并且随着鼠标的移动，用户可以查看原文和译文的高亮对照结果。

⑦ 复制译文：单击“复制译文”按钮 复制译文 可以快速地复制译文到剪贴板中。

⑧ 单击“逐句对照”按钮 逐句对照，可以更方便地查看中英文按句子拆分并对照的结果。

4. “划词释义”功能

“划词释义”是用鼠标划选或双击文字就可以显示查词、翻译、搜索结果。用户可以在窗口上端的文本框里修改查询内容。“划词释义”提供 3 种展示方式：展示划词图标、直接展示结果和双击 Ctrl 键后展示结果。通过“菜单”→“设置”→“软件设置”→“取词划词”来设置合适的展示方式。

① 选定并双击桌面中“有道词典”的快捷方式 有道词典，进入“有道词典”主界面。

② 打开“E:\BOOK\常用工具软件\素材\电子书素材”目录中的“Jane Eyre. txt”文档。

③ 展示划词图标：选中文字“Charlotte Bronte”，显示划词图标，将鼠标移到划词图标后即可显示查词、翻译和搜索结果。如图 3-97 所示。

④ 直接展示结果：选中文字“Charlotte Bronte”后直接显示查词、翻译、搜索结果，即划即译。如图 3-98 所示。

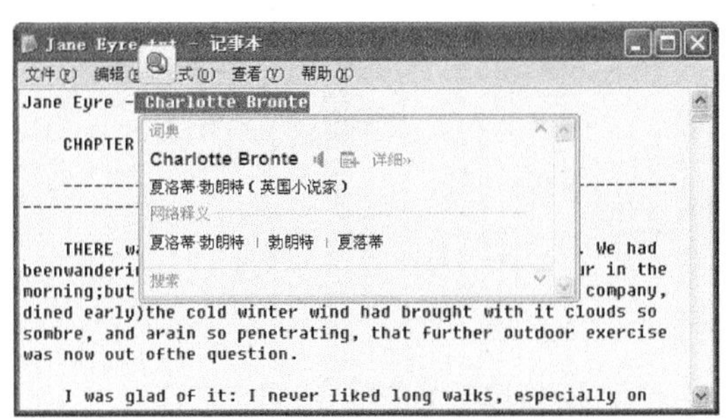

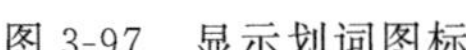
图 3-97　显示划词图标

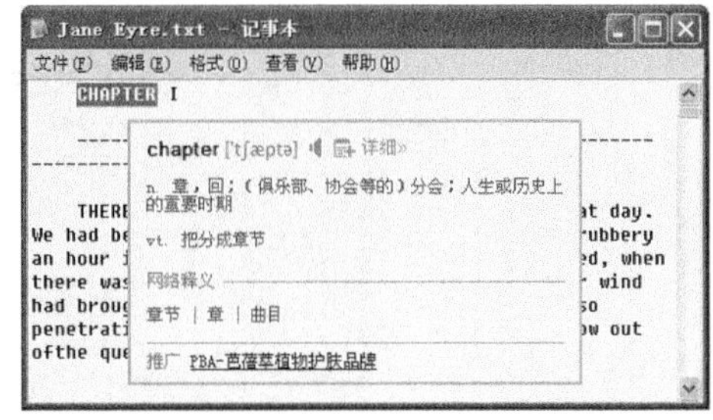

图 3-98　直接展示结果

⑤ 双击 Ctrl 后展示结果：选中文字“Charlotte Bronte”后，双击 Ctrl 键即可显示查词、翻译、搜索结果。

任务二　离线词典——Lingoes 灵格斯词霸

📖 任务描述

Lingoes 是一款专业的词典与文本翻译工具，其将复杂的功能包含在简洁的用户界面设计中，用户只要打开 Lingoes 窗口，输入要查询的单词，然后按下“Enter”键，软件就会自动地进行查找，并返回正确的翻译结果。学会使用 Lingoes 灵格斯词霸中的“查询单词”、“文本翻译”、“取词”等功能。

📖 任务分析

打开 Lingoes 灵格斯词霸主页：http://www.lingoes.cn/zh/translator/index.html 下载并安装 Lingoes 灵格斯词霸。

📖 知识链接

1. Lingoes 灵格斯简介

Lingoes 是一款功能强大、简明易用的多语言词典和文本翻译软件，支持多达 80 种语言互查互译，这些语言包括英、法、德、意、俄、中、日、韩、西、葡、阿拉伯语等。

Lingoes 拥有专业的语言翻译功能，包括词典查询、文本翻译、屏幕取词，划词和语音朗读功能，并提供了海量词典和百科全书供用户下载，专业词典、百科全书、例句搜索和网络释义一应俱全，此外还提供了汇率计算、度量衡换算、世界时区转换、全球电话号码簿等实用工具，是新一代的词典与文本翻译专家。

2. Lingoes 窗口

Lingoes 主要有两个工作窗口，一个是主界面窗口，另一个是迷你窗口。

(1) 软件主界面窗口

双击桌面上快捷方式启动 Lingoes，用户即可看到如图 3-99 所示的软件主界面窗口。

① 如表 3-1 所示是单词输入框。

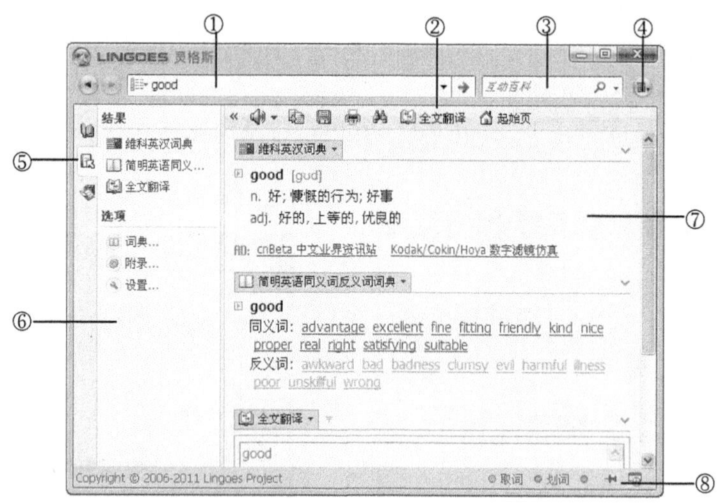

图 3-99　Lingoes 主界面

表 3-1　单词输入框

按钮图标	按钮名称	按钮功能说明
	前进/后退	前一单词/后一单词查询
	索引提示选项	设定输入单词时采用的词典索引匹配方式
	查词历史列表	打开查询历史下拉列表
	查询按钮	输入完单词后,单击“查询”按钮查询详细解释

② 如表 3-2 所示为工具栏。

表 3-2　工具栏

按钮图标	按钮名称	按钮功能说明
«	侧边栏展开/隐藏	展开 / 隐藏侧边栏功能区
	朗读	朗读当前单词或选中的文字,单击右边的键头可以选择用于朗读的声音
	复制	复制当前单词或选中的文字
	保存	保存单词查询结果
	打印	打印单词查询结果
	查找	在查询结果中查找
	文本翻译	打开文本翻译功能
	起始页	显示软件起始页

③ 如表 3-3 所示为 Web 搜索框。

表 3-3　Web 搜索框

按钮图标	按钮名称	按钮功能说明
	Web 搜索	在 Web 引擎中搜索，单击右侧的下拉键头可以选择不同的 Web 查询引擎

④ 如表 3-4 所示为主菜单按钮。

表 3-4　主菜单按钮

按钮图标	按钮名称	按钮功能说明
	主菜单	打开软件主菜单

⑤ 如表 3-5 所示为侧边栏标签切换按钮。

表 3-5　侧边栏标签切换按钮

按钮图标	按钮名称	按钮功能说明
	索引标签	打开单词索引列表
	指南标签	打开查询结果操作面板
	附录标签	打开附录功能面板

⑥ 侧边栏操作引导区如图 3-100 所示。

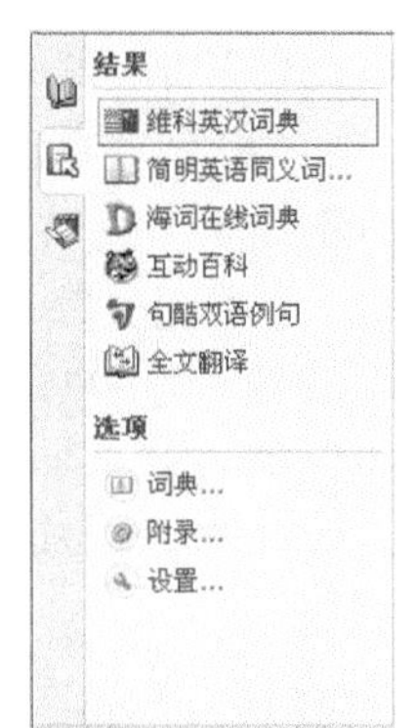

图 3-100　侧边栏操作引导区

⑦ 如表 3-6 所示为内容显示区。

表 3-6　内容显示区

按钮图标	按钮名称	按钮功能说明
简明英语同义词反义词词典	词典标题	打开「词典菜单」
	展开 / 折叠	展开/ 折叠词典显示结果

⑧ 如表 3-7 所示为状态栏。

表 3-7　状态栏

按钮图标	按钮功能说明
	屏幕取词开关
	划词开关
	剪贴板取词开关
	固定窗口总在最前面
	打开/关闭迷你窗口

（2）迷你窗口

当在屏幕取词、划词、剪贴板取词时，Lingoes 会弹出如图 3-101 所示的“迷你窗口”界面来显示取词结果，用户也可以手动打开迷你窗口，固定在屏幕上，以方便随时进行查询操作。

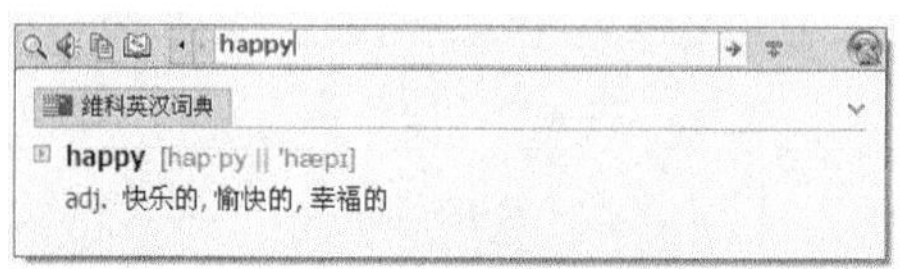

图 3-101　迷你窗口

📖 任务设计

使用 Lingoes 灵格斯词霸中的“查询单词”、“文本翻译”、“取词”功能解决日常工作和学习中碰到的文档翻译问题。

1. “查询单词”功能

“词典查询”功能作为 Lingoes 最核心的功能，具有索引提示、查找词条和词组、单词变形识别、相关词匹配等专业查询技能。这一切都是自动的，用户只需要输入要查询的单词，然后单击“查询”按钮或按下“Enter”键，软件就会自动地在“词典安装列表”的词典中进行查找，并返回正确的翻译结果。在单词输入过程中，Lingoes 的索引提示功能，还会在“索引组”词典中搜寻最匹配的词条，辅以简明解释，帮用户最快找到想要的词条。

① 选定并双击桌面中“Lingoes”的快捷方式，进入“Lingoes”主界面。在软件的任何地方直接输入单词，如 happy，软件都会自动地将输入光标定位到输入框，无须进行特别的输入框定位操作。

② 按下“Enter”键，查询当前输入的单词“happy”。

③ 按下“Shift+Enter”键，对当前输入的内容进行文本翻译。

④ 按下“Ctrl+Enter”键，会对索引提示列表中推荐的单词进行查询。

⑤ 如需浏览“索引”提示中的单词列表，可按“Up”和“Down”键来实现。如图 3-102 所示。

2. “文本翻译”功能

Lingoes 的文本翻译服务，集成了全球最先进的文本翻译引擎，包括 Google、Yahoo、Systran、Cross 等，令文本翻译从未如此简单，用户可以自由选择它们来翻译文本，并对不同引擎的翻译结果进行比较，以帮助用户理解那些不熟悉语言编写的文本。

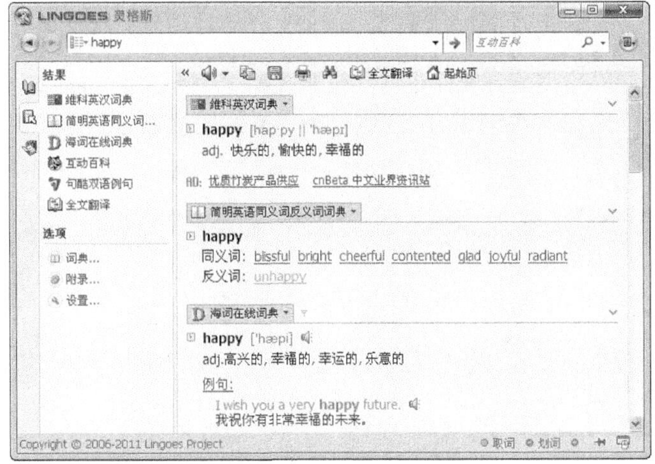

图 3-102　查询 happy 单词

① 选定并双击桌面中"Lingoes"的快捷方式灵格斯翻译家，进入"Lingoes"主界面。

② 单击工具栏中的"文本翻译"按钮全文翻译，启动文本翻译操作界面。

③ 在文本输入框中输入要翻译的文字，然后单击"翻译"按钮即开始进行翻译，翻译结果将显示在原文本的下方。如图 3-103 所示。

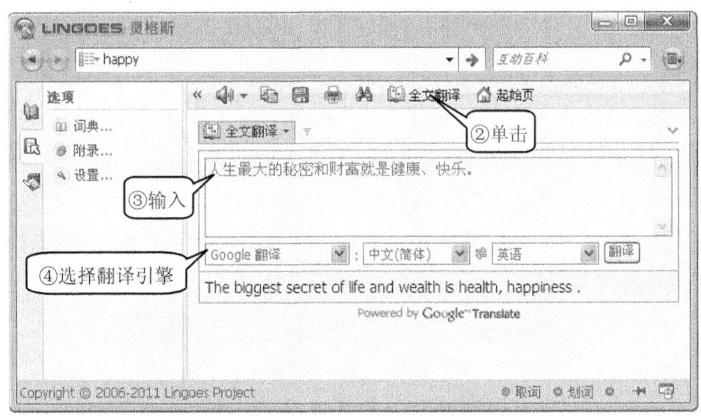

图 3-103　"全文翻译"界面

④ 选择翻译引擎：打开"翻译引擎"列表，在下拉列表中选择不同的翻译引擎。Lingoes 默认采用"Google Translate"的翻译引擎，它提供了 41 种语言之间的文本翻译服务，用户也可以选择其他品牌的翻译引擎，其支持的语种随翻译引擎不同而不同。

说明：文本翻译服务由各翻译引擎网站提供服务，需要连接互联网才能使用。

3. "取词"功能

为了让用户能够随时随地、方便地查询单词，而又不干扰当前正在进行的工作，Lingoes 提供了 3 种创新的取词方式："屏幕取词"、"划词"和"剪贴板取词"，让用户无须输入单词，即可随时翻译屏幕上任意位置的单词，并将翻译结果显示在即时弹出的迷你窗口中。

Lingoes 会根据翻译结果的内容自动调整迷你窗口的大小和位置，确保不干扰用户当前的工作，当用户不再需要查看结果时，只需轻轻移动鼠标，迷你窗口就会自动隐藏起来。

(1) 屏幕取词

① 在 Lingoes 软件窗口中启用"屏幕取词"功能。

② 打开"E:\BOOK\常用工具软件\素材\电子书素材"目录中的"Jane Eyre. txt"电子书。

③ 将光标置于"Bronte"单词上方，按住"Ctrl"键的同时右击，即弹出"屏幕取词"窗口，如图 3-104 所示。

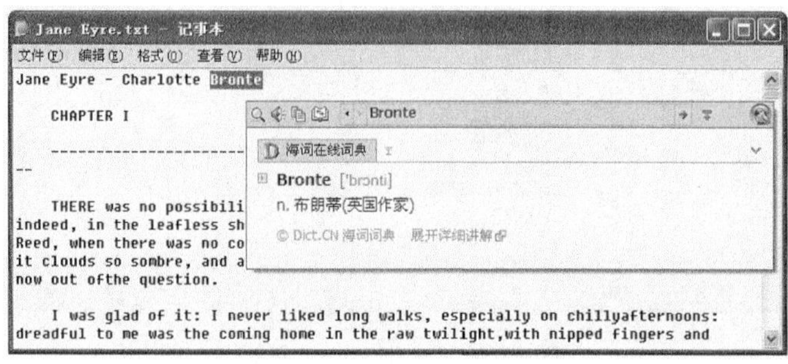

图 3-104 "屏幕取词"窗口

说明: Lingoes 的屏幕取词技术支持英语、法语、德语、俄语、西班牙语、意大利语、葡萄牙语、中文、日语、韩语等超过 30 种常见的语种，并全面支持在 Windows 7/Vista/XP/2000、Microsoft Office、Internet Explorer、FireFox、Adobe Acrobat/Reader PDF 文档等大多数常用的软件中取词。

(2) 划词

Lingoes 独创的划词技术，用户只需要按下鼠标，在文字上轻轻一划，软件就会自动取得选中的文字，并将翻译结果显示出来。

① 在 Lingoes 软件窗口中启用"划词"功能。

② 设定划词过滤规则：单击主界面中的"设置"选项，弹出"系统设置"对话框，切换到"取词"选项卡，如图 3-105 所示。

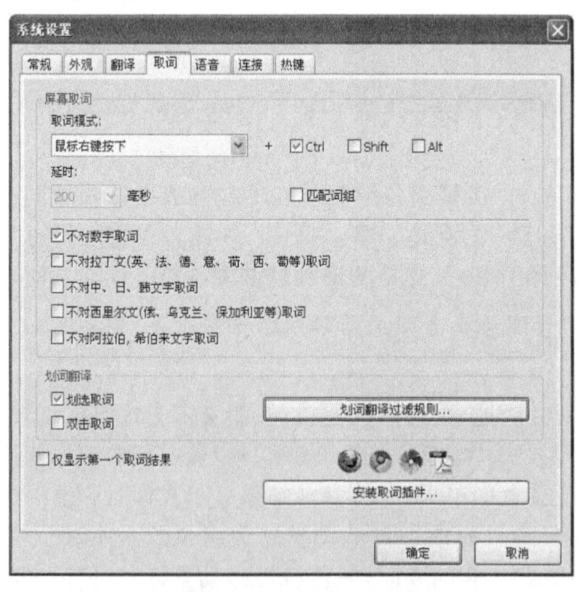

图 3-105 "系统设置"对话框

③ 单击"划词翻译过滤规则"按钮，弹出如图 3-106 所示的"划词翻译过滤"窗口，用户可以在此处添加、删除或修改要禁止使用划词功能的软件条目，所有处于列表中的软件，都会在划词时自动过滤处理，避免产生兼容性问题。

图 3-106　"划词翻译-过滤规则编辑器"窗口

④ 打开"E:\BOOK\常用工具软件\素材\电子书素材"目录中的"Jane Eyre. txt"电子书。选定电子书中的第一行文本，即弹出如图 3-107 所示的"划词"翻译结果。

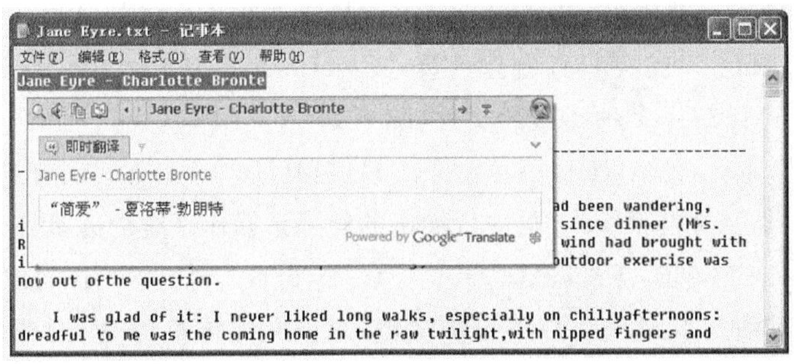

图 3-107　"划词"翻译结果

(3) 剪贴板取词

"剪贴板取词"可以对任何复制到系统剪贴板中的文字实现自动取词及翻译。

① 在 Lingoes 软件窗口中启用"剪贴板取词"功能。

② 打开"E:\BOOK\常用工具软件\素材\电子书素材"目录中的"Jane Eyre. txt"电子书。

③ 选定电子书第一段文字，右击鼠标，在弹出的快捷菜单中选择"复制"选项，如图 3-108 所示。

④ 此时弹出如图 3-109 所示的"剪贴板取词"翻译结果。

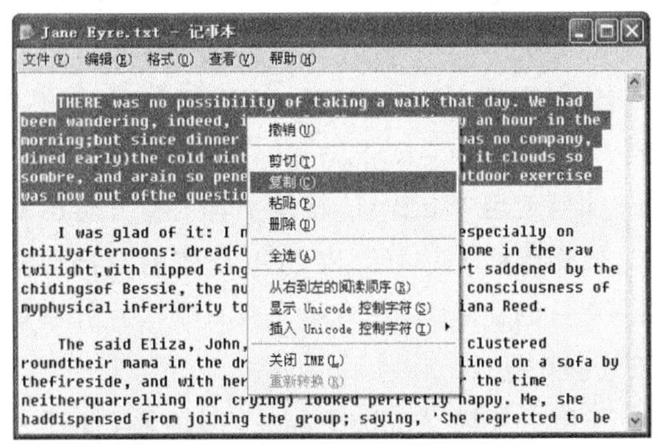

图 3-108　选定并复制文字

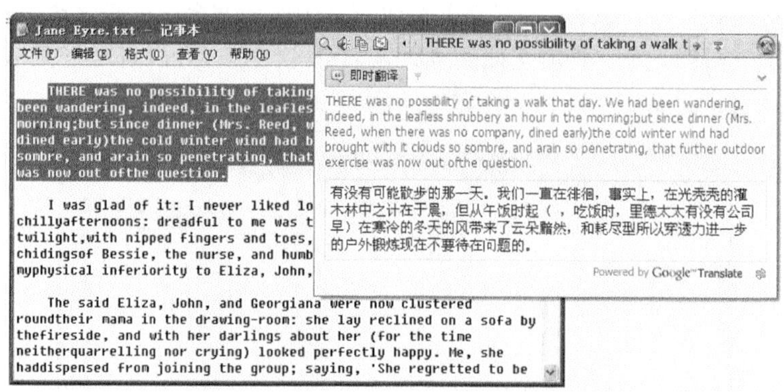

图 3-109 “剪贴板取词”翻译结果

练 习 三

一、选择题

1. 使用下列哪种阅读工具可以浏览文件格式为 NH 的文档？(　　)

A. 超星阅览器　B. CAJ 浏览器　C. Adobe Reader　D. 遨游浏览器

2. 除下列哪种工具软件外，其他方法都可以用来制作 CHM 格式电子书？(　　)

A. Visual CHM　B. CHM 制作精灵　C. eBook Edit Pro　D. 在线制作

3. WinRAR 可以解压多种类型的文件，除下列(　　)格式外。

A. CAB　B. ARJ　C. ZIP　D. KDH

4. 使用 EFS(加密文件系统)方法进行加密的前提是操作系统的磁盘格式必须为(　　)。

A. FAT　B. FAT32　C. NTFS　D. EFS

5. 使用下列哪种工具软件可以将扫描文档/图像文件转换为 Word 文档？(　　)

A. ABBYY FineReader　B. Solid Converter PDF

C. PPTConverttoDOC　D. Daemon Tools

二、思考题

1. 常见的电子书格式有哪些？分别使用什么软件工具阅读 PDF 格式、CAJ 格式、PDG 格式的电子书？

2. 分别阐述 CHM、EXE、PDF 格式的电子书，并简要说明如何制作这些格式的电子书？

3. 如何使用 WinRAR 软件工具进行分卷压缩？如何给压缩文件加密？

4. 使用哪些方法可以将 PDF 格式的文档转换成 Word 文档？

5. 常见的在线词典、离线词典有哪些？并举例说明用法？

三、操作题

1. 下载并安装 Adobe Reader 阅读器，打开一个 PDF 文档进行阅读并给其加上阅读笔记。

2. 使用 eBook Workshop 工具软件将“E:\BOOK\常用工具软件\操作题\模块三 文件

文档工具"目录中的"《WAR AND PEACE》. txt"文本文档，制作成文件名为"《战争与和平》"的 EXE 电子书。

3. 下载并安装"文件夹加密超级大师"工具软件，并试着对需要保护的文件、文件夹和磁盘分区进行加密。

4. 分别使用 4 种方法：利用 PPTConverttoDOC 软件转换、利用大纲视图、利用"发送"功能转换和利用"另存为"直接转换，将 PowerPoint 文档转换成 Word 文档。

5. 使用 Lingoes 灵格斯词霸将"E:\BOOK\常用工具软件\操作题\模块三 文件文档工具"目录中的"《WAR AND PEACE》. txt"文本文档翻译成中文。

模块四　系统维护与安全工具

学习目标

- 计算机检测工具——EVEREST、CPU-Z、HD Tuner；
- 磁盘碎片整理工具——Vopt；
- 系统优化工具——Windows优化大师；
- 系统备份工具——键还原硬盘版；
- 网络安全工具——天网防火墙；
- 计算机反病毒工具——360杀毒及360安全卫士；
- U盘专杀工具——USBKiller。

利用一些计算机检测工具可以测试计算机各硬件的参数和性能，从而让用户对计算机运行状况有了比较全面的了解。利用一些计算机优化软件可以为系统清理垃圾文件、卸载不需要的软件、修复系统错误等，如此，可以提高计算机的运行速度。在计算机的使用过程中，不可避免受到病毒、木马和流氓软件等形形色色的计算机杀手的侵蚀而造成银行账号被盗，重要资料泄露，计算机频繁死机或重启等问题，它们无时无刻不在威胁着我们的计算机安全。因此，为计算机建立一道坚固的屏障以阻止这些计算机杀手损坏计算机已刻不容缓。

项目一　系统维护工具

现在许多计算机销售商为了获取利润，往往以假乱真，用次品来蒙骗消费者，那么我们在购买计算机时，用什么办法来辨别计算机的性能是否与自己预想的一致呢？随着大硬盘的普及，用户在计算机中安装的程序越来越多，它们不但占用了大量的磁盘空间，还会影响计算机的运行速度。因此，用户最好定期对计算机系统进行全面清理和优化。

任务一　使用计算机检测工具——EVEREST、CPU-Z、HD Tuner

任务描述

如何知道计算机各配件的参数是否与计算机销售商出示的配置单一致，如何测试整机性能，如何知道硬盘是否工作在健康状态？

任务分析

市面上现在流行很多的计算机性能及计算机配件参数的检测软件，在这些计算机测试工具的帮助下，可以全面了解计算机各配件的型号和相关参数及健康状况。

知识链接

1. EVEREST 简介

EVEREST 是一款功能强大的计算机测试软件,利用它可以测试整机性能,以及计算机各配件的型号和相关参数。

2. CPU-Z 简介

CPU-Z 是一款 CPU 参数测试软件。利用 CPU-Z 可以检测 CPU 的名称、生产厂商、时钟频率、核心电压、核心数、CPU 支持的多媒体指令集,以及 CPU 的一级缓存(L1)、二级缓存(L2)等参数。另外,它还能检测主板和内存的相关信息。

3. HD Tune 简介

HD Tune 是一款硬盘性能和参数测试软件。用户可以使用 HD Tune 软件对硬盘的传输速率、健康状况、固件版本、序列号、容量、缓存大小以及当前的工作模式等参数指标进行检测。

任务设计

1. 用 EVEREST 检测计算机各硬件型号和参数

用 EVEREST v5.5 检测计算机各硬件型号的具体操作如下。

① 启动 EVEREST,可看到在 EVEREST 主操作界面的左侧窗格中有很多选项,如“计算机”、“主板”、“操作系统”、“服务器”等,如图 4-1 所示。

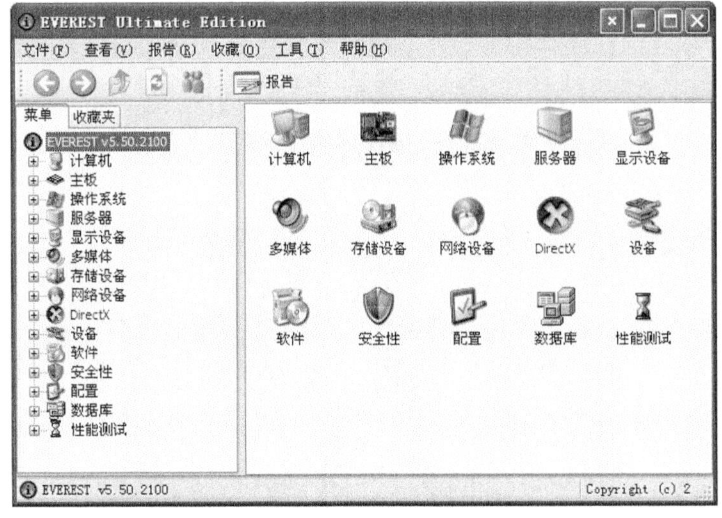

图 4-1　EVEREST 主界面

② 在如图 4-2 所示中展开的“主板”选项列表中选择某个选项,如“中央处理器(CPU)”,即可在右侧窗格中显示计算机 CPU 的详细信息,如图 4-2 所示。依此类推,可以查看主板、内存等的型号和参数。

说明: 要使用 EVEREST 测试计算机性能,可在 EVEREST 主操作界面中选择“工具”→“系统稳定性测试”菜单项。

2. 用 CPU-Z 检测 CPU 参数和性能

用 CPU-Z v1.62 检测 CPU 参数和性能的具体操作如下。

① 安装并启动 CPU-Z,在 CPU-Z 主界面切换到“处理器”选项卡,在打开的界面中可以

查看 CPU 的各项参数和性能，如图 4-3 所示。

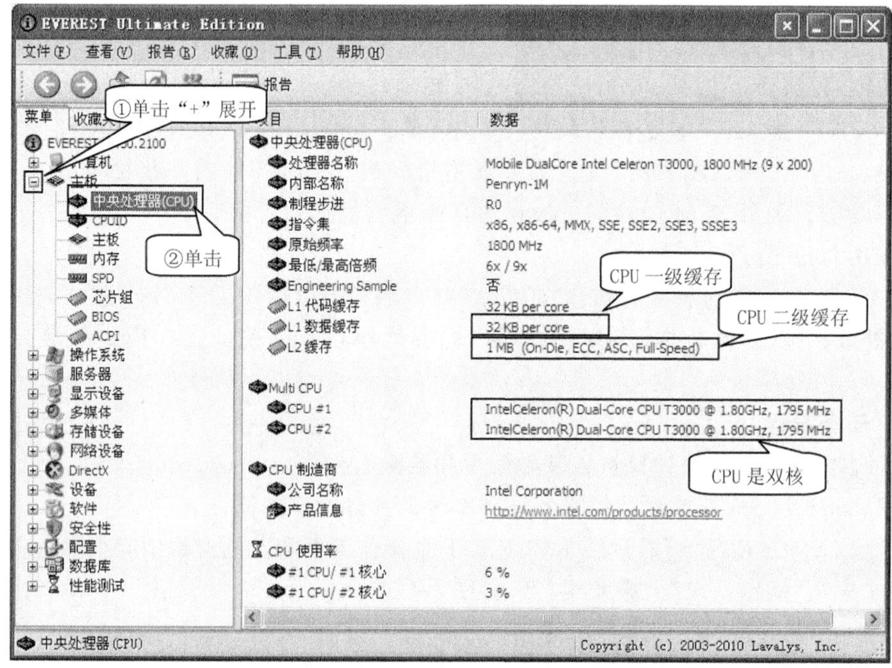

图 4-2　检测主板信息

图 4-3　CPU-Z 软件主界面

② 切换到"主板"选项卡，在打开的界面中可以查看主板的各项参数和性能，如图 4-4 所示。同理，可以切换到其他选项卡，查看其他硬件的参数和性能。

3. 用 HD Tune 检测硬盘参数和性能

用 HD Tune v5.0 检测硬盘参数和性能的具体操作如下。

① 测试硬盘技术指标。运行 HD Tune 软件，然后单击"开始"按钮，如图 4-5 所示，该软件便开始对硬盘进行检测，检测完毕后在操作界面的右侧将以数字形式显示出硬盘的最

大传输速度，以及存取时间、CPU 使用率大小、实时传输速率等技术指标。

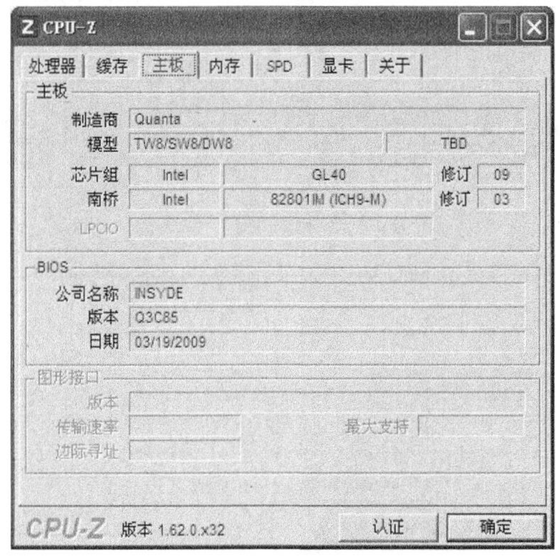

图 4-4　CPU-Z 检测主板参数

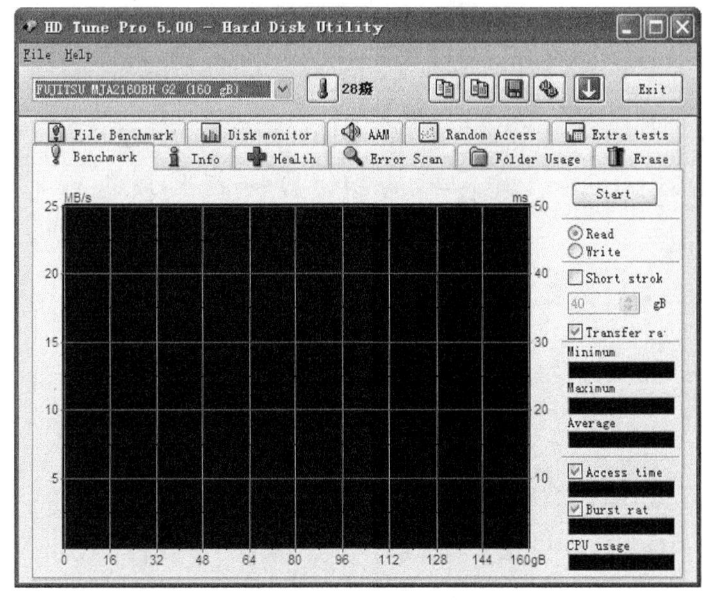

图 4-5　HD Tune 主界面

② 测试硬盘功能。在 HD Tune 的主界面中，切换到“信息”选项卡，然后可在“支持特性”处查看哪些功能选项已经处于选中状态，被选中的选项表示当前硬盘具有这个功能，如图 4-6 所示。

③ 查看硬盘是否健康。在 HD Tune 的主界面中切换到“健康”选项卡，然后可查看硬盘健康方面的各个状态，如硬盘数据的写入错误率、硬盘通电断电的错误率、硬盘的寻道错误率等信息，根据这些信息就能对硬盘的当前健康状况作出一个合理的评价，如图 4-7所示。

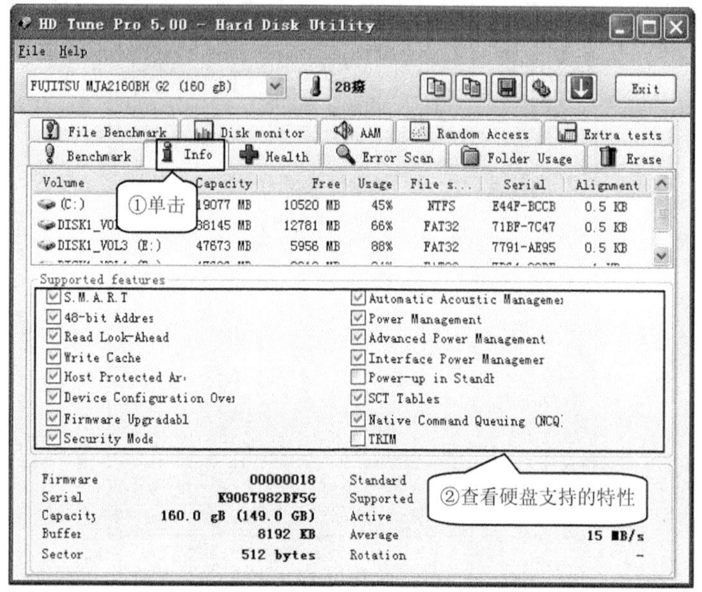

图 4-6 “信息”选项卡

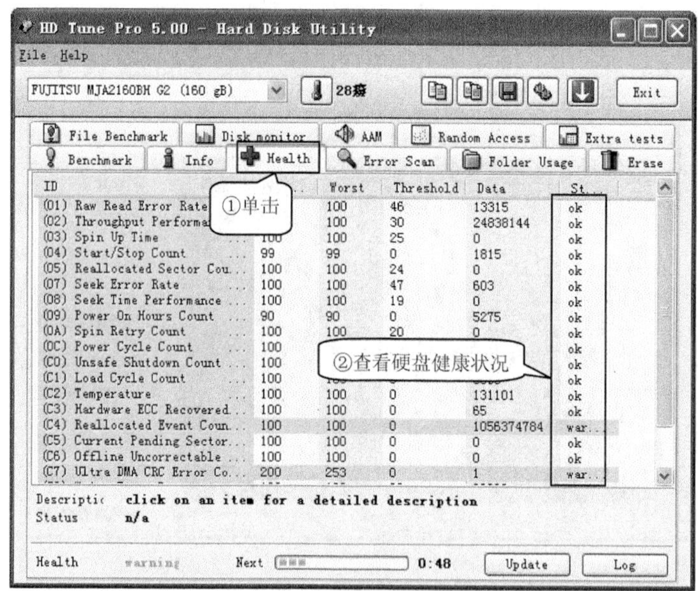

图 4-7 “健康”选项卡

④ 鉴别硬盘是否损坏。单击“错误扫描”选项卡，然后在该选项卡中单击“开始”按钮，软件则开始对磁盘执行硬盘扫描操作，如果在扫描的过程中发现有损坏的磁道，该程序将会以红色小方格标记显示出来，如图 4-8 所示。

⑤ 扫描结束后，HD Tune 程序会把损坏的位置和损坏的数字显示出来，根据这些信息就能大致地了解到当前硬盘的损坏程度了。一般来说，只要发现硬盘中有一个位置发现损坏，就表明当前硬盘已有坏道，最好不要购买，如果是自己正在使用的硬盘，则要赶快备份好

存储在该硬盘中的数据。

⑥ 用户还可以切换到其他选项卡，查看更多的硬盘测试选项，例如查看文件夹占用率，随机存取速度等。

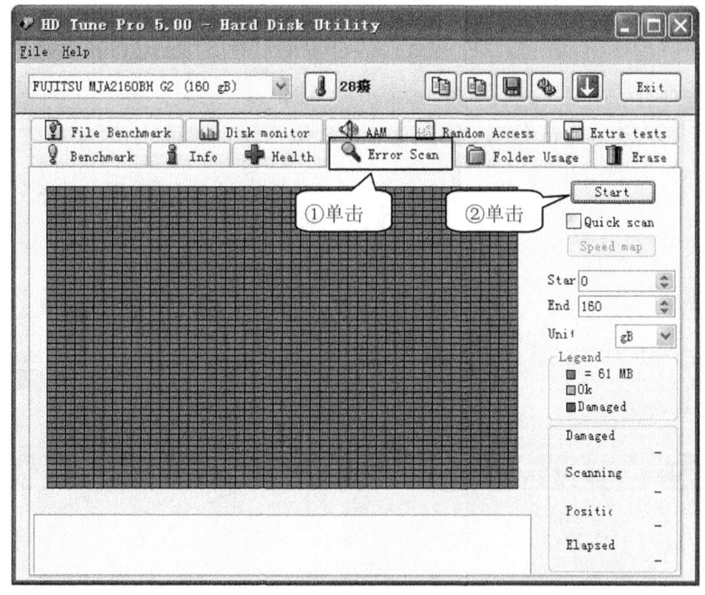

图 4-8 “错误扫描”选项卡

任务二　使用磁盘碎片整理工具——Vopt

📖 任务描述

在用户使用计算机的过程中，由于经常安装、删除程序，会导致磁盘碎片的产生。随着碎片的不断增加，不仅会降低系统性能，而且还会侵占宝贵的磁盘空间。磁盘碎片整理已经成为用户对计算机进行日常维护的一项重要内容。磁盘碎片整理程序通过分析整理移动调节，合理分配程序应用空间，使之提高运行速度。

📖 任务分析

计算机长时间使用后，硬盘中的文件会因为经常安装软件和删除软件而变得凌乱，这样计算机的运行速度会因硬盘存取速度变慢而大大降低。Windows 操作系统中提供了磁盘整理程序，但其运行速度并不令人满意。这时可以使用其他一些高效的磁盘碎片整理工具对硬盘进行整理。Vopt 是一款以磁盘整理速度快而著称的硬盘整理软件，可将分散在硬盘上不同扇区的文件快速和安全地重整，帮助用户节省更多时间。

📖 知识链接

Vopt 简介

Vopt 是 Golden Bow Systems 公司出品的一款优秀的磁盘碎片整理工具，它可以将分布在硬盘上不同扇区内的文件快速和安全地重整，该软件提供了磁盘检查、清理磁盘“垃圾”，磁盘分区格式转换、系统优化等方便、实用的功能。还支持 FAT16、FAT32 及 NTFS 分区格式及中文长文件名等。本节以 Vopt 9 为例，介绍其常用功能。

任务设计

1. 修改软件语言

具体操作步骤如下。

① 运行 Vopt,进入其操作界面,如图 4-9 所示。

② 在菜单栏中选择“Display”→“Language”命令,弹出“Language”对话框。

③ 在对话框的列表中勾选“SimpChinese”复选框。

④ 单击“Apply”按钮确认修改,如图 4-10 所示。此时界面会变为中文界面。

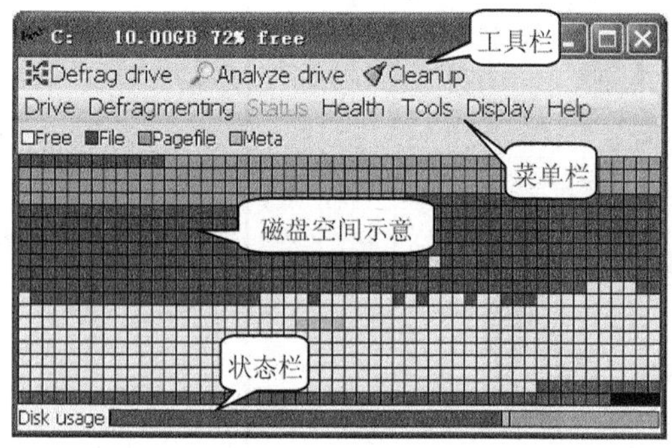

图 4-9 软件界面

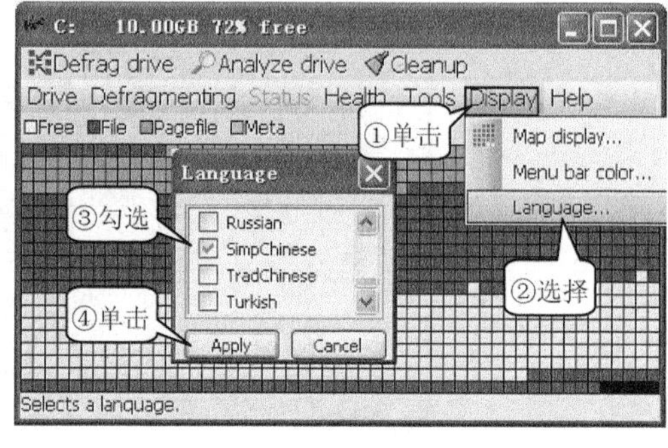

图 4-10 修改软件语言

2. 手动整理磁盘

具体操作步骤如下。

① 在菜单栏中选择“分卷”菜单项,从弹出的菜单中选择要进行碎片整理的磁盘分区,如图 4-11 所示。

② 在工具栏中单击“分析”按钮开始对磁盘空间使用情况进行分析,如图 4-12 所示。

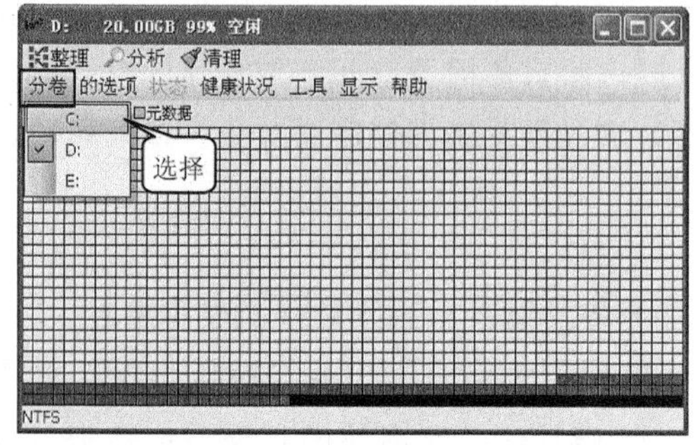

图 4-11 选择磁盘分区

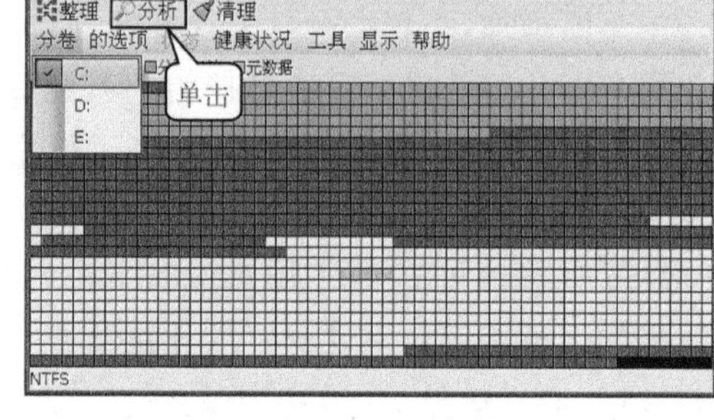

图 4-12 分析磁盘

③ 磁盘分析过程如图 4-13 所示,分析完成后将显示磁盘空间使用情况和文件的分布情况,如图 4-14 所示。

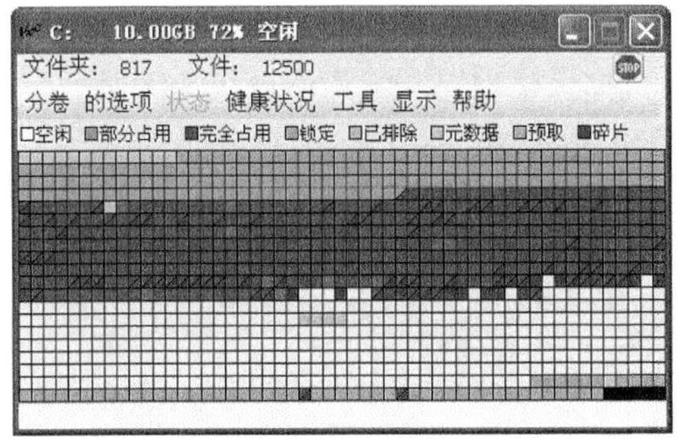

图 4-13　磁盘分析过程

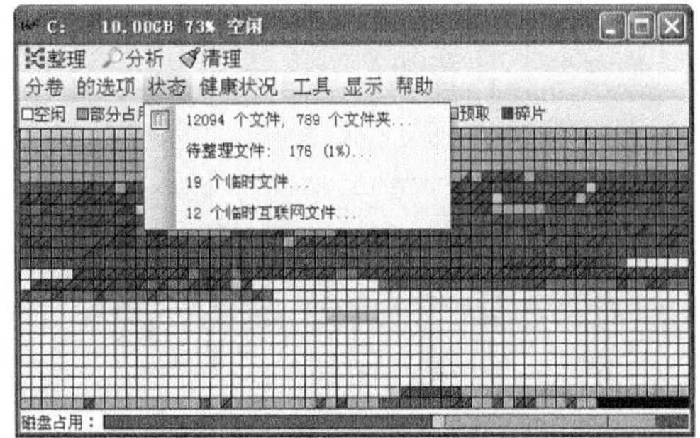

图 4-14　磁盘分析结果

④ 单击“整理”按钮开始对磁盘进行碎片整理，如图 4-15 所示，碎片整理过程如图 4-16 所示。

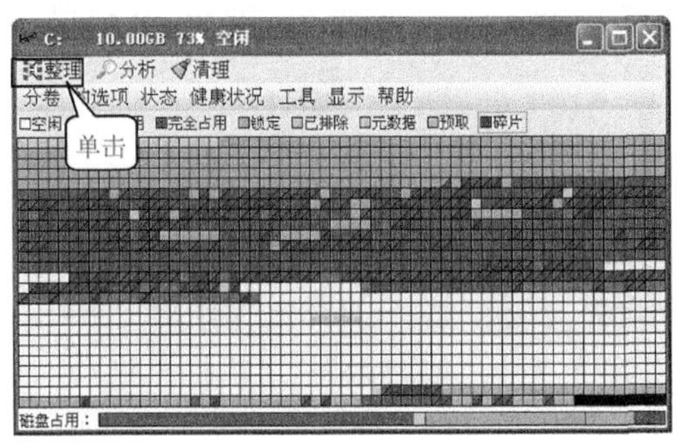

图 4-15　磁盘整理

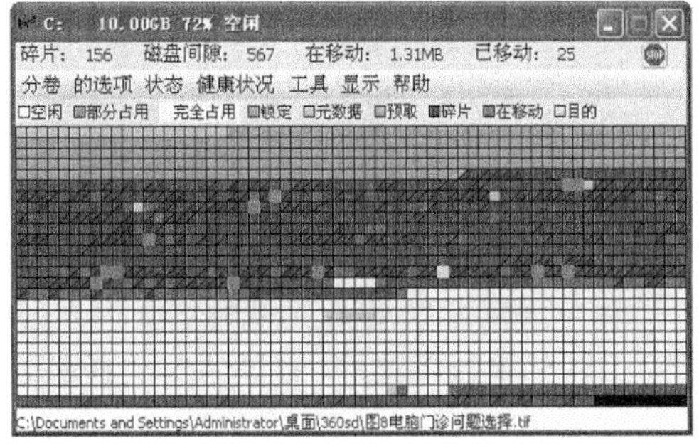

图 4-16　磁盘整理过程

⑤ 碎片整理完成后可看到碎片文件的数量明显减少了，如图 4-17 所示。

3. 使用快速整理功能

具体操作步骤如下。

① 在菜单栏中选择“分卷”菜单项，从弹出的菜单中选择要进行碎片整理的磁盘分区，如图 4-18 所示。

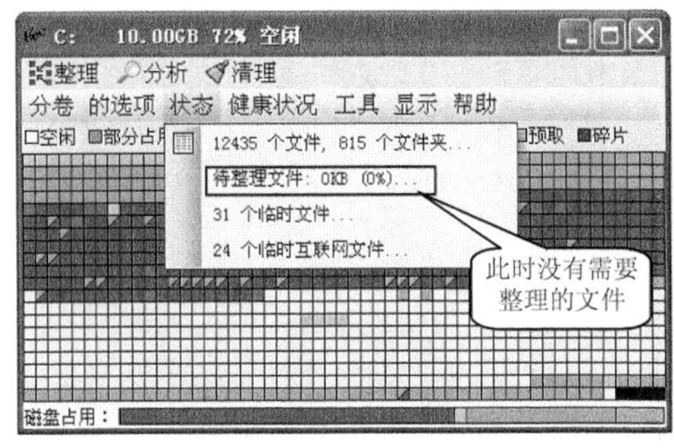

图 4-17　碎片整理完成

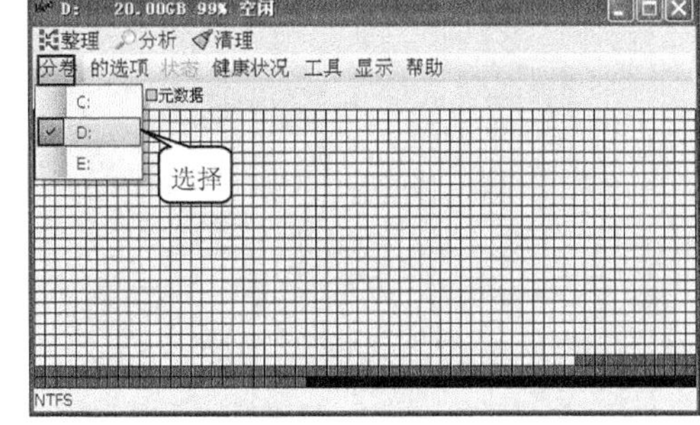

图 4-18　选择磁盘

② 在菜单栏中选择“的选项”→“快整理(VSS 兼容整理)”命令，对磁盘进行快速整理，如图 4-19 所示。

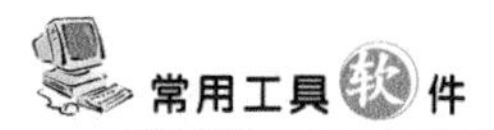

4. 使用批量整理功能

如果想一次性连续整理多个分区，就可以使用“批量整理”功能，具体操作步骤如下。

① 在菜单栏中选择“的选项”→“批量整理”菜单项，打开“批量整理”对话框。

② 在对话框的列表中勾选需要进行碎片整理的磁盘。

③ 单击“整理”按钮开始进行批量整理，如图 4-20 所示。

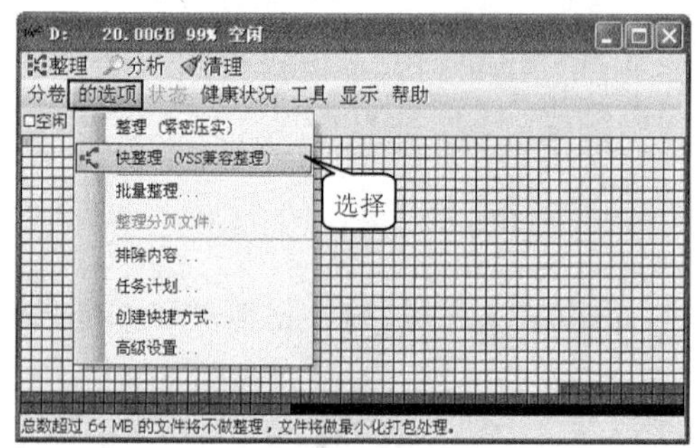

图 4-19 执行快速整理

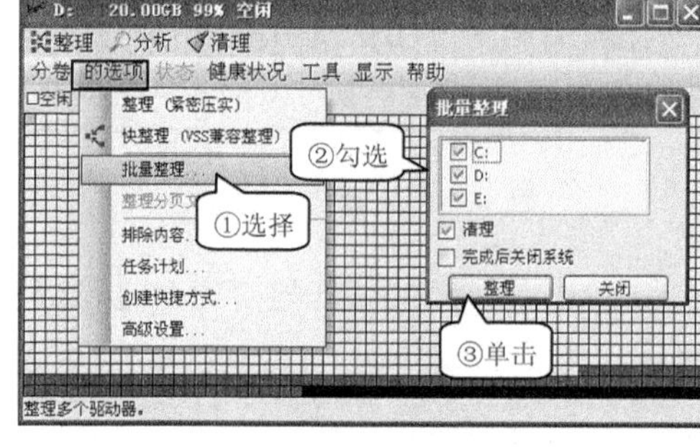

图 4-20 批量整理

5. 使用定时整理功能

如果目前需要使用计算机而不能进行碎片整理，则可以使用“整理计划”功能，整理计划添加后，系统将在设定的时间自动运行 Vopt 对磁盘进行碎片整理，具体操作步骤如下。

① 在菜单栏中选择“的选项”→“任务计划”菜单项，打开“整理计划”对话框。

② 在对话框的“任务计划”设置项中勾选“任务计划”复选框。

③ 单击“设置”按钮，弹出“Vopt(DRAGON-dragon)”对话框。

④ 在“计划”选项卡中设置任务周期、开始时间和日期等参数。

⑤ 单击“确定”按钮完成设置并返回到“整理计划”对话框界面。

⑥ 在“整理计划”对话框的列表中勾选需要进行定时整理的磁盘。

⑦ 单击“确定”按钮。至此，成功添加了一个整理计划。如图 4-21 所示。

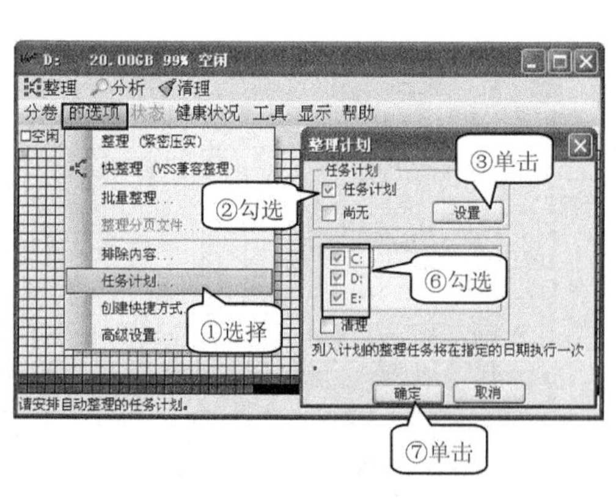

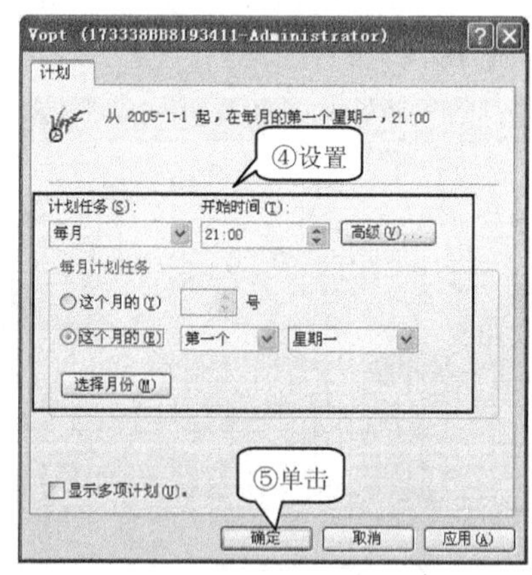

图 4-21 添加整理计划

6. 通过快捷方式整理

如果进行碎片整理的次数比较频繁，而不想每次运行 Vopt 软件进行设置，则可以创建

整理快捷方式，只要双击建立好的快捷图标就会自动运行 Vopt 对磁盘进行碎片整理，具体操作步骤如下。

① 在菜单栏中选择“的选项”→“创建快捷方式”菜单项，打开“快捷方式”对话框。

② 在对话框的列表中勾选需要进行碎片整理的磁盘。

③ 单击“确定”按钮，会在桌面上创建一个整理磁盘的快捷方式。如图 4-22 和图 4-23 所示。

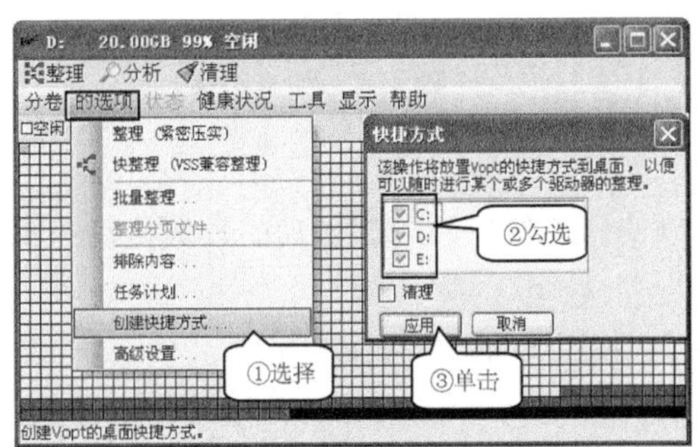

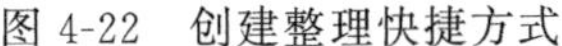
图 4-22　创建整理快捷方式

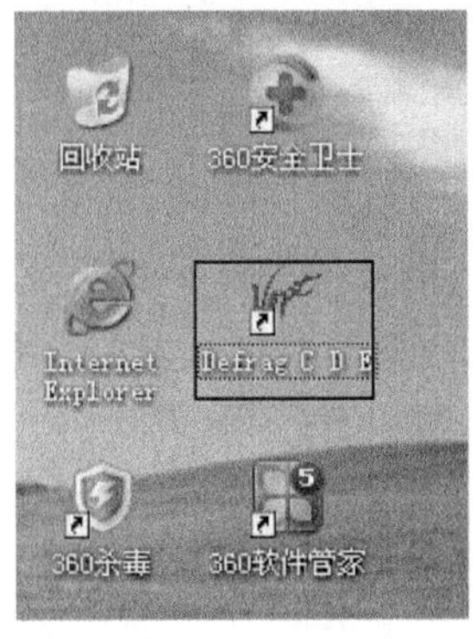

图 4-23　在桌面上生成的快捷方式

7. 检查磁盘错误

如果想了解硬盘是否有错误，则可以使用本软件的“检查磁盘错误”功能，具体操作步骤如下。

① 在菜单栏中选择“分卷”菜单项，从弹出的菜单中选择要进行错误检查的磁盘分区，如图 4-24 所示。

② 在菜单栏中选择“健康状况”→“检查磁盘错误”菜单项，开始磁盘错误检查，如图 4-25所示。

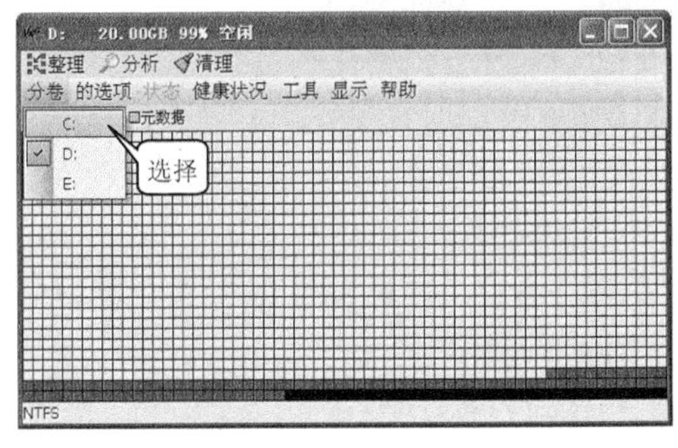

图 4-24　选择磁盘

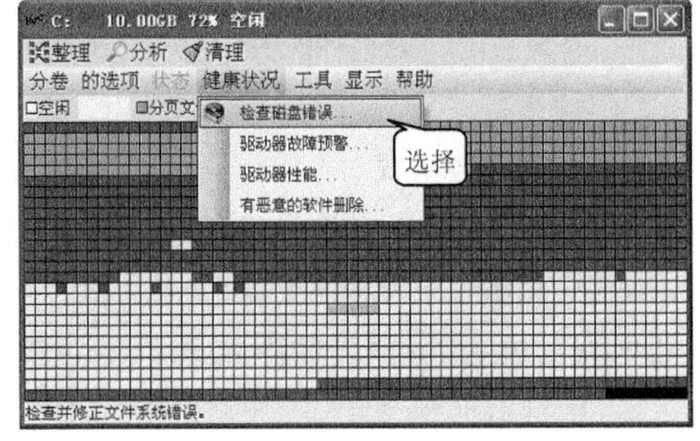

图 4-25　执行检查

③ 磁盘错误检查过程如图 4-26 所示。

④ 磁盘检查完成将显示检查结果，如图 4-27 所示。

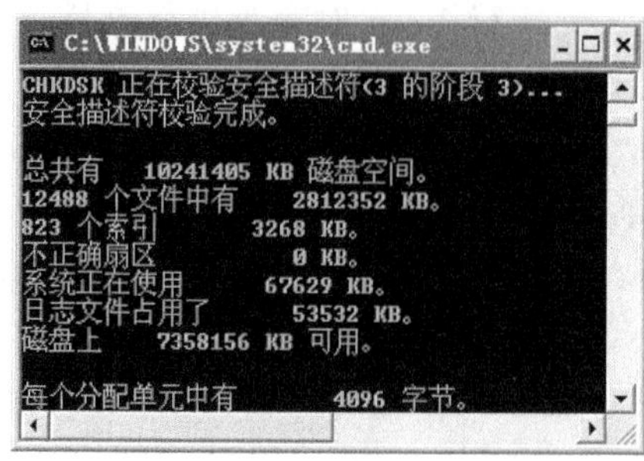

图 4-26 错误检查过程

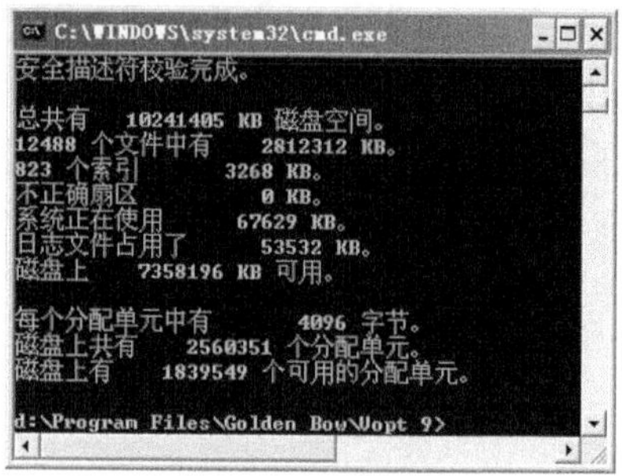

图 4-27 检查结果

8. 测试磁盘数据传输速率

如果想了解硬盘读写数据的能力，则可以使用本软件的测试硬盘的数据传输速率，具体操作步骤如下。

① 在菜单栏中选择“健康状况”→“驱动器性能”菜单项，弹出对话框。

② 在对话框中显示了测试结果供用户观看，如图 4-28 所示，单击“关闭”按钮关闭对话框返回到操作界面。

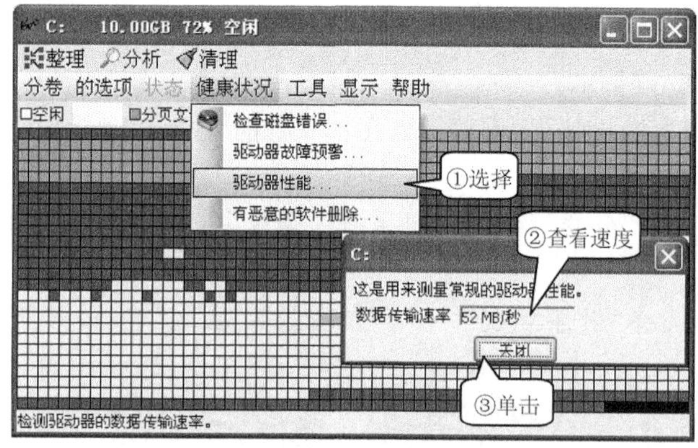

图 4-28 测试磁盘数据传输率

9. 转换分区格式

使用本软件可以将硬盘中的分区格式进行转换，具体操作步骤如下。

① 在菜单栏中选择“工具”→“系统工具”→“转换 FAT32 格式为 NTFS”菜单项(如果该选项为灰色，说明该分区不是 FAT32 格式)，如图 4-29 所示。

② 在对话框中单击“应用”按钮表示确认转换。

10. 优化系统

使用 Vopt 软件还可以对系统进行优化，具体操作步骤如下。

① 在菜单栏中选择“工具”→“系统工具”→“优化”菜单项，弹出“系统优化”对话框。

② 在对话框中的“DLL 卸载”设置项中勾选“激活此性能”复选框。

③ 在对话框中的“系统分页”设置项中勾选“激活此性能”复选框。

④ 单击“应用”按钮，弹出“Vopt”对话框提示重启计算机。

⑤ 单击“是(Y)”按钮，重启计算机使设置生效，如 4-30 所示。

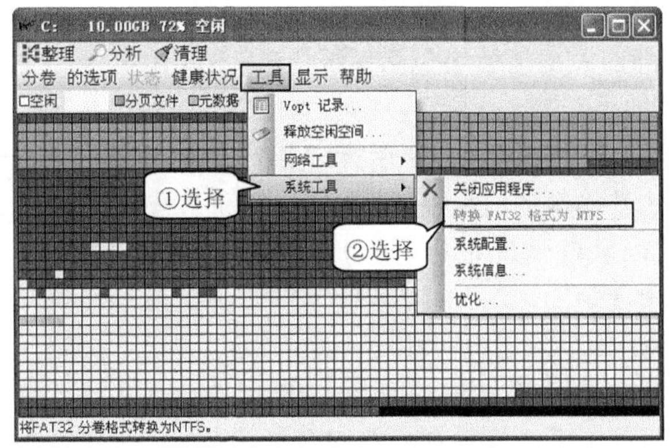

图 4-29　转换分区格式

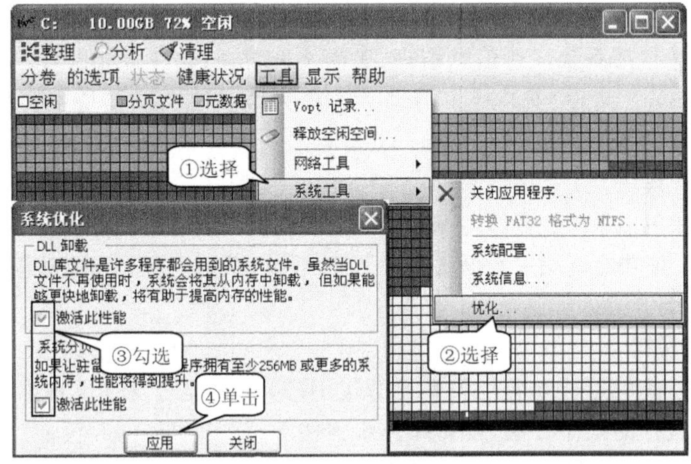

图 4-30　优化系统

任务三　使用系统清理和优化工具——Windows 优化大师

📖 任务描述

随着大硬盘的普及，需要在计算机中安装的程序越来越多，它们不但占用了大量的磁盘空间，还会影响计算机的运行速度。因此，用户最好定期对计算机系统进行全面清理和优化。

📖 任务分析

使用“Windows 优化大师”，能够帮助用户了解自己的计算机软硬件信息，简化操作系统设置步骤，提升计算机的行动效率，清理系统运行时产生的垃圾文件，修复系统故障及安全漏洞，以及维护系统的正常运行。

📖 知识链接

1. Windows 优化大师简介

Windows 优化大师是一款功能强大的系统辅助软件，它向用户提供简便的自动优化向导，而且优化项目均向用户提供恢复功能。该软件不仅拥有详尽准确的系统检测功能，还可以提供详细准确的硬件，软件信息以及系统性能进一步提高的建议；另外还具有强大的清理功能，能快速清理注册表，能对选中的硬盘分区或指定目录进行清理；不仅如此，还增加了有效的系统维护模块，如检测和恢复磁盘问题、文件加密与恢复工具等功能。

2. 模块功能

Windows 优化大师四大功能模块包括系统检测、系统优化、系统清理和系统维护。

(1) 系统检测模块

系统检测模块分为系统信息总览、处理器与主板、视频系统信息、音频系统信息、存储系统信息、网络系统信息、其他设备信息、软件信息列表和系统性能测试 9 个大类。该功能模块主要提供系统的硬件、软件情况报告,同时提供系统性能测试,帮助用户了解计算机的 CPU/内存速度、显卡速度等。

(2) 系统优化模块

系统优化模块包括磁盘缓存优化、桌面菜单优化、文件系统优化、网络系统优化、开机速度优化、系统安全优化、系统个性设置和后台服务优化共 8 个大类。该功能模块主要提供对系统硬件、软件等的优化。

(3) 系统清理模块

系统清理模块包括系统注册信息清理、磁盘文件管理、软件智能卸载、历史痕迹清理、冗余 DLL 整理、ActiveX 清理、安装补丁清理共 7 个大类。该功能模块主要提供系统软件与注册表无用垃圾文件等的清理。

(4) 系统维护模块

系统维护模块包括系统磁盘医生、磁盘碎片整理、驱动智能备份、系统维护日志、其他设置选项共 5 个大类。该功能模块主要提供系统硬件、软件、系统注册表与驱动程序备份等功能。

任务设计

1. 优化磁盘缓存

磁盘缓存对系统的运行起着至关重要的作用,对其合理的设置也相当重要。下面将详细介绍优化磁盘缓存的操作方法,具体操作步骤如下。

① 运行 Windows 优化大师 7.99,进入其操作界面,如图 4-31 所示。

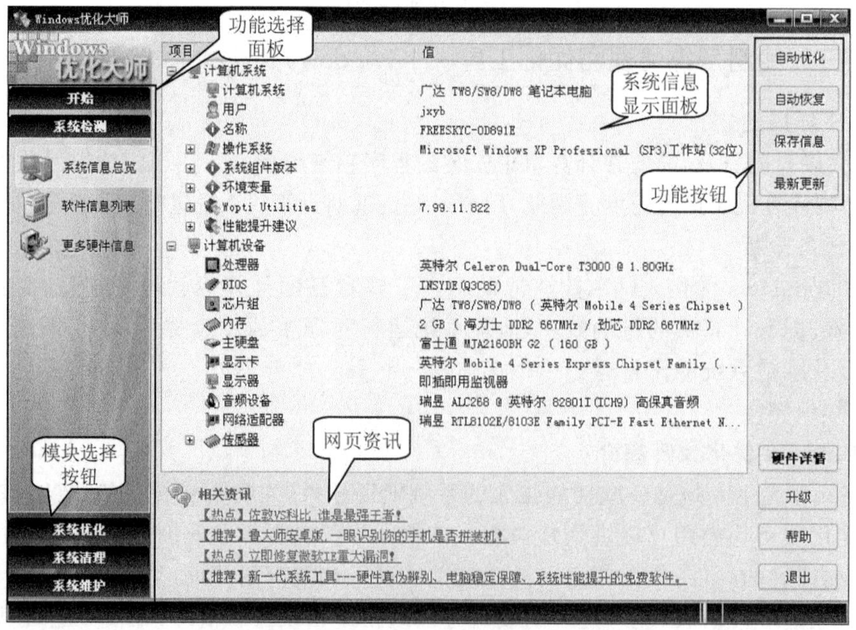

图 4-31 Windows 7.99 优化大师主界面

② 在如图 4-31 所示左部模块窗口中单击“系统优化”按钮，展开“系统优化”模块。

③ 在展开的模块列表中单击“磁盘缓存优化”按钮，打开“磁盘缓存优化”面板，如图 4-32所示。

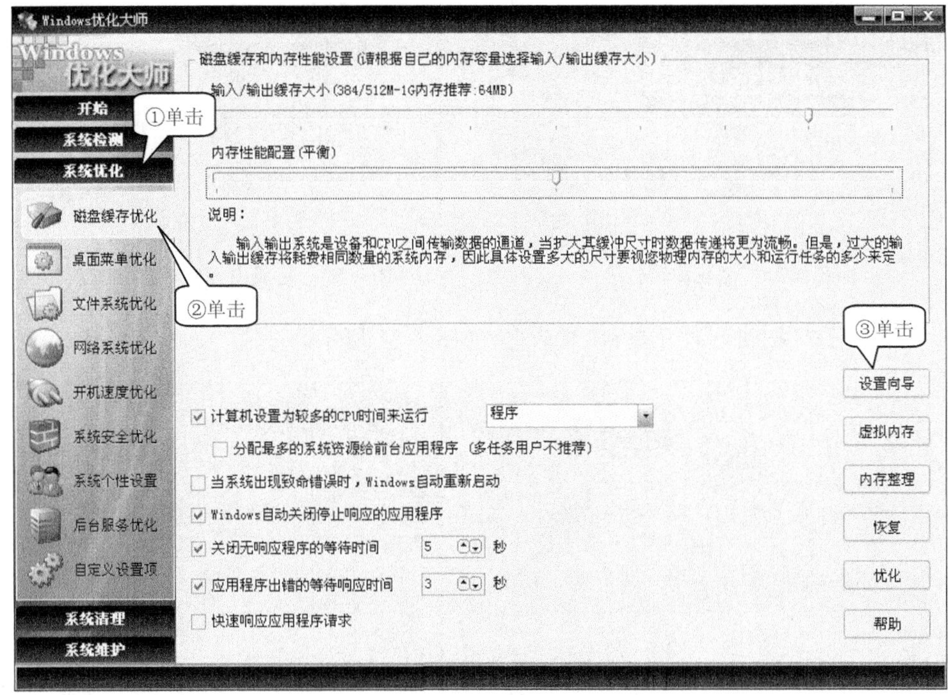

图 4-32　磁盘缓存优化面板

④ 单击“设置”按钮，弹出“磁盘缓存设置向导”对话框，如图 4-33 所示。

⑤ 单击“下一步”按钮，进入“请选择计算机类型”向导页，如图 4-34 所示。

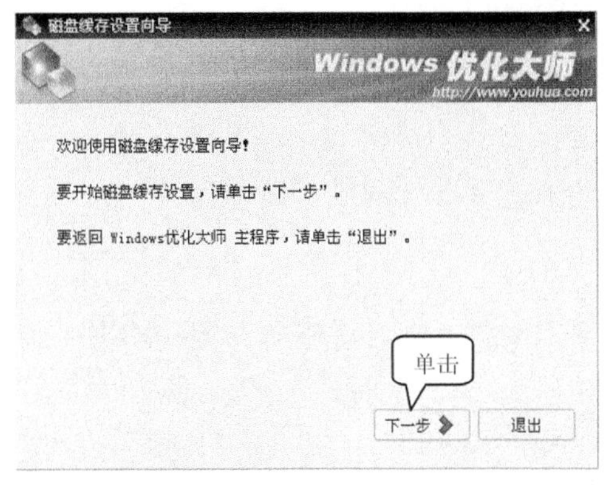

图 4-33　磁盘缓存优化设置向导

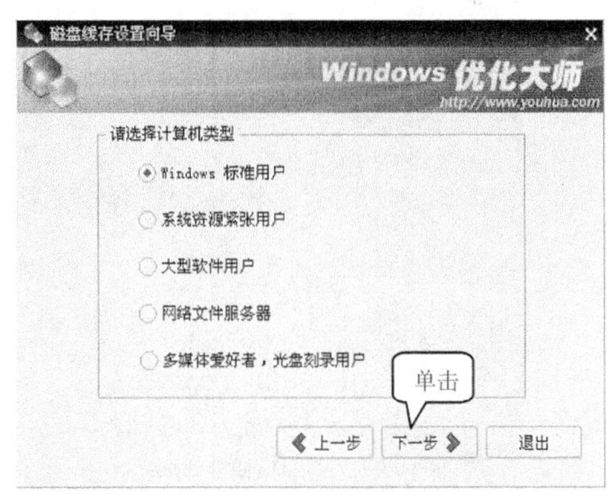

图 4-34　选择计算机类型

⑥ 单击“下一步”按钮，进入“优化建议”向导页，如图 4-35 所示。

⑦ 单击“下一步”按钮，完成磁盘优化设置向导，如图 4-36 所示。

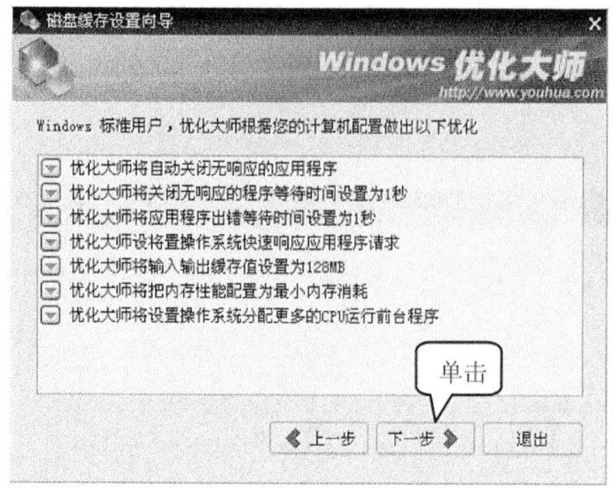

图 4-35　优化建议

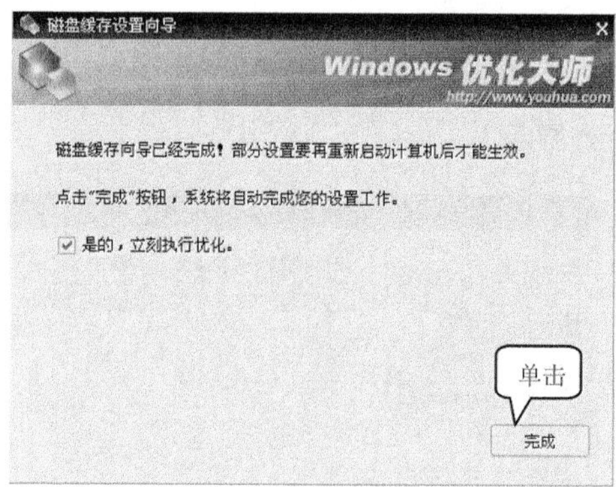

图 4-36　完成磁盘缓存优化设置

⑧ 单击“完成”按钮，弹出“提示”对话框，如图 4-37 所示。

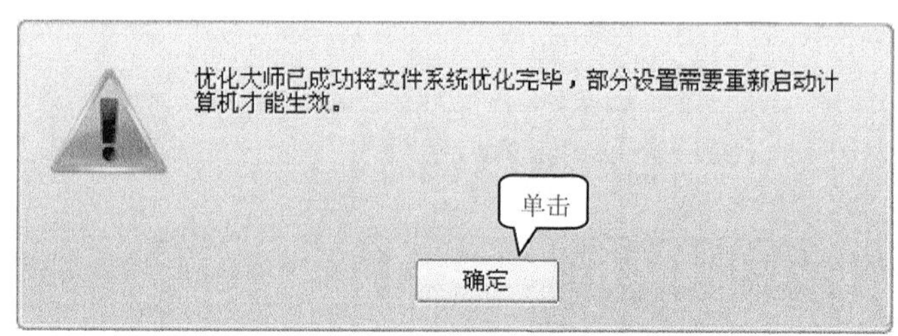

图 4-37　磁盘缓存优化完成

⑨ 单击“确定”按钮，返回到“磁盘缓存优化”面板，至此，相关优化参数设置完毕，如图 4-38所示。

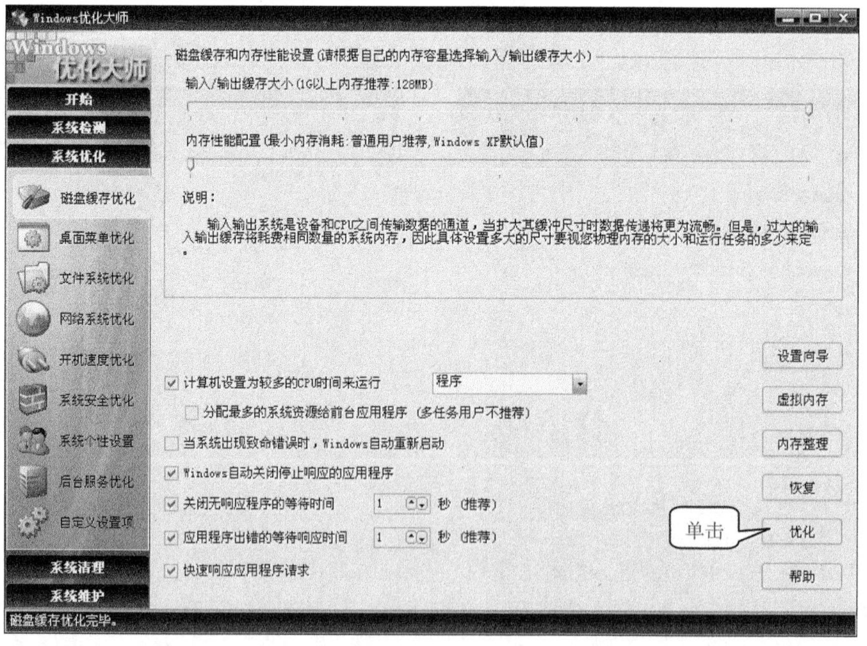

图 4-38　执行优化

⑩ 单击“优化”按钮，完成磁盘缓存优化。

2. 优化开机速度

漫长的开机等待，对每个计算机用户来说都是头痛的事情，计算机使用一段时间后，启动速度要比刚安装时慢，原因主要有以下几种。

① 一些应用软件安装时，会在系统启动列表里添加自己的快速启动方式，以达到快速启动的目的，比如媒体播放器、腾讯 QQ 聊天工具软件等。

② 一些软件将自己运行的辅助程序加入启动列表，以此达到随机启动。这些程序虽没有界面，但也会占用系统的启动时间和资源。

③ 一些病毒和黑客程序加入了启动列表，企图达到对计算机和用户不可告人的攻击行为。

这些程序都不需要加入启动列表，可以把它们从启动列表中删除。但删除这些启动项，往往需要修改复杂的注册表，而用 Windows 优化大师删除这些信息就非常容易。

用户在 Windows 优化大师中对开机速度的优化主要通过减少引导信息停留时间和取消不必要的开机自动运行的程序来提高计算机的启动速度。具体操作步骤如下。

① 在 Windows 优化大师 7.99 的操作主界面中单击“系统优化”→“开机速度优化”，打开“开机速度优化”面板，如图 4-39 所示。

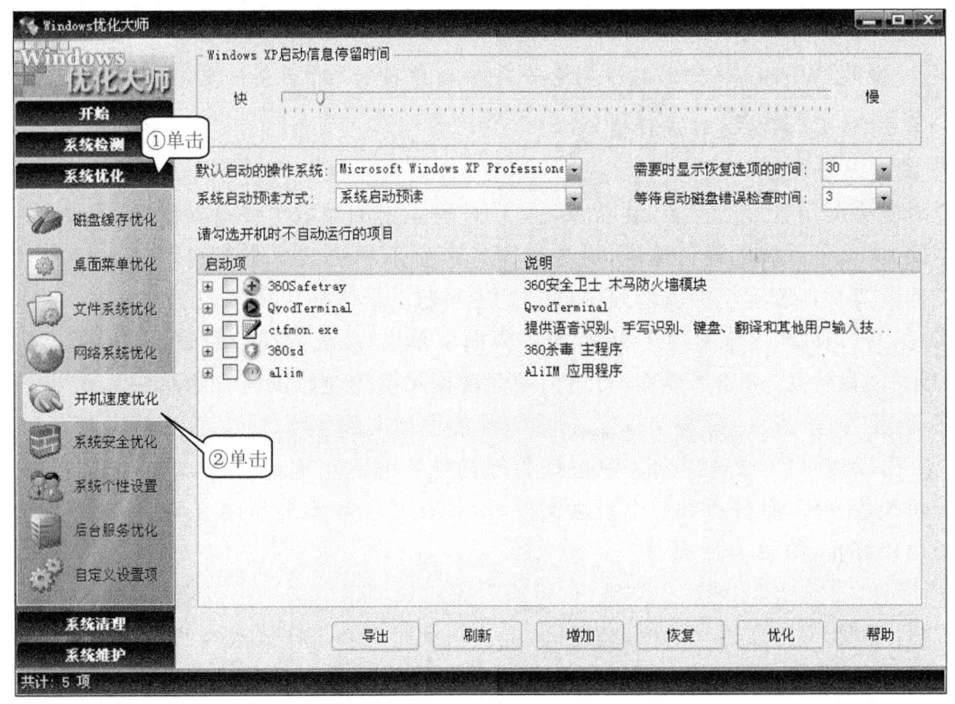

图 4-39 开机速度优化面板

② 在“启动信息停留时间”设置项中，通过滑块向左拖动来缩短启动信息的停留时间。

③ 在“请勾选开机时不自动运行的项目”设置项的“启动项”列表中，勾选开机不需要自动运行的项目。

④ 设置完毕后，单击“优化”按钮，完成开机优化，如图 4-40 所示。

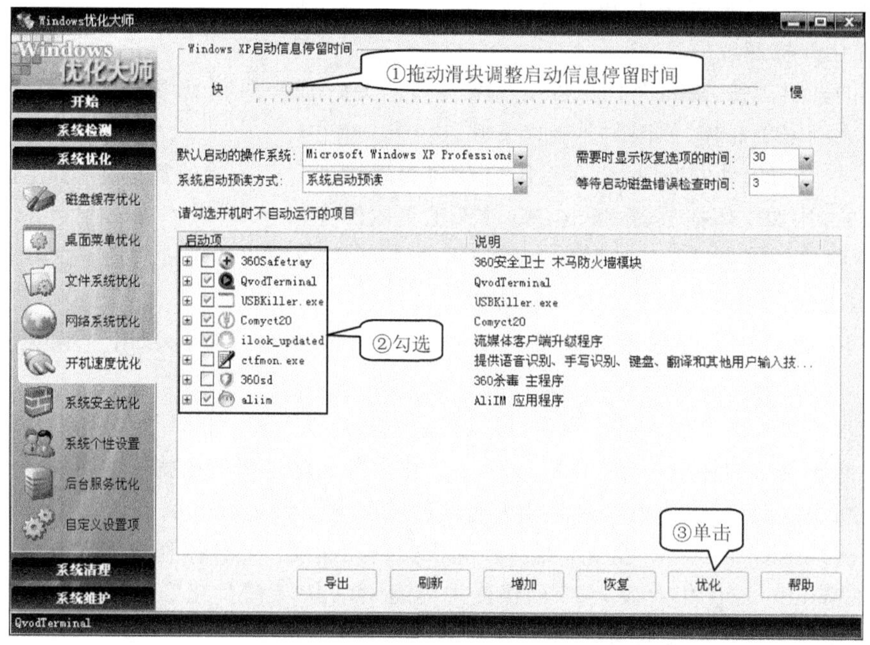

图 4-40　开机速度优化之参数设置

说明：Windows 优化大师在清除自启动项目时，对于清除的项目进行了备份，用户可以单击“恢复”按钮随时进行恢复。

3. 清理系统垃圾

随着各类应用软件的安装、删除、卸载，用户硬盘上的垃圾文件日渐增多，不仅占用了大量的空间，降低了系统的运行速度，更会让用户产生不愉快的情绪。利用 Windows 优化大师提供的磁盘文件管理功能就能轻松解决上述问题。具体操作步骤如下。

① 在 Windows 优化大师 7.99 操作主界面中单击“系统清理”→“磁盘文件管理”选项，默认显示“硬盘信息”选项卡界面，将当前硬盘使用情况用饼状图报告给用户。

② 选择“扫描选项”选项卡，勾选扫描清理的垃圾文件类型选项，如图 4-41 所示。

③ 在驱动器和目录选择列表中选择要扫描分析的驱动器或目录，单击“扫描”按钮，开始的分析垃圾文件，每分析到一个垃圾文件，就会将其添加到分析结果列表中，直到分析结束或被用户终止，如图 4-42 所示。

④ 展开“扫描结果”列表中的项目，可以看到对该项目的进一步说明，例如文件名、文件大小、文件类型、文件属性、文件创建时间、上次访问时间和上次修改时间等。

⑤ 扫描结束后，单击“删除”按钮将删除分析结果列表中选中项目，单击“全部删除”按钮将清除分析结果列表中的全部文件。

4. 清理历史痕迹

在日常使用中，系统会记录用户的操作历史以便下次更方便地操作，但也有泄露用户隐私的危险，特别是在公用的计算机中。历史痕迹清理模块可以帮助用户清除这些历史记录，一方面保护了用户的隐私，另一方面也使系统更加干净，进一步提高了运行速度。历史痕迹分为网络历史痕迹、Windows 使用痕迹、应用软件历史痕迹共 3 大类，具体操作步骤如下。

① 在 Windows 优化大师 7.99 操作主界面中单击“系统清理”→“历史痕迹清理”选项，显示“请选择要扫描的项目”的信息与功能应用区。

② 用户根据所需要清理的需要，从“网络历史痕迹”、“Windows 使用痕迹”、“应用软件历史痕迹”中选择要扫描的项目，如图 4-43 所示。

③ 扫描结束后，确认结果列表中的记录不再需要就可以单击“全部删除”按钮将其全部删除。

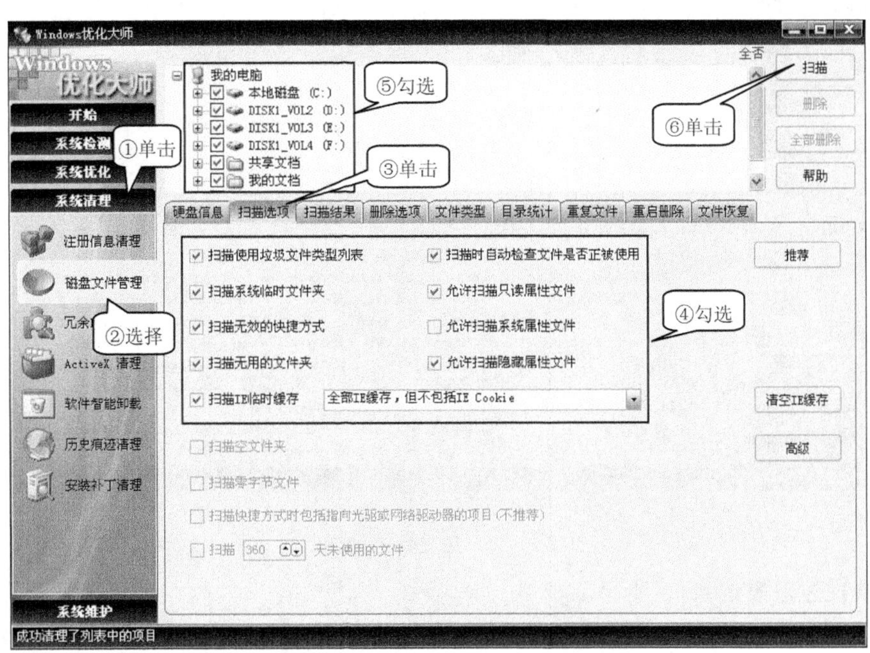

图 4-41　清除系统垃圾文件类型选项设置

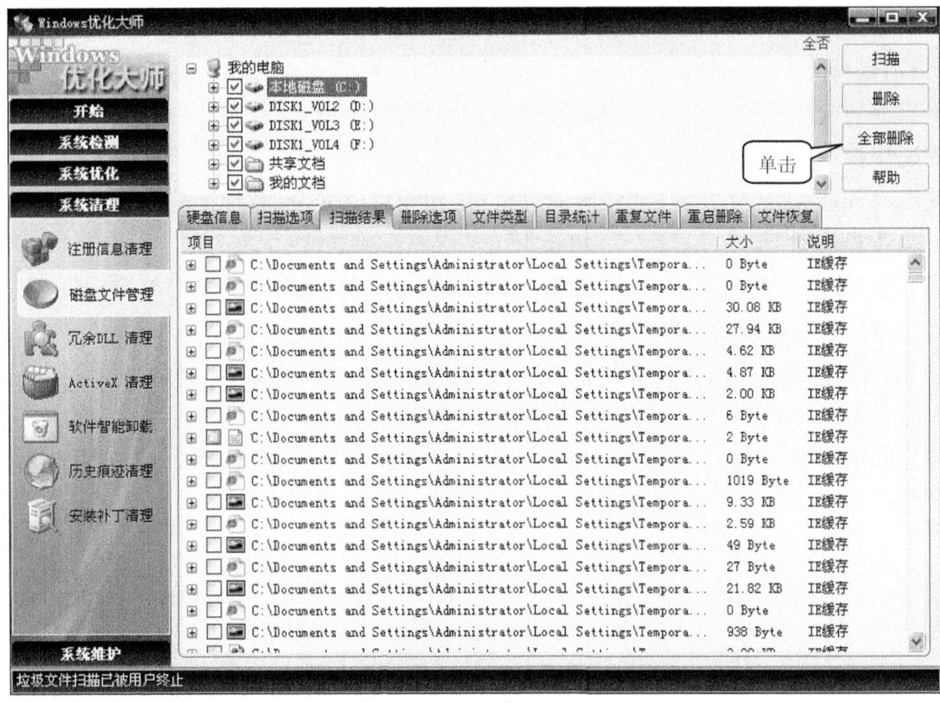

图 4-42　清除系统垃圾文件扫描结果

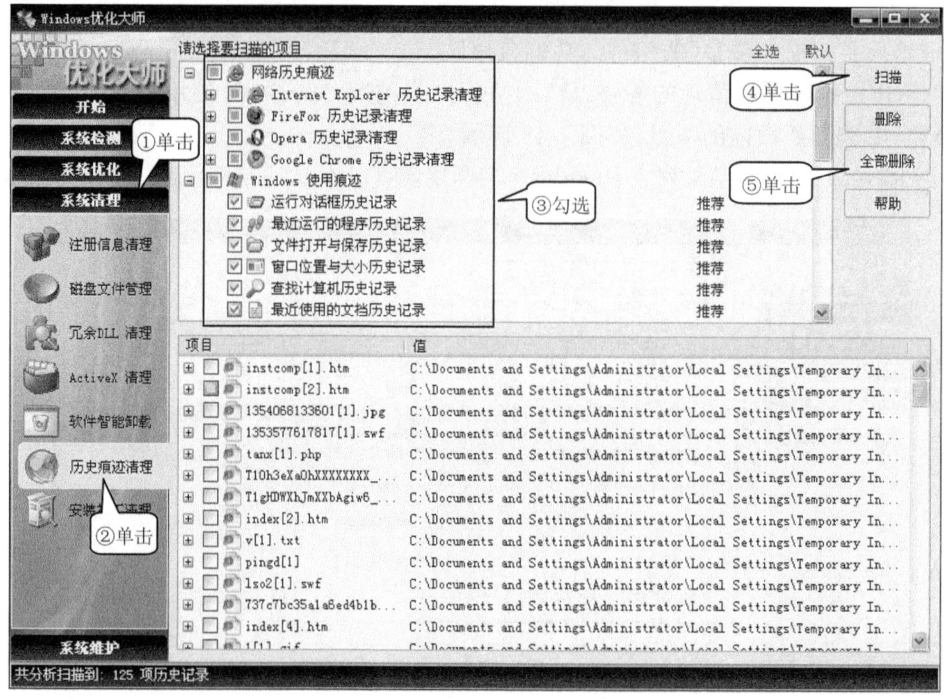

图 4-43　历史痕迹清理

5. 清理注册表信息

注册表是 Windows 操作系统的心脏，系统绝大多数配置信息都保存在其中。注册表文件采取了类似数据库的记录方式，在删除某一键值时只将该项标识删除，但实际信息仍然保留在注册表文件中，其所占空间也不会释放出来，如此一来，Windows 在经过一段时间的使用后，特别是反复安装或删除软件、硬件后，注册表的大小会有明显的增长。臃肿的注册表文件不仅浪费磁盘空间，而且会影响系统的启动速度及系统运行中对注册表存取效率，因此有必要适当控制其大小。

使用 Windows 优化大师的“注册信息清理”功能可以安全、智能地删除注册表中的垃圾信息。具体操作如下。

① 在如图 4-44 所示 Windows 优化大师 7.99 操作主界面中单击“系统清理”→“注册信息清理”选项，显示注册信息清理界面。

② 在“请选择要扫描的项目”设置项中勾选需要扫描的项目，单击“扫描”按钮，如图 4-44所示。

③ 扫描结束后，单击“全部删除”按钮，提示是否确定要删除扫描到的注册表信息，单击“确定”按钮即可以删除扫描到的注册表项。

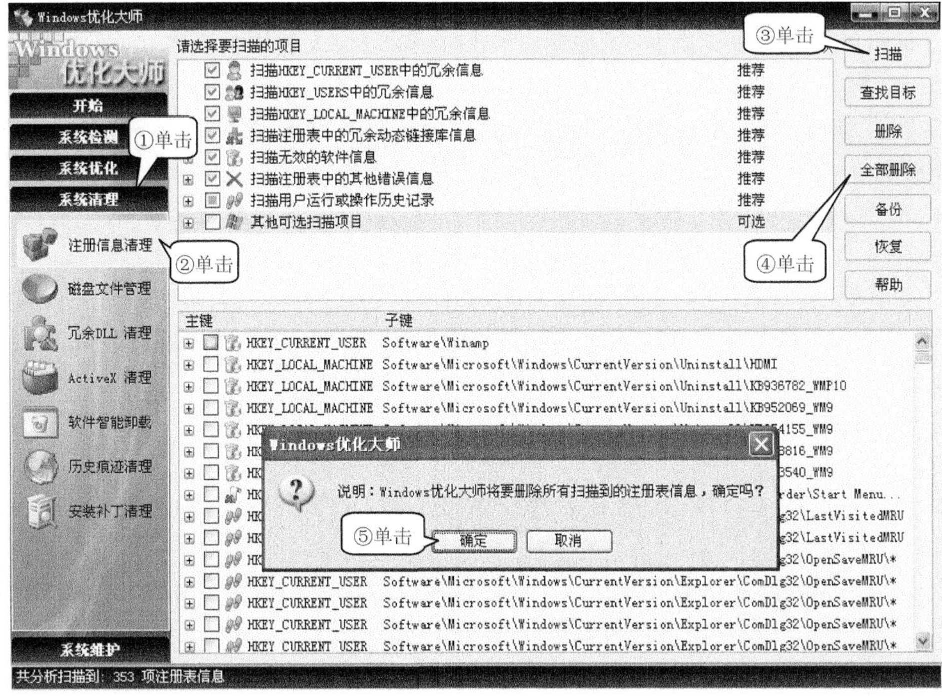

图 4-44 注册表信息清理面板

任务四 使用系统备份和还原工具——一键 GHOST(硬盘版)

任务描述

计算机系统安装后，因错误操作、病毒破坏或者黑客攻击等因素造成各种不同程度的损坏，轻则死机，最严重的后果是操作系统无法正常启动，许多用户因系统崩溃而要跑售后服务点、四处找人帮忙解决问题而烦恼。

任务分析

计算机操作系统和应用软件安装后，用户可以备份好系统，以便在系统受到损坏而无法正常工作时可以还原系统，从而可以以最快速度恢复系统。虽然操作系统自带有备份机制，但只能在系统还能正常进入的情况下实施其备份和还原能力。而一键 GHOST 是一款第三软件解决上述疑难的优秀备份和还原工具。

知识链接

1. 一键 GHOST 简介

一键 GHOST 是“DOS 之家”首创的 4 种版本(硬盘版/光盘版/优盘版/软盘版)同步发布的启动盘，适应各种用户需要，既可独立使用，又能相互配合。主要功能包括一键备份系统、一键恢复系统、中文向导、GHOST11.2/8.3 和 DOS 工具箱。

一键 GHOST 主要用于备份与还原系统，其核心依然是高智能的 GHOST，只需按一个键，就能实现全自动无人值守操作，让用户操作更加简单和快捷。

2. 主要特点

① GHOST 内核 11.2/8.3 及硬盘接口 IDE/SATA 任意切换，分区格式 FAT/NTFS

自动识别。

② 硬盘版特别适于无软驱/无光驱/无 USB 接口/无人值守的台式机/笔记本式计算机/服务器使用。

③ 支持 WIN7/VISTA/2008 等新系统,以及 GRUB4DOS 菜单的 DOS/Windows 全系列多系统引导。

④ 支持压缩/分卷及 GHOST 辅助性参数自定义,以满足光盘刻录和 RAID 等其他特殊需要。

⑤ 安装快速,只需 1～2 分钟,卸载彻底,不留垃圾文件。

⑥ 不破坏系统原有结构,不向 BIOS 和硬盘保留扇区写入任何数据,无须划分隐藏分区。

⑦ Windows 下(鼠标)/开机菜单(方向键)/开机热键(K 键)多种启动方案任由用户选择。

⑧ 一键备份系统的映像 FAT 下深度隐藏,NTFS 下能有效防止误删除或病毒恶意删除。

⑨ GHOST 运行之前自动删除 auto 类病毒引导文件,避免返回 WIN 后被病毒二次感染。

⑩ 界面友好,全中文操作,无须英语和计算机专业知识。

⑪ 附带 GHOST 浏览器,能打开 GHO 映像,任意添加/删除/提取其中的文件。

⑫ 映像导入/导出/移动等功能,便于 GHO 映像传播交流和多次/多系统备份。

⑬ 多种引导模式,以兼容各种型号计算机,让特殊机型也能正常启动本软件。

任务设计

1. 备份系统

用一键 GHOST v2010 硬盘版备份系统的具体操作如下。

① 计算机正常启动后,安装好已下载的一键 GHOST v2010(硬盘版),安装完成后将会在桌面上生成快捷图标,如图 4-45 所示。

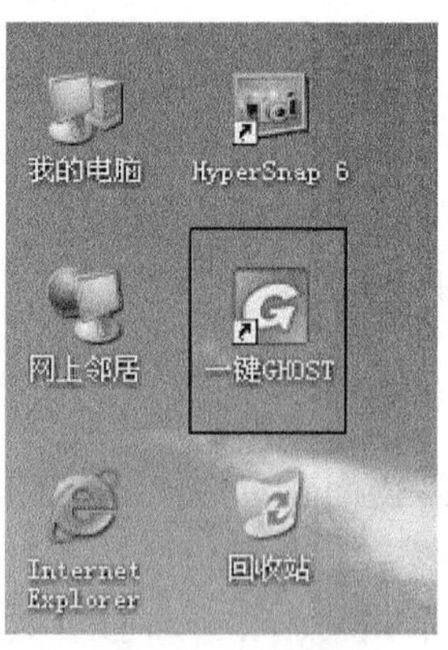

图 4-45　一键还原桌面图标

② 双击桌面上的“一键 GHOST”快捷图标,即可进入操作界面。

③ 单击“备份”按钮,提示重启计算机才能运行“备份”程序,如图 4-46 所示。

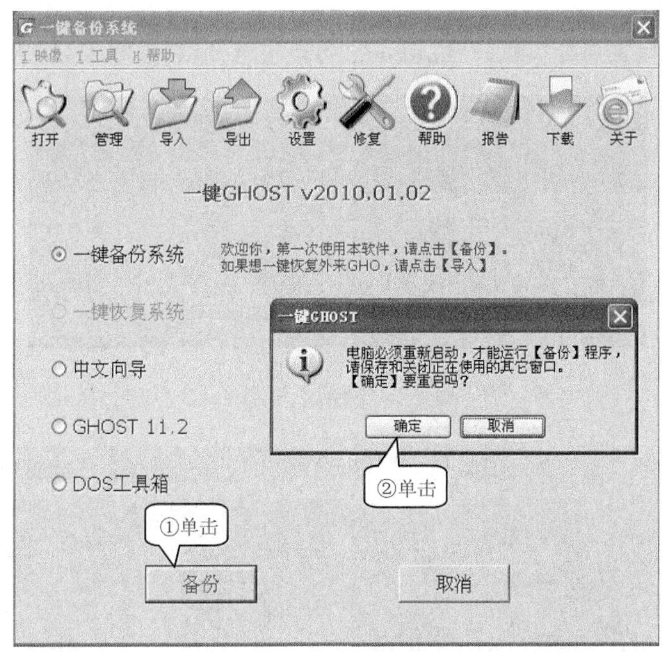

图 4-46　初始启动画面

④ 重启计算机后即自动启动 GHOST 软件并进行备份，如图 4-47 所示。

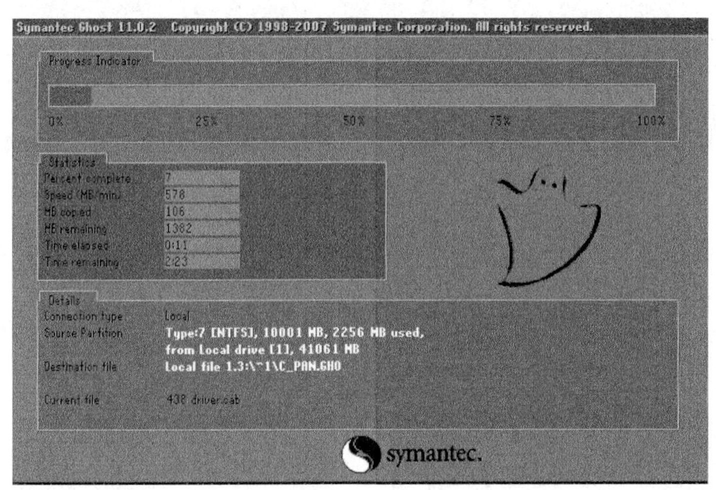

图 4-47　GHOST 开始备份系统

⑤ 运行完 GHOST，备份即完成，系统自动重启并且默认进入备份前的操作系统。

2. 还原系统

当系统受到破坏而无法正常工作或系统崩溃而无法进入系统时，用户如果在系统在破坏之前做好了备份就不用担心。下面将详细介绍还原系统的操作方法，具体操作如下。

① 重启计算机，在开机系统菜单中利用键盘上的方向键选择“一键 GHOST v2010.01.02”选项，按“回车”键，如图 4-48 所示。

② 进入到 DOS 方式下的 GRUB4DOS 菜单，此时，不用用户选择，系统进行自动处理，

该菜单选择系统停留 4 秒钟，当然，用户如果此时不想执行系统还原则可以选择其他操作，比如，"Restart"可以重启计算机，"Shutdown"可以正常关机，如图 4-49 所示。

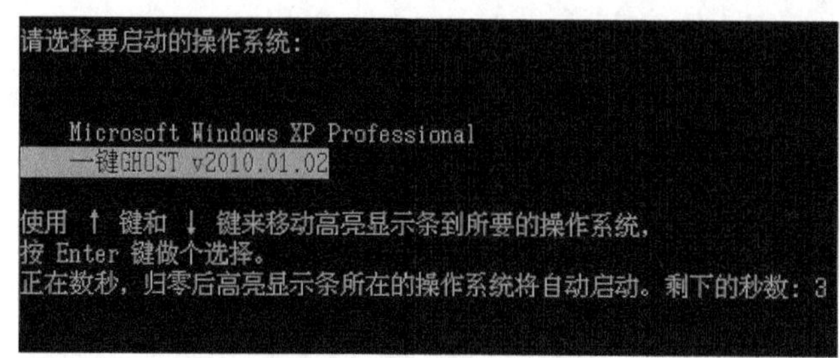

图 4-48　开机系统菜单

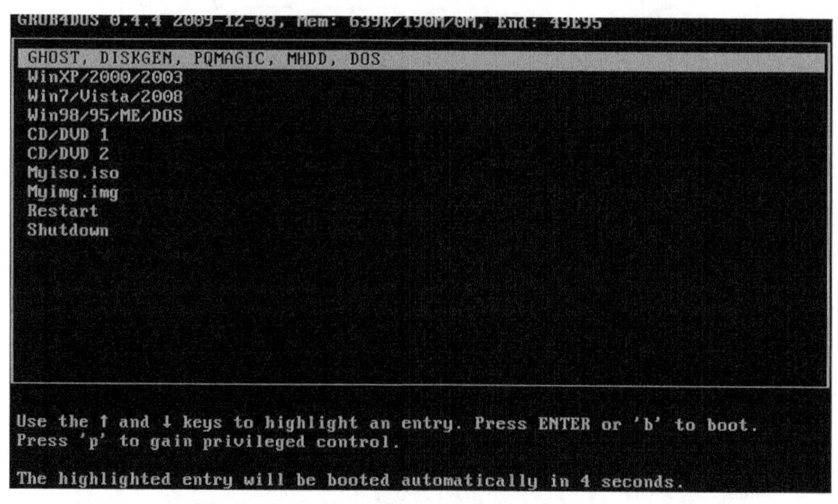

图 4-49　GRUB4DOS 菜单

③ 接下来进入到 MS-DOS 一级菜单，4 秒倒计时，用户可以根据需要选择操作选项，此处，系统默认自动选择首选项，如图 4-50 所示。

④ 接下来进入到 MS-DOS 二级菜单，4 秒倒计时，用户可以根据需要选择操作选项，此处，系统默认自动选择首选项，如图 4-51 所示。

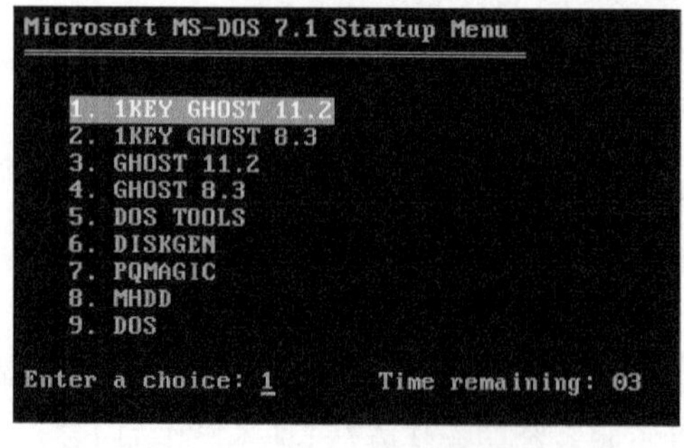

图 4-50　MS-DOS 一级菜单

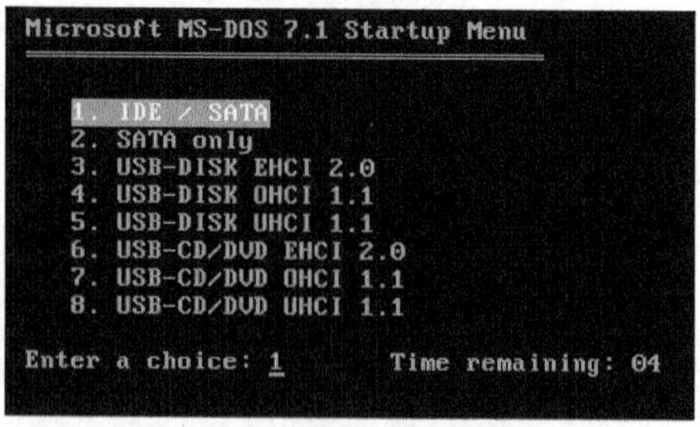

图 4-51　MS-DOS 二级菜单

⑤ 接下来出现"一键恢复系统(来自硬盘)"警告提示，如图 4-52 所示。

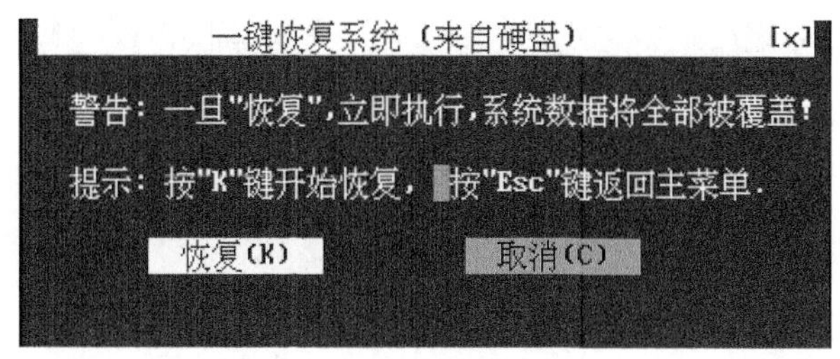

图 4-52　恢复系统提示

⑥ 按键盘中的“K”键，开始启动 GHOST 进行恢复系统，如图 4-53 所示。

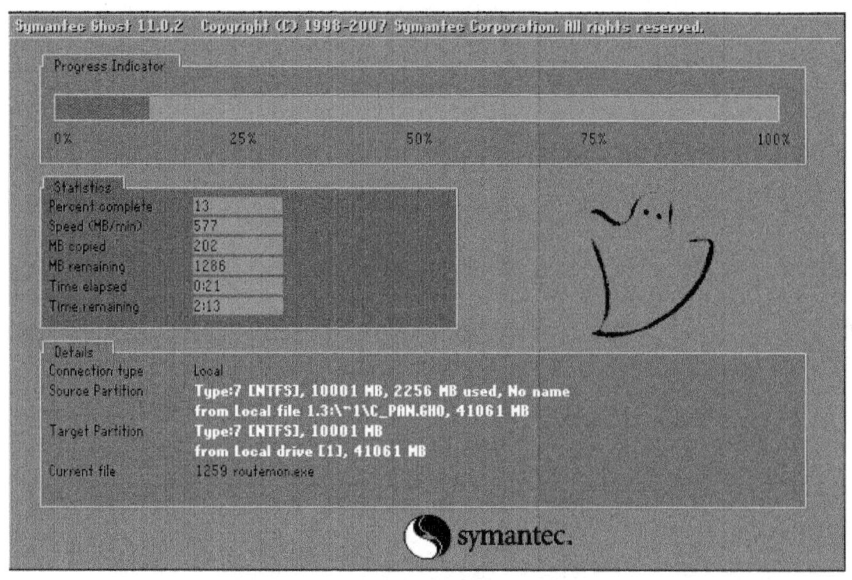

图 4-53　GHOST 开始还原系统

⑦ GHOST 运行完毕后，恢复系统完成。计算机自动重启，此时运行的系统即为之前备份的系统。

3．一键 GHOST 设置

一键 GHOST 为用户提供了 3 种使用方案以方便各类用户使用。方案设置的操作方法如下。

① 运行一键 GHOST，进入其操作界面，如图 4-54 所示。

② 单击“设置”按钮，弹出“一键 GHOST 设置”对话框，默认显示“方案”选项卡，如图 4-55所示。

③ 为了简单起见，选择“装机方案”选项，该方案适合初级用户使用。单击“确定”按钮，完成设置。使用该方案，恢复系统的操作就简单多了，开机时，屏幕提示按“K”键开始恢复系统，如图 4-56 所示，而且之后无须用户进行任何操作就可以快速完成系统还原操作。

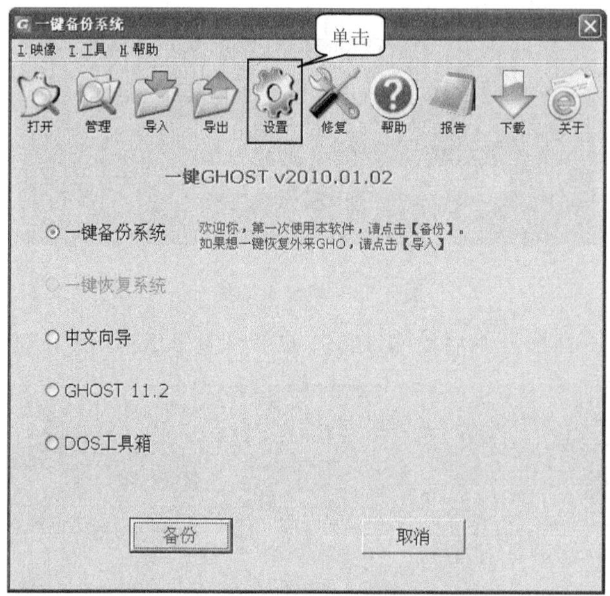

图 4-54　初始启动界面

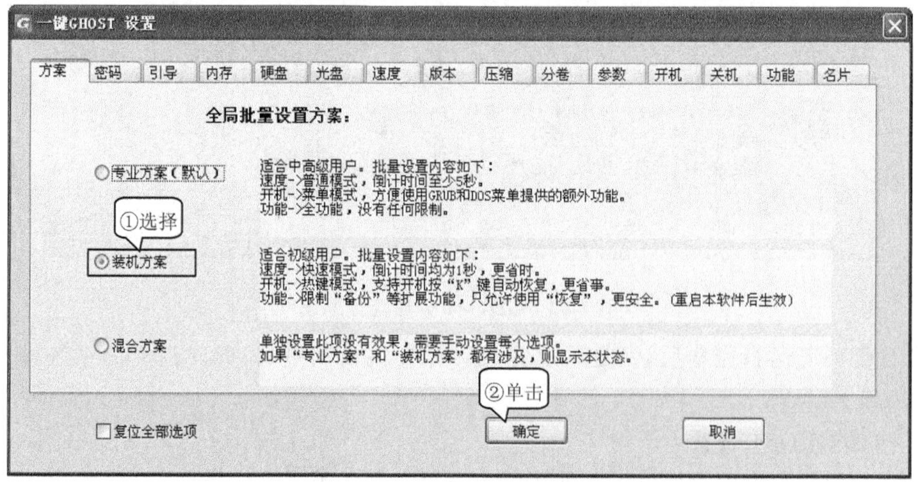

图 4-55　方案设置对话框

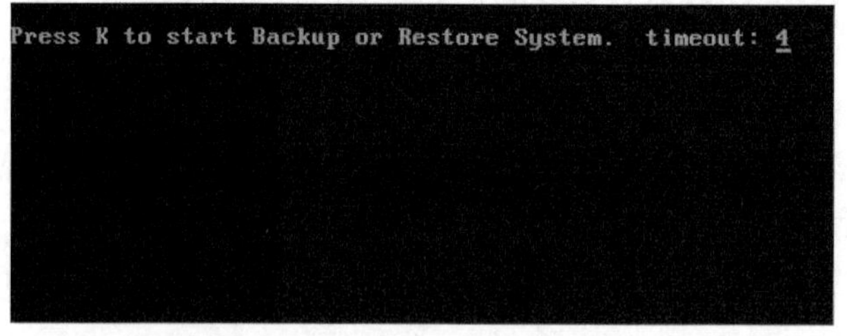

图 4-56　恢复系统的开机提示

项目二　系统安全工具

当前的计算机及网络的安全性已经成为备受关注的一个重要问题。人们在使用计算机提供各种高效的工作方式的同时，不得不时刻提防来自计算机病毒、恶意软件、黑客、木马等诸多方面的潜在威胁。

任务一　使用病毒防护和查杀工具——360 杀毒及 360 安全卫士

任务描述

如今，病毒、木马和恶意软件等计算机杀手无时无刻不在威胁着计算机用户的数据安全，比如银行账号被盗，重要资料泄露，计算机频繁死机或重启等问题。

任务分析

为计算机筑起一道坚固的保护屏障以阻止上述计算机杀手损坏计算机已刻不容缓。目前主流的病毒防护和查杀软件有 360 杀毒、360 安全卫士、金山毒霸、卡巴斯基及瑞星等，它们各占优势，从国内市场占有率看，360 杀毒和 360 安全卫士用户使用量最大，从功能和查杀病毒的能力看，也是这二者独占鳌头。综合分析可知：安装 360 杀毒和 360 安全卫士更能保护计算机和网络通信的安全。

知识链接

1. 360 简介

360 包含多个产品，其中在计算机病毒、木马的防范和查杀方面主要有“360 杀毒”和“360 安全卫士”两款产品。“360 杀毒”能够准确查杀各种病毒、木马、流氓软件等有害程序；“360 安全卫士”拥有木马查杀、恶意软件清理、漏洞补丁修复、计算机全面体检等多种功能。

2. 计算机病毒的危害

计算机病毒主要带来以下两方面的危害。

(1) 针对计算机的危害

感染病毒后，会导致用户计算机运行不稳定，破坏正常文件，让系统速度变慢，自动打开恶意网页等，严重的可能让系统瘫痪，甚至破坏计算机硬件，如硬盘分区表、BIOS 数据等。

(2) 盗取用户个人隐私

例如通过 Internet 盗取 QQ 账号和密码、游戏账号和密码、信用卡账号和密码等，病毒传播者还可以通过 Internet 控制用户计算机，包括删除、复制用户计算机上的文件，监控用户在计算机上的所有操作，甚至强制性打开计算机上的视频偷窥用户生活中的隐私。

3. 防范计算机病毒的方法

虽然计算机病毒非常可怕，但只要做好一定的防范措施，就能够战胜病毒。预防计算机病毒的常用方法主要如下。

(1) 及时安装系统补丁

病毒之所以能入侵计算机，往往是因为操作系统的漏洞造成的。微软公司会不定期地发布补丁来弥补这些漏洞。而一些杀毒软件或病毒防火墙等会自动检测并为用户计算机安装这些补丁。例如，当用户在计算机上安装了“360 安全卫士”后，它便会实时检测用户的计算机和微软发布的最新补丁，并提醒用户需要安装哪些补丁，当用户确认后，它会自动下载并安装这些补丁。

(2) 安装杀毒软件

对于经常上网的计算机用户,有必要安装一个正版的杀毒软件。通过杀毒软件提供的病毒防火墙能抵御许多病毒的入侵。

杀毒软件种类繁多,国内主流的有“360 杀毒”、“瑞星”、“金山毒霸”等,国外的有“诺顿”、“卡巴斯基”等。

(3) 安装防火墙

网络防火墙能阻隔网络病毒的传播,以及防御黑客的攻击。常用的个人网络防火墙有“天网防火墙”、“瑞星防火墙”、“360 安全卫士”和“ARP 防火墙”等。

(4) 良好的上网习惯

① 不要打开来历不明的邮件附件。

② 使用 QQ、MSN 等软件聊天时,不要接收陌生人发来的任何文件。

③ 不要访问一些低级粗俗的网站。

④ 不要下载一些来历不明的软件并安装。

任务设计

1. 用“360 杀毒”软件防范和查杀病毒

用“360 杀毒”软件 4.0 版本查杀病毒的具体操作如下。

① 安装好“360 杀毒”后,其病毒防范功能将自动开启,无须用户进行设置。

② 要查杀病毒时,可双击桌面“360 杀毒”快捷图标或双击任务栏右侧的“360 杀毒”软件图标,打开其操作界面,如图 4-57 所示。

图 4-57 360 杀毒主界面

③ 用户在扫描病毒之前可以先设置好查杀选项,单击主界面左上角的“设置”按钮,打开“设置”对话框。

④ 单击“病毒扫描设置”项,右侧显示了该项的设置面板,在“需要扫描的文件类型”设

置项中选择“扫描所有文件”单选按钮；在“发现病毒时的处理方式”设置项中选择“由 360 杀毒自动处理” 单选按钮；在“其他扫描选项”设置项中选择“扫描 Rootkit 病毒”复选框，其他选项操持默认设置即可，单击“确定”按钮完成设置，如图 4-58 所示。

⑤ 返回到 360 杀毒软件主界面，可以通过单击“快速扫描”、“全盘扫描”和“自定义扫描”任意一种进行病毒扫描，例如，单击“全盘扫描”按钮，即可对计算机中所有的文件进行扫描，并自动清除扫描到的病毒，如图 4-59 所示。

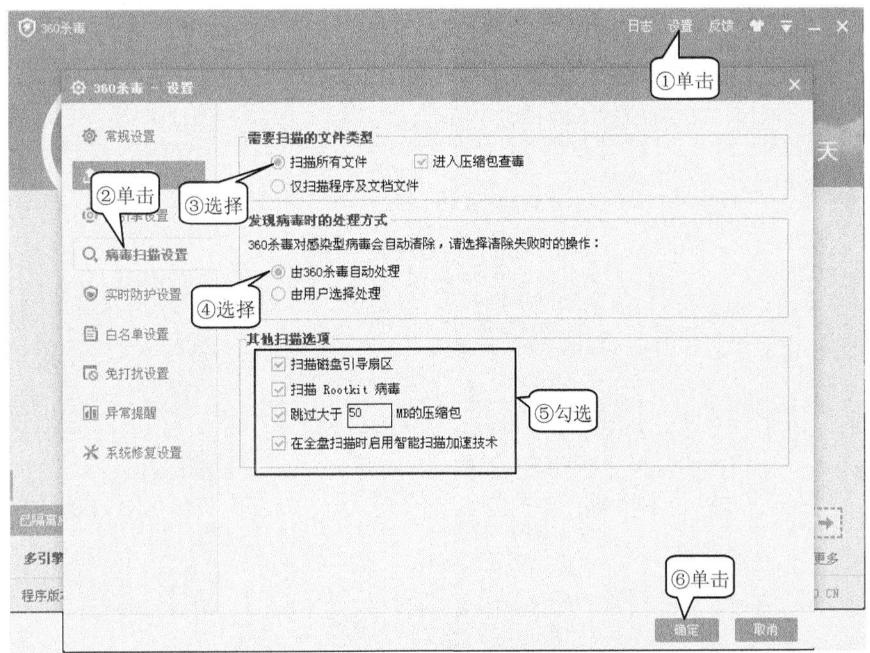

图 4-58　病毒扫描设置

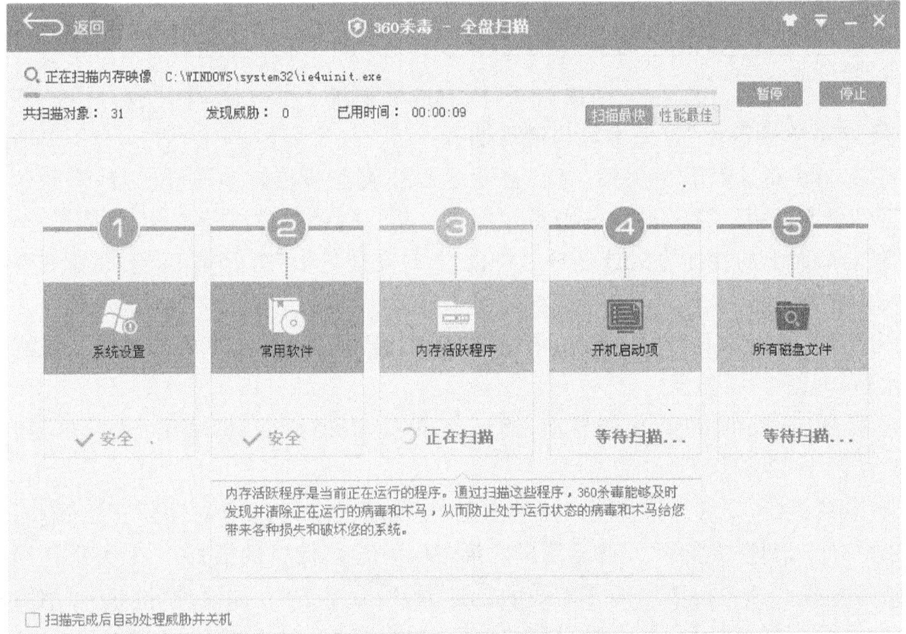

图 4-59　全盘扫描过程

说明：除上述常用功能外，360 杀毒还提供“定时查杀”功能，默认方式下是没有启用的。该功能为计算机用户平时因工作时间繁忙忘记对计算机进行病毒查杀而设计，基于这种情况，用户可以启用 360 杀毒的“定时查杀”功能，一方面以免长时间使用计算机而忘记进行病毒查杀，另一方面可以省去手动查杀病毒的操作过程。启用“定时查杀”功能的操作方法是：打开“设置”对话框，在“常规设置”面板即可看到“定时查杀”设置项了，如图 4-60所示。

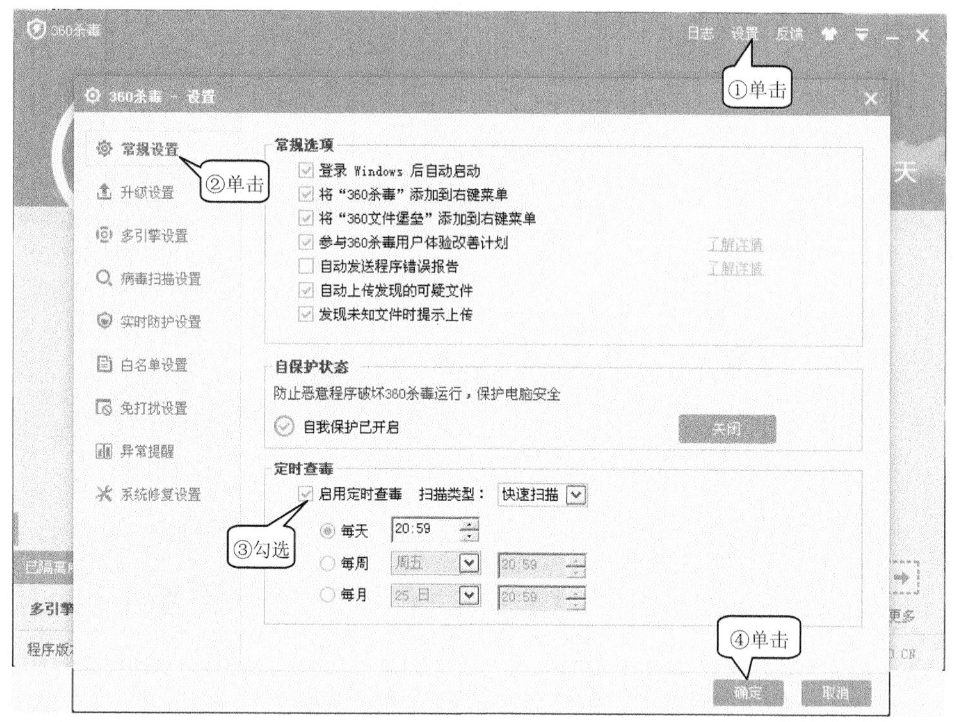

图 4-60 “定时查杀”设置

2. 用“360 安全卫士”查杀木马和清理插件

安装好“360 安全卫士 8.8”后，其会自动运行并能主动防御木马的入侵，但对于已经种植在计算机里面的暂没活动的木马则需要用户手动运行该软件进行查杀，具体操作如下。

① 双击桌面上的快捷方式或任务栏中的“360 安全卫士”图标，运行“360 安全卫士”，进入其操作界面。

② 切换到“查杀木马”功能界面，单击“快速扫描”按钮，对计算机的关键区域进行扫描并查杀木马，如图 4-61 所示。

③ 切换到“计算机清理”功能界面，接下来单击“清理插件”选项卡，然后单击“开始扫描”按钮，如图 4-62 所示。

④ 扫描结束后，列表中将显示“插件名称”、“出品公司”、“网友评分”及“操作”4 项参数，并且分“建议清理的插件”、“按需清理的插件”和“建议保留的插件”3 个类别供用户参考来决定清理操作。选中要清除插件前面的复选框，然后单击“立即清理”按钮，可清除选中的插件；选中需要信任的插件，单击“信任”按钮，可以将其添加到“信任插件”类别中，从而避免不小心将这些插件删除，如图 4-63 所示。

图 4-61　“木马查杀”操作界面

图 4-62　“清理插件”面板

图 4-63　清理恶评插件

说明：当计算机遇到不能上网、程序图标异常等现象时，可以使用“360 安全卫士”提供的“计算机门诊”来修复。在软件主界面的工具栏中单击“计算机门诊”按钮，打开“360 计算机门诊”面板，默认窗口显示了“常见问题”项中的问题，如计算机中毒后文件丢失，摄像头无法使用，网页加载缓慢，添加删除程序打不开，上不了网，浏览器外观异常等，用户可以根据实际情况查找解决方法，如图 4-64 所示。

图 4-64　360 计算机门诊

此外，在“360 安全卫士”主界面中切换到“修复漏洞”功能界面可扫描系统并修复漏洞；切换到“计算机清理”可清理计算机中的垃圾文件、上网操作记录、注册表的多余项等；切换到“系统修复”功能界面可对系统异常情况，如 IE 首页被更换进行修复；切换到“系统加速”功能界面可设置计算机的开机启动程序以优化计算机开机速度。

任务二　使用网络安全工具防范黑客——天网防火墙

任务描述

在病毒横行、插件泛滥的今天，用户可以通过使用杀毒软件对付这些计算机杀手，但对于黑客们每时每刻不同程度的攻击行为杀毒软件显得力不从心，又应该用什么方法来解决呢？

任务分析

防火墙是一种保护计算机网络安全的工具软件，通过它可以隔离风险区域（即 Internet 或有一定风险的网络）与安全区域（局域网）的危险连接，同时不会妨碍用户对风险区域的访问，用户在计算机上安装防火墙软件可以防范黑客的攻击。

知识链接

1. 防火墙基本知识

防火墙是一道建立在内网（局域网）与外网（Internet）之间的安全保护屏障。安装防火墙可以达到以下目的。

① 可能限制他人进入内部网络，过滤掉不安全服务和非法用户。

② 限定用户访问特殊站点。

③ 为监视 Internet 安全提供方便。

2. 常用防火墙软件

主流的防火墙软件主要有天网防火墙、360 安全卫士、瑞星个人防火墙、ARP 防火墙、江民黑客防火墙、金山网镖等。

3. 天网防火墙软件简介

“天网防火墙个人版”（简称“天网防火墙”）是国内第一款针对个人用户设计的软件防火墙，它不仅拥有强大的访问控制、信息过滤和自定义规则设置等功能，而且全新的内核引擎能有效抵御木马、后门病毒、黑客攻击以及 IE、系统漏洞等安全隐患带来的威胁，是个人上网用户防止文件和私密信息泄露的理想安全软件。

任务设计

1. 使用“天网防火墙”防范黑客

软件安装后，会自动采用默认的系统安全级别设置来保护计算机，如果用户有选择的具体规则，或更高级别的安全通信，就需要用户对防火墙进行设置才能实现需求，具体使用方法如下。

（1）应用程序规则设置

① 安装好“天网防火墙 v3.0”后，每次开机其会自动运行并最小化在任务栏中，单击任务栏中的天网图标，进入其操作界面，如图 4-65 所示。

② 单击“应用程序规则”按钮，在主界面下方展开应用于程序设置面板，如图 4-66 所示，在设置面板中用户可以对已有规则的应用程序进行修改，例如，要允许某一应用程序访

问网络（QQ、迅雷等安全的程序），只需选中该程序右侧的“允许”按钮✔即可，对于不需要联网的程序则选中“禁止”按钮✖即可。

图 4-65　天网防火墙主界面

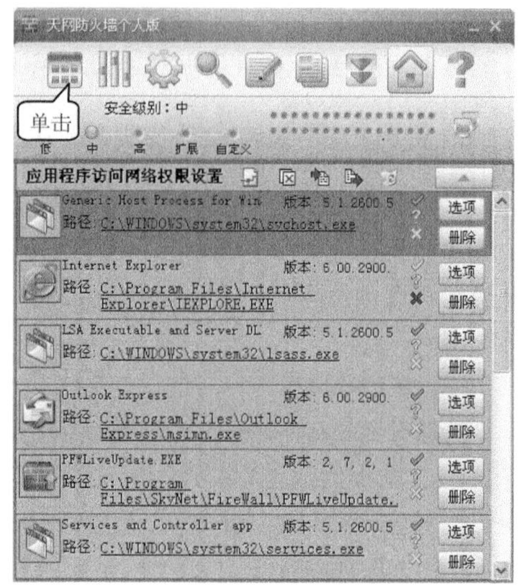

图 4-66　应用程序规则设置

③ 要删除已经存在的应用程序规则，则可以单击程序名后的“删除”按钮，但下次该程序运行时，“天网防火墙”会弹出警告窗口询问用户“允许”还是“禁止”该程序运行。

④ 如果设定的访问网络权限需修改，可在程序列表中单击程序名右侧的“选项”按钮，打开“应用程序规则高级设置”对话框，然后根据实际情况对网络协议、端口等进行设定，如图 4-67 所示。

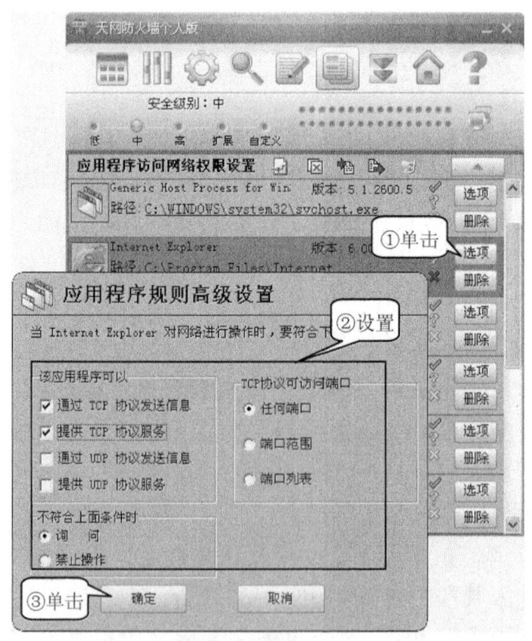

图 4-67　“应用程序规则高级设置”对话框

⑤ 若要手动增加规则可单击“增加规则”按钮，打开“增加应用程序规则”对话框，在其中可添加应用程序名称，然后根据需要设置网络协议及端口等，如图 4-68 所示。

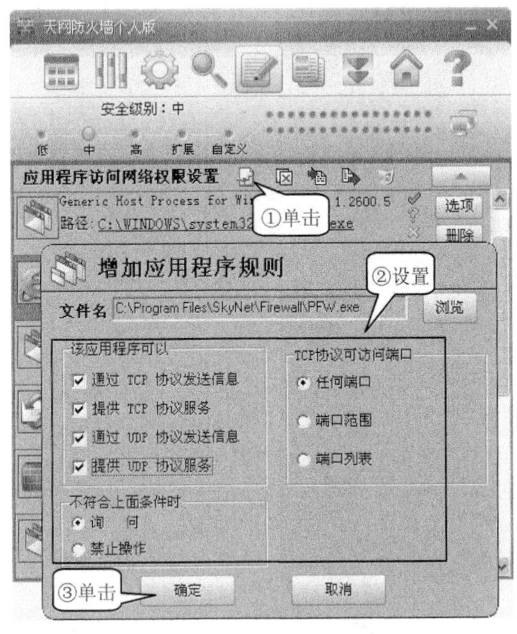

图 4-68　增加应用程序规则

（2）IP 规则设置

“天网防火墙”是根据系统管理者设定的 IP 安全规则保护计算机联网安全的，因此，IP 安全规则的设置很重要。IP 安全规则设置的方法如下。

① 单击主界面中的“IP 规则管理”按钮，打开“自定义 IP 规则”界面，如图 4-69 所示。

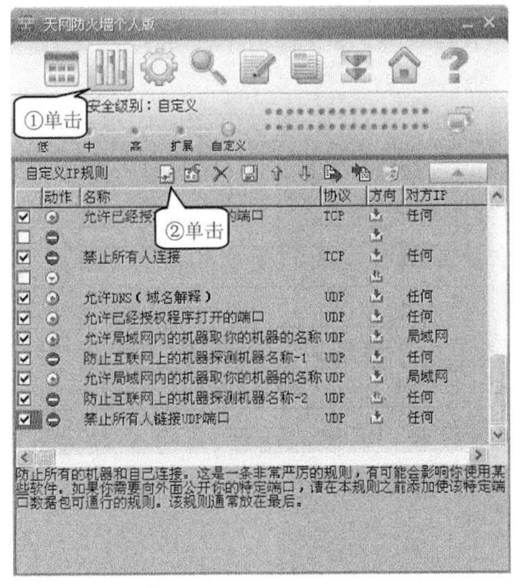

图 4-69　自定义 IP 规则设置

② 在“自定义 IP 规则”界面中的图标表示允许的 IP 规则，图标表示禁止的 IP 规则。用户可以根据需要勾选 IP 规则，建议勾选全部带有图标的选项，根据实际情况选择

带有图标的选项。天网防火墙默认的规则，一般用户不需要修改就可以直接使用。

③ 如果用户对 IP 规则比较熟悉，则可以单击“增加规则”按钮，打开“增加 IP 规则”窗口，然后根据需要添加相应的参数就完成了 IP 规则的增加，如图 4-70 所示。

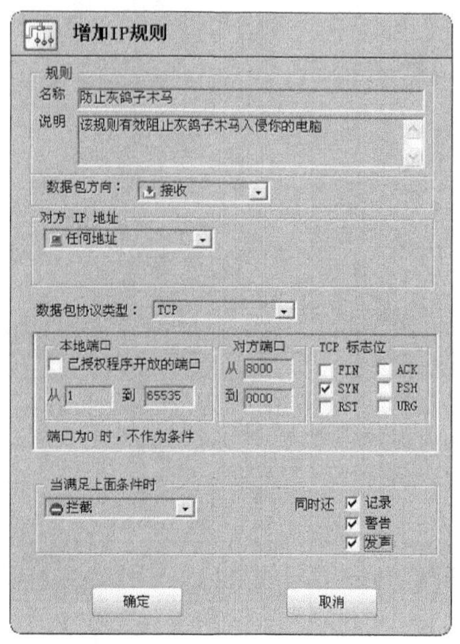

图 4-70　添加 IP 规则设置

④ 若是用户对 IP 规则不了解或者不想对此进行设置，那么用户可以直接在“自定义 IP 规则”界面中单击“安全级别显示”区的“中”、“高”、“扩展”按钮，系统将根据所选的安全级别自行设置相应的 IP 规则。

任务三　使用 U 盘病毒专杀工具——USBKiller

任务描述

随着 U 盘、MP3 播放器、SD 卡和移动硬盘等移动存储设备的流行，通过 U 盘传播病毒的数量也与日俱增。关键的问题是 U 盘病毒查杀原理与前面所述的计算机病毒的查杀有所不同，一款正版的杀毒软件不一定能查杀 U 盘病毒。那么，有没有专门针对基于 USB 总线传输的移动存储设备的专杀工具呢？如何使这些设备不那么容易感染病毒呢？

任务分析

用户在使用 U 盘的过程中可能会遇到 U 盘中的文件夹被隐藏，或者变成带 EXE 后缀的文件夹等异常，这些问题的产生多归结于 U 盘病毒，USBKiller 就是一款专门用于查杀 U 盘病毒的工具软件，能够查杀 U 盘中的顽固病毒，能对 U 盘进行免疫，还能修复显示隐藏文件及系统文件，安全卸载移动驱动器等功能。

知识链接

1. USBKiller 简介

USBKiller(U 盘杀毒专家)是一款专业的 U 盘病毒专杀工具，它可以检测查杀 exe 文件夹病毒、autorun 病毒、vbs 病毒、U 盘文件夹被隐藏等 1 200 多种 U 盘病毒，还提供 U 盘免疫工具，自动修复因为病毒而损坏的系统配置以及文件。另外还提供一些其他 U 盘辅助

功能，比如 U 盘解锁功能和进程管理等。

2. U 盘专杀工具软件产品

主流的产品主要有 USBKiller(U 盘杀毒专家)、USBcleaner(U 盘病毒专杀)、autorun.inf 专杀者(U 盘专杀助手)等。

在占用系统资源方面，U 盘杀毒专家运行时所占 CPU 使用率、所占内存大小比较小。U 盘病毒专杀工具 USBcleaners 稍稍落后，而 U 盘专杀助手(autorun.inf 专杀者)则占系统资源比较大。在杀毒种类方面，U 盘杀毒专家能查杀 1 200 多种病毒，而 U 盘病毒专杀工具 USBcleaner 能查杀 70 余种病毒，而 U 盘专杀助手(autorun.inf 专杀者)则只能查杀 autorun 等相关病毒，所以在杀毒种类上 U 盘杀毒专家(USBKiller)大幅度领先。在扫描速率方面，三者都差不多，U 盘杀毒专家(USBKiller)稍好。

3. USBKiller 主要特点

高效查杀：完全查杀文件夹病毒、autorun.inf、vbs 病毒、exe 病毒等千余种 U 盘病毒。

U 盘免疫：自动检测并清除嵌入 U 盘内的病毒，防止病毒通过 U 盘感染计算机。

自动恢复：杀完病毒后能自动修复 U 盘隐藏的文件，以及恢复系统设置。

U 盘解锁：解除 U 盘锁定状态，解决拔出时“无法停止设备”的问题。

进程管理：让用户迅速辨别并终止系统中可疑进程。

支持设备：支持移动硬盘、手机内存卡、MP3、MP4、U 盘等多种设备。

兼容软件：U 盘专杀工具兼容其他杀毒软件，可配合使用。

📖 任务设计

使用 USBKiller 防范 U 盘病毒感染计算机

使用 U 盘拷贝数据文件是传播 U 盘病毒的主要途径，因此，对于这些用户群而言，使用 U 盘杀毒专家是非常必要的。USBKiller V3.1 具体使用方法如下。

① 将 U 盘设备连接到计算机后，运行已安装好的 USBKiller，进入其操作主界面，如图 4-71所示。

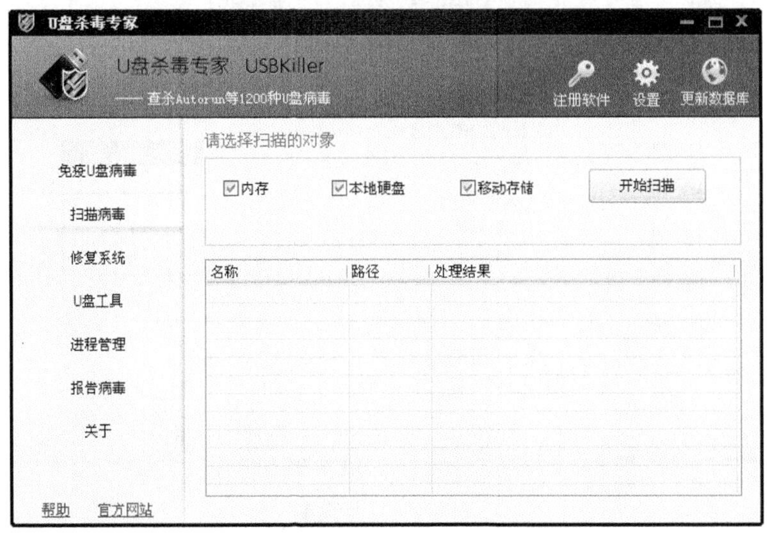

图 4-71 USBKiller v3.1 操作主界面

② 在操作主界面的“请选择扫描的对象”设置项中，去除“内存”和“本地硬盘”两个复选框，单击“开始扫描”按钮，开始进行扫描。

③ 每扫描到一个病毒会将其显示在列表中，列表中将会显示病毒名称、路径及处理结果以便用户查看状态。扫描结束后，自动将列表中列出的病毒全部清除。如图 4-72所示。

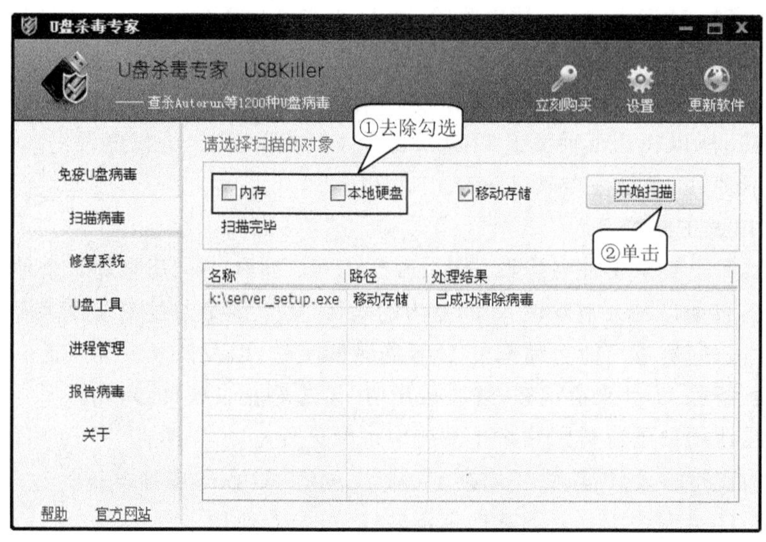

图 4-72　U 盘病毒扫描

④ 为了不让 U 盘轻易感染 autorun. inf 病毒，用户可以对 U 盘进行免疫，单击操作主界面左侧的“免疫 U 盘病毒”模块项，进入到免疫设置面板，单击“开始免疫”按钮，开始进行免疫，结束后会有提示信息，如图 4-73 所示。

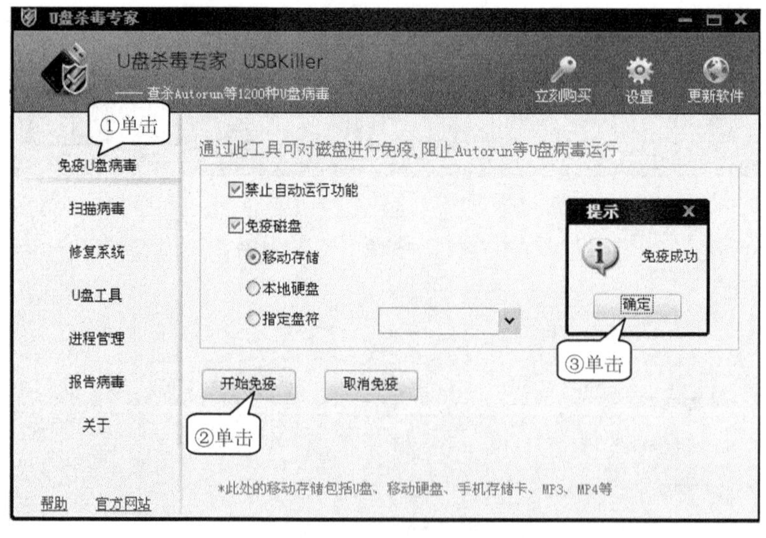

图 4-73　U 盘免疫

练　习　四

一、选择题

1. 大量的磁盘碎片可能导致的后果不包括(　　)。

A. 计算机软件不能正常运行　　B. 有用的数据丢失

C. 使计算机无法启动　　D. 使整个系统崩溃

2. 360 杀毒系统升级的目的是(　　)。

A. 重新安装　　B. 更新病毒库　　C. 查杀病毒　　D. 卸载软件

3. 利用 Windows 优化大师不能清理的是(　　)。

A. 注册表　　B. ActiveX　　C. 系统日志　　D. 冗余 DLL

4. 下列属于恢复系统的软件是(　　)。

A. PartionMagic　　B. EVEREST　　C. GHOST　　D. Vopt

5. 使用防火墙软件可以将(　　)降到最低。

A. 黑客攻击　　B. 木马感染　　C. 广告弹出　　D. 恶意卸载

二、思考题

1. 计算机运行一段时间以后,速度大不如以前,为什么? 有什么方法提高计算机的运行速度?

2. Internet 的高速发展,给我们的生活、工作、娱乐带来了新的方式,同时也给我们带来了危机,各种病毒在互联网中肆意传播,时刻威胁着我们的计算机,对于一名高校大学生,应该懂得如何去面对和处理这些危机。请结合课本知识及对互联网的认识,谈谈如何运用好网络资源以及预防各种网络危害。

3. 如何理解实时监测?

4. 天网防火墙主要用途有哪些?

5. 某用户购买了一台计算机,怀疑计算机的配置与商家配置单不符,以为商家欺骗了他,请问有没有办法帮助该用户解决心中的迷惑?

三、操作题

(1) 使用"Windows 优化大师"优化磁盘缓存

主要操作步骤提示如下。

① 运行 Windows 优化大师,单击"系统优化"功能模块按钮。

② 单击"磁盘缓存优化"功能选项,切换到"磁盘缓存和内存性能设置"信息与功能应用显示界面。

③ 调整输入输出缓存大小和内存性能配置等设置项目来优化磁盘缓存。

④ 单击"设置向导"功能按钮优化磁盘缓存。

(2) 使用"一键 GHOST(硬盘版)"进行系统备份和还原。

主要操作步骤提示如下。

【备份系统】

① 运行一键 GHOST,单击"备份"按钮

② 系统自动启动 GHOST 进行系统备份,直至备份完毕重启计算机,不需人为干预。

【还原系统】

① 如果用户没有进行软件设置,默认情况下,启动计算机需要用户手动在开机菜单中选择“一键 GHOST”项才能进入还原操作,接下来的几个过程系统自动选择操作,直至出现“一键恢复系统(来自硬盘)”警告提示,此时,用户按下键盘中的字母键“K”即可启动 GHOST 进入系统的还原操作。

② 当用户对软件进行过设置,即将默认的“专业方案”改为了“装机方案”后,对初级用户来说比较合适。只要用户开机时,屏幕显示“Press K to start Backup or Restore System ……”提示信息,在倒计时时间内只要用户按键盘中的字母“K”即可以进入系统还原操作。

模块五　磁盘与光盘管理工具

学习目标

- 硬盘分区管理工具——PQ；
- 数据恢复工具——SuperRecovery；
- 光盘刻录工具——Nero；
- 光盘镜像文件制作工具——WinISO；
- 虚拟光驱工具——Daemon Tools；
- 光驱编辑及刻录工具——UltraISO。

硬盘是计算机中所有文件包括操作系统、应用软件和个人文件主要的存储介质，其分区是否合理将直接影响到用户使用计算机的效率。目前大多数用户的计算机都配备了刻录机，可以利用刻录软件刻录数据光盘、CD 音乐光盘或 DVD 视频光盘等。此外，用户还可以将一些经常使用的光盘数据制作成镜像文件，并使用虚拟光驱读镜像文件内容，从而减少光驱频繁读盘造成的损耗。

项目一　磁盘工具

磁盘工具主要用于对计算机的磁盘空间进行管理。磁盘空间的管理包括分区管理、磁片整理、磁盘清理、故障诊断和数据恢复。本项目主要介绍使用分区管理以改善磁盘存储空间分配和利用数据恢复工具找回用户不小心丢失的文件。

任务一　使用硬盘分区工具——PQ

任务描述

计算机中所有文件都存储在硬盘中。因此，如何合理地对硬盘进行分区管理将直接影响到用户使用计算机的效率。

任务分析

创建硬盘分区是指将硬盘的全部存储空间划分成相互独立的多个区域，如 C 盘、D 盘、E 盘等。这些区域可以用来安装不同的操作系统，储存用户文件及安装应用程序等。在使用一块新硬盘前，必须先对其进行分区，否则将无法使用它安装操作系统和存储数据。

知识链接

1. 分区的概念和类型

从实质上讲，分区就是对硬盘的一种格式化，其目的主要是更合理、有效地去保存数据，为文件存储提供更宽松的环境。创建分区时，对硬盘的各项物理参数进行设置，指定硬盘主引导记录 MBR 和引导记录备份的存储位置。

硬盘分区有主分区、扩展分区和逻辑分区 3 种类型。

① 主分区：在“我的电脑”窗口中看到的 C 盘便是主分区，它一般位于硬盘的最前面的区域中。启动操作系统的文件都放在主分区上，所以要在硬盘上安装操作系统，必须要建立至少一个主分区。一块硬盘上最多能创建 4 个主分区，但为了避免发生启动冲突，通常只建立一个主分区。

② 扩展分区：扩展分区是用来存放逻辑分区的，在“我的电脑”窗口中并不能看到扩展分区，通常在建立分区时，需要将除主分区以外的硬盘空间都划分为扩展分区。

③ 逻辑分区：逻辑分区需要建立在扩展分区之上，我们在“我的电脑”窗口中看到的 D、E、F 等盘符便是逻辑分区的驱动器号。一般最多只允许建立 23 个逻辑分区，其盘符号从字母“D”到字母“Z”。

2. 分区格式

文件系统指文件命名、存储和组织的总体结构，如 Windows 系列操作系统支持的 FAT、FAT32 和 NTFS 都是文件系统。其实文件系统也就是通常所说的“磁盘格式”或“分区格式化”，总体都是一个概念，只不过“分区”只是针对硬盘来说的，而文件系统是针对所有存储介质的。

(1) FAT

FAT 分区格式开始应用于 MS-DOS 系统中，采用 16 位的文件分配表，因此该格式又叫 FAT16，兼容性非常好，是目前获得操作系统支持最多的一种磁盘分区格式。

(2) FAT32

采用 32 位的文件分配表，对磁盘的管理能力大大增强，突破了 FAT16 下每一个分区的容量只有 2 GB 的限制，FAT32 最大分区容量为 32 GB。

(3) NTFS

它与 FAT 文件系统的主要区别是 NTFS 支持元数据(Metadata)，并且可以利用先进的数据结构提供更好的性能、稳定性和磁盘的利用率，在使用中不易产生文件碎片，并且能对用户的操作进行记录，通过对用户权限进行非常严格的限制，使每个用户只能按照系统赋予的权限进行操作，充分保护了系统与数据安全。NTFS 最大分区容量达 2 TB。Windows 2000、Windows NT、Windows XP、Windows Vista 以及 Windows 7 都支持这种分区格式。

3. PQ 简介

PQ 就是通常所说的“PQ 硬盘分区魔术师”，是当前最好的硬盘分区及多操作系统启动管理工具。可以实现硬盘动态分区和无损分区，而且支持大容量硬盘，可以轻松实现 FAT 和 FAT32、NTFS 分区间相互转换，同时还能非常方便地实现分区的拆分、删除、修改。

任务设计

1. 用 PQ 创建分区

用户可以从一些系统启动光盘中获得该软件，也可以从网上下载安装。本节介绍使用系统启动光盘附带的 PQ 8.0 进行分区操作，具体操作如下。

① 首先进入 BIOS 设置，将系统引导顺序的首选项设置为由光驱引导，接着，把事先准备好的一张带有 PQ 工具的系统启动光盘放入光驱驱动器，重启计算机后就可以看到光盘

引导菜单，如图 5-1 所示。

图 5-1　光盘引导菜单

② 根据菜单可知，用户按下键盘上的数字键“6”就可以进入到 PQ 操作主界面。

③ 在操作主界面上执行“作业”→“建立”菜单项，即打开“建立分割磁区”对话框，如图 5-2所示。

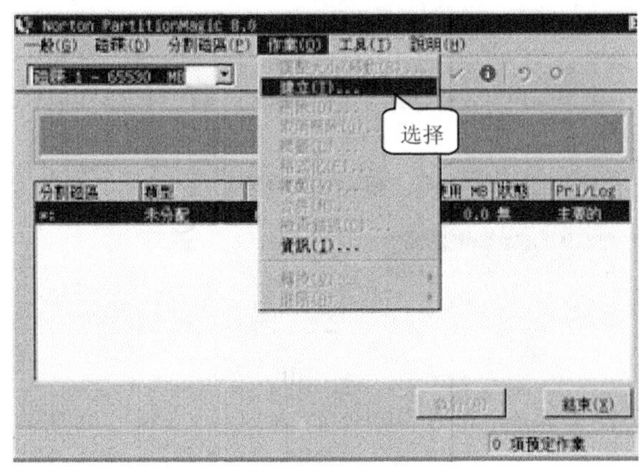

图 5-2　PQ 主操作界面

④ 建立主分区，即在“建立分割磁区”对话框中的“建立为”下拉列表选择“主要分割磁区”；在“分割磁区类型”下拉列表中选择“FAT32”；在“大小”栏中默认是自动检测到硬盘空间的大小值，如果需要更改，则输入容量大小的值即可，用户也可能直接用微调控件调整到需要的值，其他设置项可以保持默认，设置完毕后，单击“确定”按钮，返回到操作主界面。如图 5-3 所示。

⑤ 建立逻辑分区，此时，需要重复③～④的步骤，不同的是，选择的分区类型是“逻辑分割磁区”。用户根据需要建立好所有的分区，如图 5-4 所示。

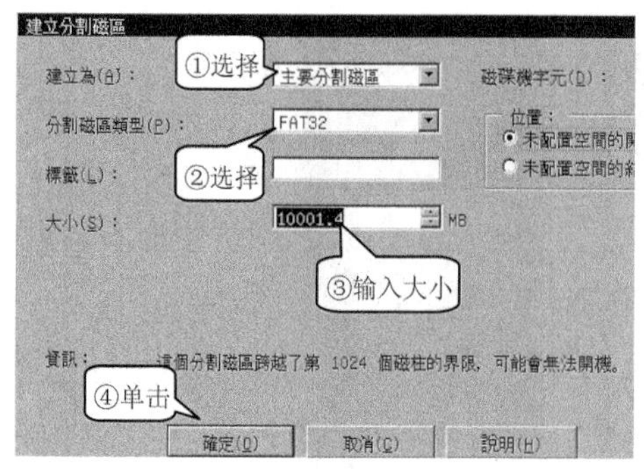

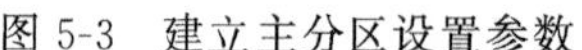
图 5-3　建立主分区设置参数

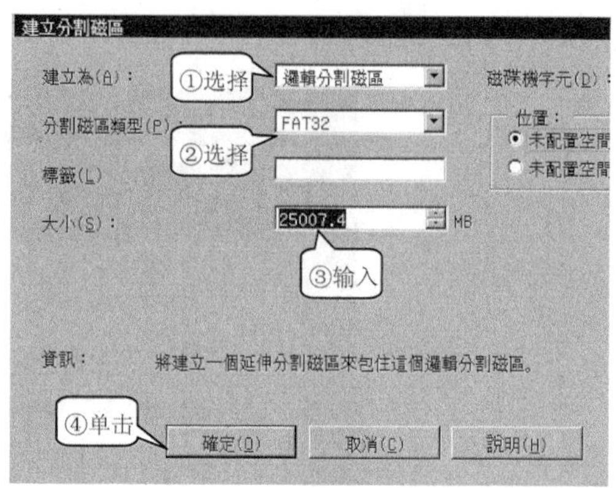

图 5-4　建立逻辑分区

⑥ 用户根据需要建立好所有的分区后，返回到主界面，可以看到分区状态，选中创建好的主分区（此处为 C 盘），执行“作业”→“进阶”→“设定为作用”。这样，系统方能由硬盘启动引导操作系统。如图 5-5 所示。

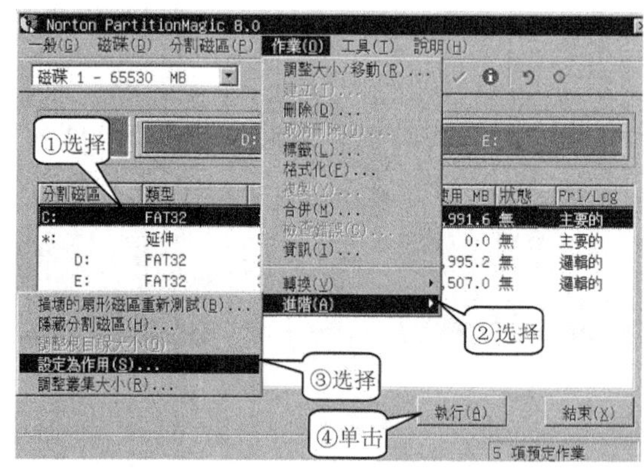

图 5-5　设置引导分区

⑦ 设置完成，返回到主界面，单击“执行”按钮，开始对挂起的所有任务进行批处理。至此，创建分区的过程就完成了，单击“结束”按钮就可以重启计算机进一步执行其他操作，如安装操作系统。

2. 用 PQ 调整分区大小

当用户想改变硬盘某个分区容量而又不想重新分区，则可以动态调整分区的大小以改变现有的分区容量。具体操作如下。

① 运行 PQ 进入其操作界面，首先在分区列表中选择需要调整大小的分区，然后执行“作业”→“调整大小/移动”菜单项，如图 5-6 所示。

② 在弹出调整大小参数设置对话框中，可以通过滑块左右拖动来达到调整大小的目的，或者直接在“新的大小”设置项右边文本框中输入容量数值，也可以通过微调控件实现，比如，此处，通过滑块向左拖动待“新的大小”文本框中的值显示到“19210.5”时停止拖动，表示将所选择的分区（这里是 E 盘）由原来大小调整到现在的 19 GB（近似值），如图 5-7 所示。

③ 设置完毕后，单击“确定”按钮，返回到主界面，此时可以预览分区大小被调整后的情况，如果确定需要调整，单击“执行”按钮，弹出“执行变更”对话框，单击“是”按钮则设置生

效，而释放出来的空间又可划分给下一个逻辑分区使用了。如图 5-8 所示。

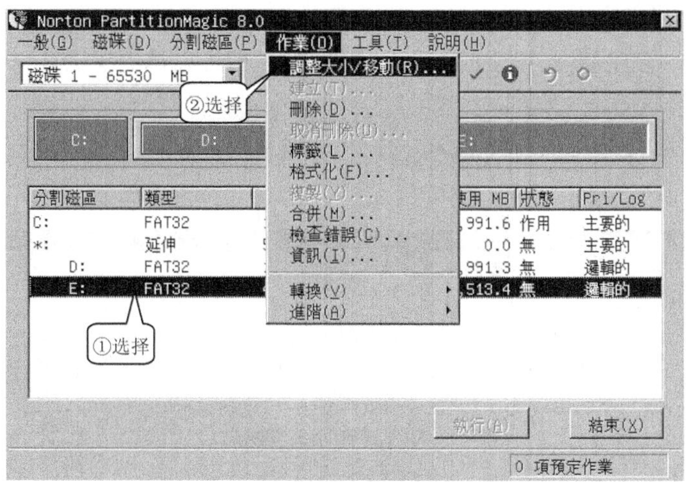

图 5-6　调整分区大小

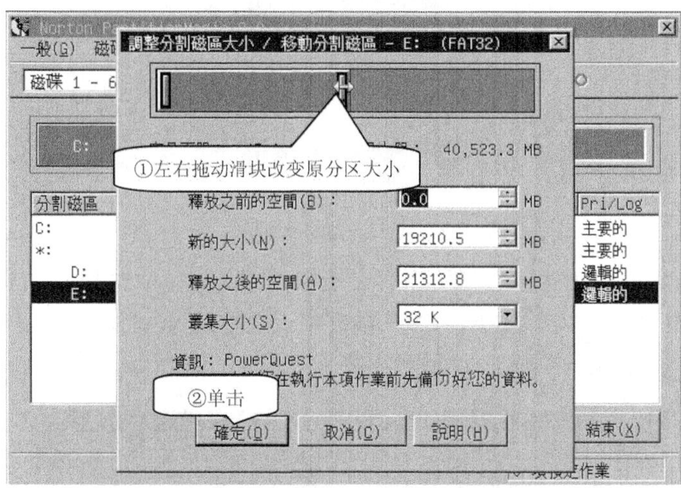

图 5-7　调整分区大小参数设置

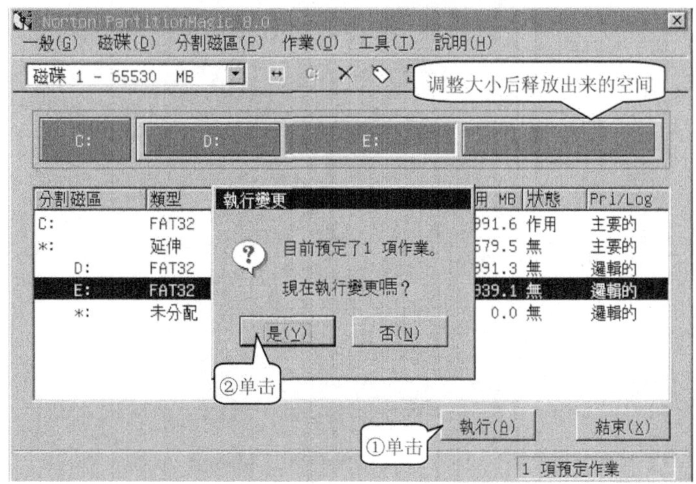

图 5-8　执行调整分区大小

3. 用 PQ 合并分区

当某个分区容量使用量达到最大峰值时，用户则不能再往该分区存储数据了，此时，如果是为了方便文件管理，不想把数据存储到别的分区，则可以用 PQ 把其相邻的分区合并到该分区。具体操作如下。

① 在主界面中选择需要合并的其中一个分区即可，执行"作业"→"合并"菜单项，如图 5-9所示。

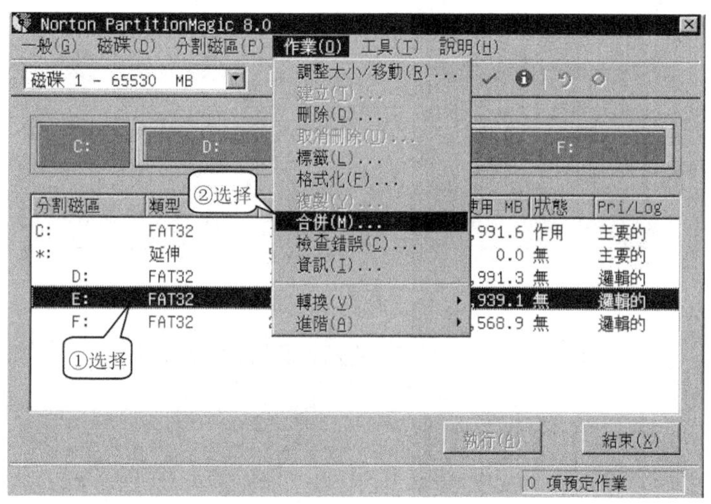

图 5-9　合并分区前

② 在"合并相邻的分割磁区"对话框中的"合并选项"设置中选择"E:(FAT32)变成 D:(FAT32)的一个资料夹"单选按钮，在"资料夹名称"右边文本框输入驱动器标签名，如"soft"，设置完毕，单击"确定"按钮，返回到主界面，如图 5-10 所示。

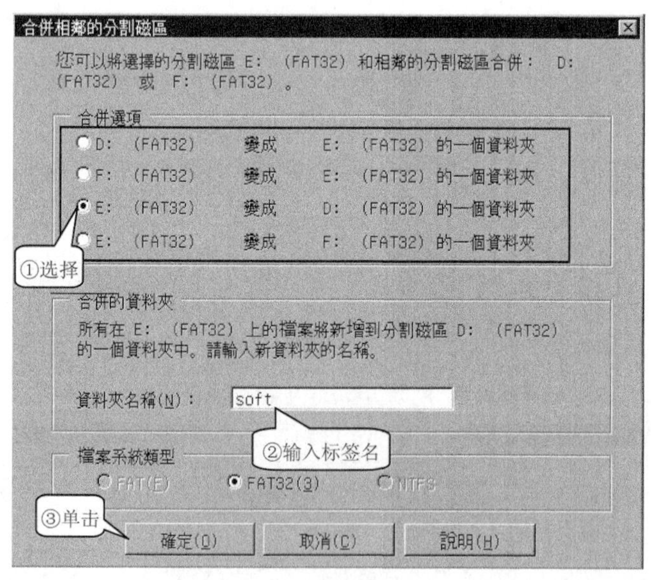

图 5-10　合并分区选项

③ 单击"执行"按钮，弹出执行变更对话框，单击"是"按钮即可完成合并。

④ 完成合并后，返回到主界面，如图 5-11 所示。

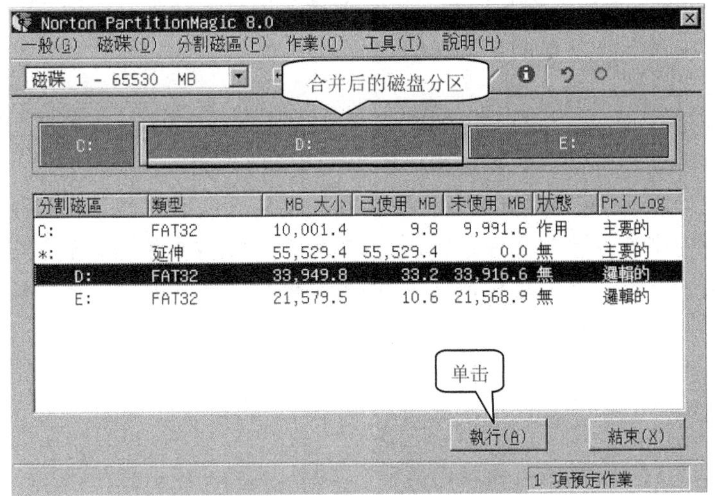

图 5-11 分区合并后

任务二 使用数据恢复工具——SuperRecovery

任务描述

计算机用户偶尔会误删文件，当用户不小心把重要的文件或目录放入回收站，并顺手清空回收站，或者用户是按“Shift＋Del”组合键来删除文件或文件夹，突然发现，这个文件或目录是重要的数据，并且没有备份，一定会非常后悔，又或者对硬盘进行了格式化或删除分区的操作，而这些分区里有重要资料，以为这些数据真的彻底丢了。如何才能恢复这些资料呢？

任务分析

如果用户发现自己误删了文件，或者对分区进行了格式化或删除操作，此时尽可能保护好计算机，不要再往计算机里写数据，最好关闭计算机，直到找到好的方法再开机解决问题。当前出现了一些能解决上述问题的软件，如 SuperRecovery、FinalData、EasyRecovery 等。

知识链接

1. SuperRecovery 简介

SuperRecovery 是一款简单易用且功能强大的软件，可以恢复被删除、被格式化、分区丢失、重新分区或者分区提示格式化的数据。

SuperRecovery 采用了最新的扫描引擎，以只读的方式从磁盘底层读出原始的扇区数据，经过高级的数据分析算法，扫描后把丢失的目录和文件在内存中重新建立出原先的分区和原先的目录结构，效果非常好。SuperRecovery 支持 IDE/SCSI/SATA/USB 移动硬盘/SD 卡/U 盘/RAID 磁盘等多种存储介质，支持 FAT/FAT32/NTFS 等 Windows 操作系统常用的文件系统格式，支持 Word、Excel、PowerPoint、AutoCad、CoreDraw、PhotoShop、JPG、AVI、MPG、MP4、3GP、RMVB、PDF、WAV、ZIP、RAR 等多种文件的恢复。操作简单，向导式的界面帮助用户一步步完成恢复操作，无须了解深层复杂的知识也可以轻松地恢复出宝贵的数据。

2. 数据恢复的技巧

正确操作、合理配置和设置软件是保证数据恢复的重要条件，软件使用技巧能起到事半功倍的效果。以下是数据恢复的几点使用技巧。

(1) 不必完全扫描

如果用户仅想找到不小心误删除的文件，无论使用哪种数据恢复软件，其实都没必要对删除文件的硬盘分区进行完全的簇扫描。因为文件被删除时，操作系统仅在目录结构中给该文件标上删除标识，任何数据恢复软件都会在扫描前先读取目录结构信息，并根据其中的删除标志顺利找到刚被删除的文件。所以，用户完全可在数据恢复软件读完分区的目录结构信息后就手动中断簇扫描的过程，软件一样会把被删除文件的信息正确列出，如此可节省大量的扫描时间，快速找到被误删除的文件数据。

(2) 尽可能采取 NTFS 格式分区

NTFS 分区的 MFT 以文件形式存储在硬盘上，只要能读取到 MFT 信息，就几乎能 100％恢复文件数据。

(3) 使用文件格式过滤器

在扫描时在过滤器上填好要找文件的扩展名，如“＊.doc”，那么软件就只会显示找到的 DOC 文件了；如果只是要找一个文件，用户甚至只需要在过滤器上填好文件名和扩展名(如 important.doc)，软件自然会找到自己需要的这个文件，是很快捷方便的。

🕮 任务设计

1. 恢复删除的文件

使用 SuperRecovery v2.7 恢复删除的文件的具体操作如下。

① 运行 SuperRecovery v2.7，进入恢复向导第 1 步，其操作界面显示了“恢复删除的文件”、“恢复格式化的分区”、“恢复丢失的分区”和“完全扫描恢复”4 种数据恢复模块功能，如图 5-12 所示。

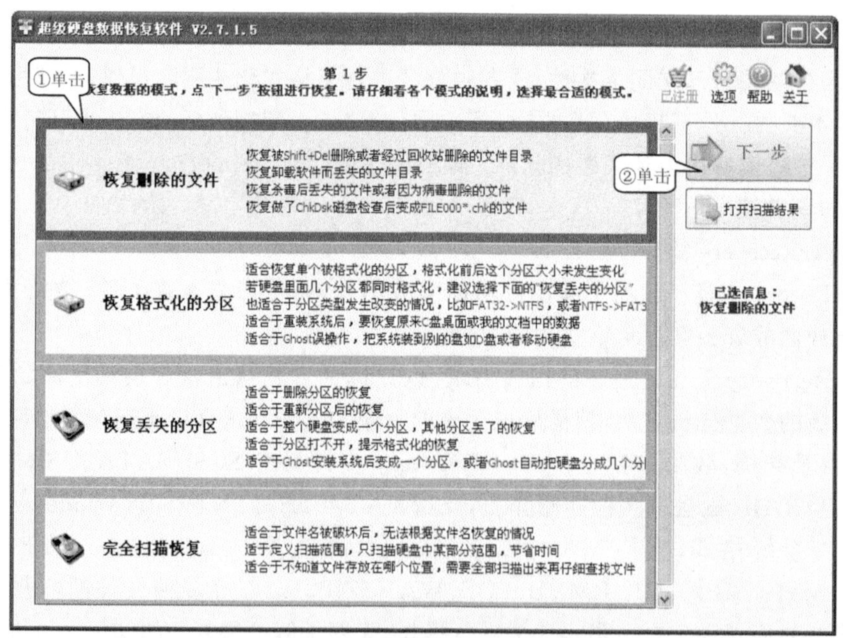

图 5-12 SuperRecovery v2.7 主界面

② 在主界面上选择“恢复删除的文件”模块，单击“下一步”按钮，进入到向导第 2 步。将扫描到的磁盘分区显示在界面上供用户选择，用户根据实际情况选择，此处选择“C:”，单击“下一步”按钮。进入到向导第 3 步查看数据扫描的状态信息。

③ 扫描结束后，自动进入到向导第 4 步，由用户勾选要恢复的文件或目录，勾选完成后，单击“开始恢复”按钮，弹出“浏览文件夹”对话框，用户选择数据恢复到的位置，如图 5-13所示。

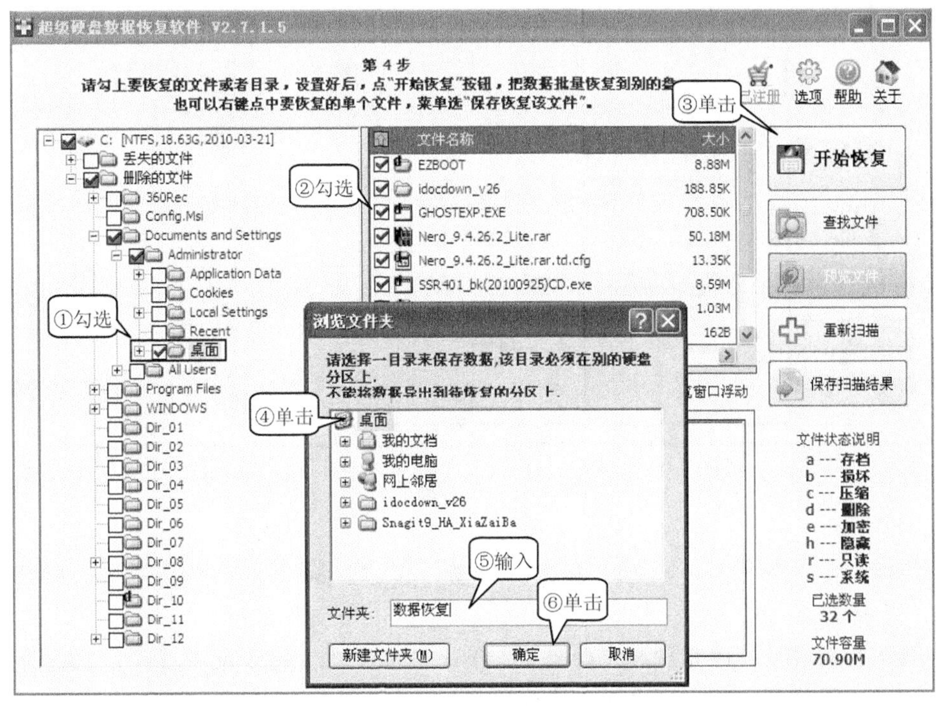

图 5-13　恢复的数据

④ 单击“确定”按钮，开始进行数据恢复。

2. 设置文件过滤器

用户在未设置文件过滤器时，软件默认设置了扫描各类文件，所以在扫描文件的过程中需要用户等待比较长的时间，当然时间长短与分区大小也有关系，用户如果不想扫描那些不需要扫描的文件，就可以通过设置文件过滤器来达到目的。在 SuperRecovery v2.7 上设置文件过滤器的具体操作如下。

① 运行 SuperRecovery v2.7，进入恢复向导第 1 步操作界面。

② 单击“选项”按钮，打开选项设置对话框。

③ 单击“文件类型”选项卡，如果用户只是想恢复误删的 Office 文档，则勾选与 Office 相关的复选框即可，此外，用户还可以勾选“按文件类型扫描后自动去掉重复出现的文件”复选框以免恢复一些重复的文件，不过选择了这项的话，扫描会比较慢，设置完毕后，单击“确定”按钮，过滤器在下次扫描文件时生效。如图 5-14 所示。

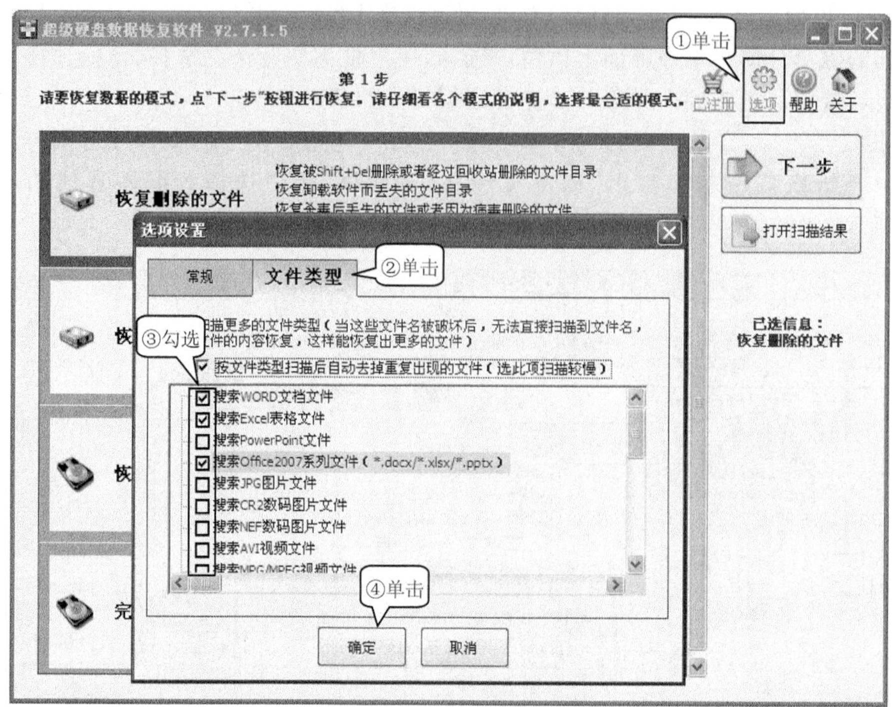

图 5-14　设置过滤器

项目二　光盘工具

光盘工具软件是使用光盘和光盘驱动器的方法和手段。对于配备了刻录机的计算机，可以利用刻录软件刻录数据光盘、CD 音乐光盘或 DVD 视频光盘。要读取网上下载的镜像文件，需要借助虚拟光驱。

任务一　使用光盘刻录工具——Nero

🕮 任务描述

使用硬盘存储数据会存在两大问题，第一是硬盘空间不够用；第二是硬盘存储数据安全得不到保障。针对这些问题，最好的解决方法就是刻录光盘。

🕮 任务分析

使用刻录机进行光盘刻录时，选择一款好的刻录软件是十分必要的。当前的刻录软件比较多，通过网络调查、综合分析：在众多的刻录软件中，Nero 是一款优秀的光盘刻录工具，其操作简单、功能强大，能够快速进行光盘刻录。

🕮 知识链接

1. 认识光盘和光盘驱动器

(1) 光盘

普通光盘有 3 种：CD-ROM、CD-R 和 CD-RW。CD-ROM 是只读光盘；CD-R 是只能写入一次，以后不能再次改写；CD-RW 是可重复擦、写光盘。目前又出现了更大容量的 DVD-

ROM、DVD-R、DVD＋R、DVD-RW、DVD＋RW 等光盘。

(2) 光盘驱动器

光盘驱动器就是平常所说的光驱(CD-ROM),读取光盘信息的设备,是多媒体计算机不可缺少的标准配置之一。

2. NERO 简介

Nero(Nero Burning Rom)是目前使用最广的刻录软件,能刻录各种数据光盘、音频光盘和视频光盘,能很好地支持市面上常见的各种品牌的刻录机,满足大部分刻录机用户的需求。

任务设计

1. 使用"Nero Express"制作数据光盘

用"Nero Express"软件 9.0 版本制作数据光盘的具体操作如下。

① 将准备好的空白光盘装入刻录机。

② 安装好"Nero 9"后,在桌面上生成快捷图标"Nero Express",双击该图标即可以运行如图 5-15 和图 5-16 所示。

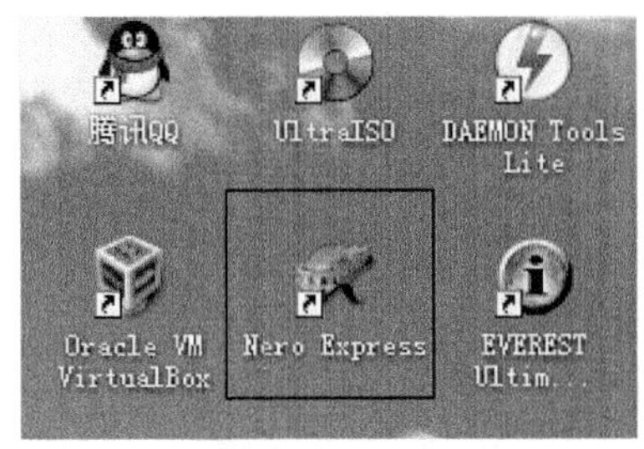

图 5-15　NERO Express 桌面快捷图标

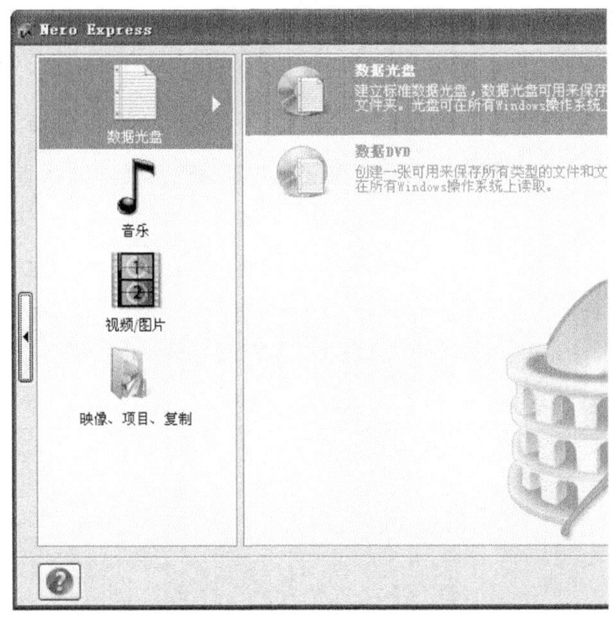

图 5-16　Nero Express 操作界面主要部分截图

③ 在“Nero Express”的操作界面的右窗格默认显示的是“数据光盘”项的内容，单击窗格中的“数据光盘”项，打开“光盘内容”对话框。

④ 单击“添加”按钮，用户根据实际需要选择需要刻录到光盘的数据添加到“光盘内容”对话框中的资源列表中，在添加数据时，用户需要注意观察列表下方的容量刻度，不能超过刻度盘中的红线，如图 5-17 所示。

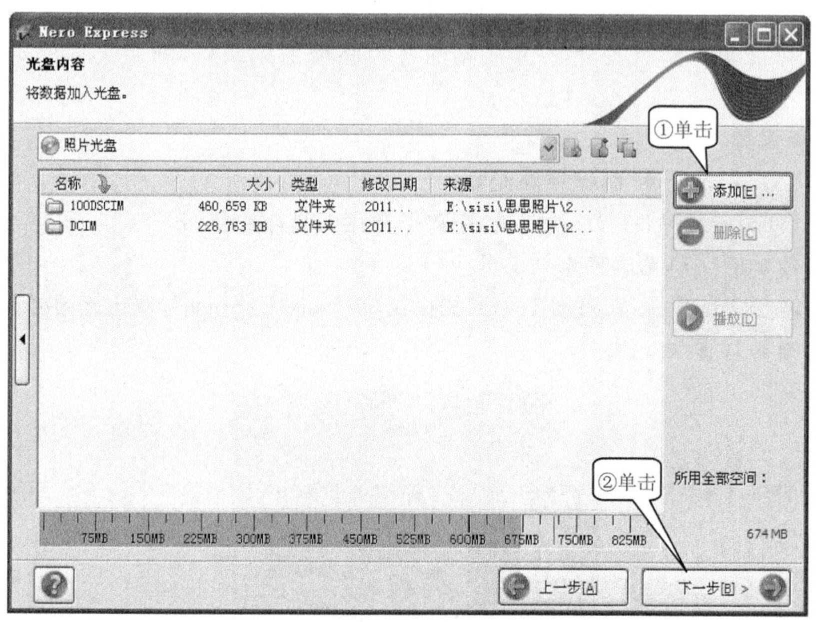

图 5-17　添加文件完毕

⑤ 数据添加完毕后，单击“下一步”按钮，打开“最终刻录设置”对话框，如图 5-18 所示。

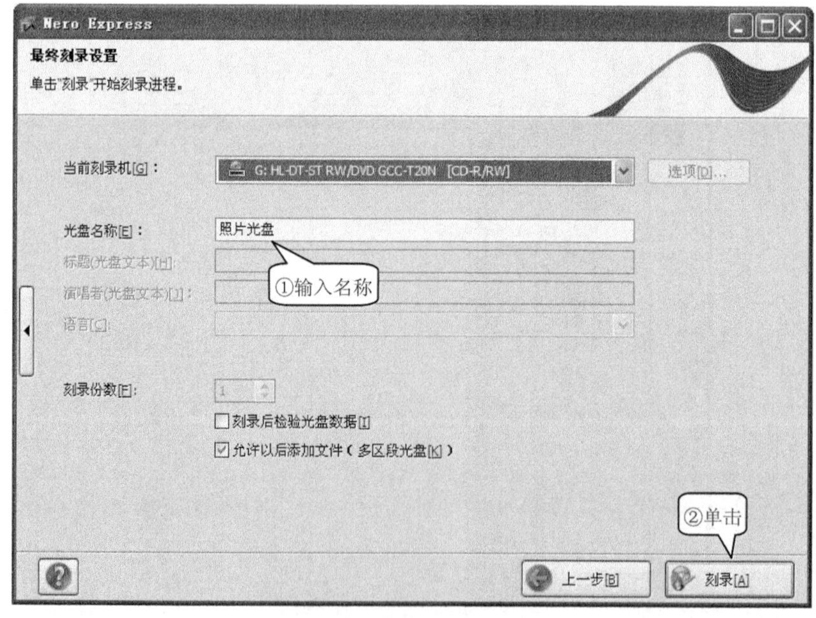

图 5-18　最终刻录设置界面

⑥ 单击“刻录”按钮，即进入光盘刻录过程，如图 5-19 所示。此时不能中断，否则将会毁坏光盘。刻录完毕会弹出光盘并弹出刻录完毕对话框，单击“确定”按钮，刻录完成，取出光盘。

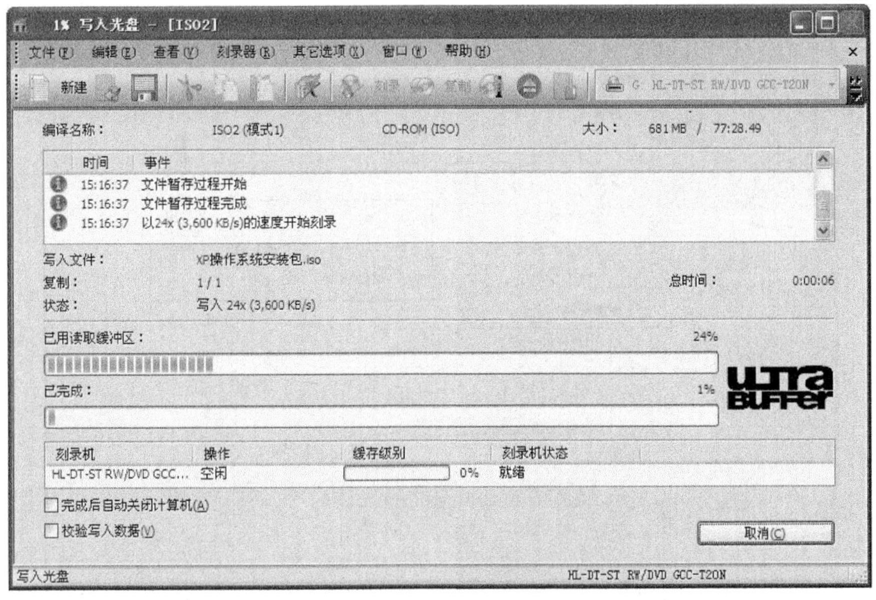

图 5-19　正在刻录光盘

2. 使用“Nero Burning Rom”制作系统安装光盘

用“Nero Burning Rom”软件 9.0 版本制作系统安装光盘的具体操作如下。

① 将空白光盘装入刻录机中。

② 执行“开始菜单”→“程序”→“Nero 9”→“Nero Burning Rom”，打开“Nero Burning Rom”操作主界面并自动弹出“新编辑”对话框，左侧选择光盘类型为“CD-ROM(ISO)”，在“多重区段”选项卡中选择“没有多重区段”，如图 5-20 所示。

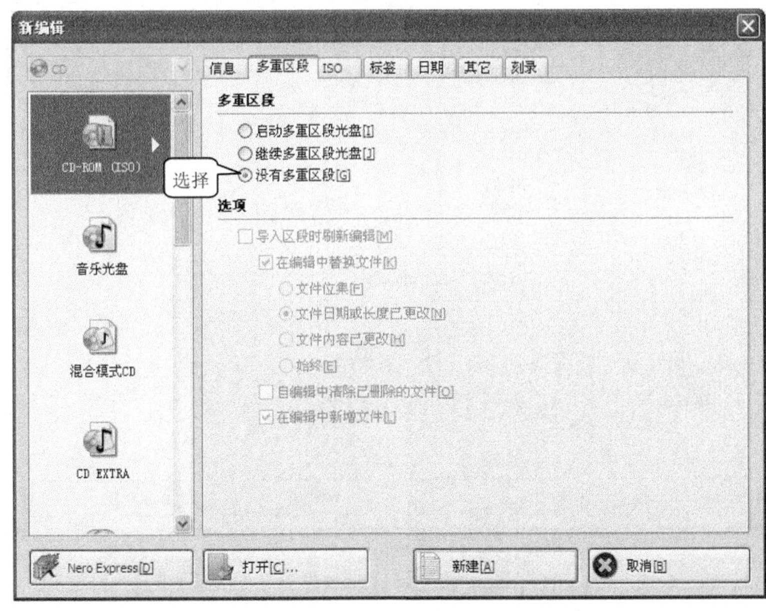

图 5-20　“新编辑”对话框

③ 切换到"ISO"选项卡,用户根据需要设置 ISO 光盘的数据模式、是否支持长文件名和目录名等参数,如图 5-21 所示。

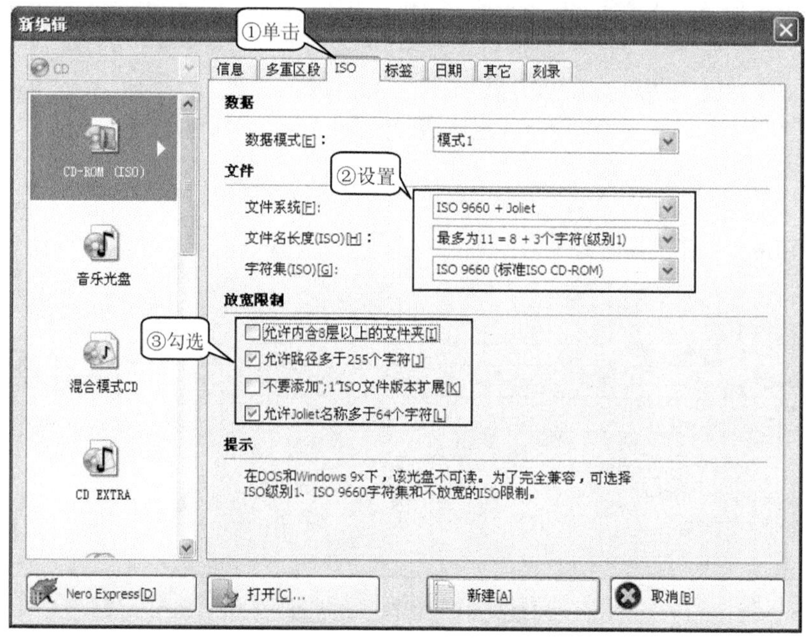

图 5-21　设置 ISO 参数

④ 切换到"标签"选项卡,用户可以为光盘设置名称,这里选"手动"单选按钮,并在"Jolet[J]"右侧文本框中输入"照片光盘"作为光盘的标签,如图 5-22 所示。

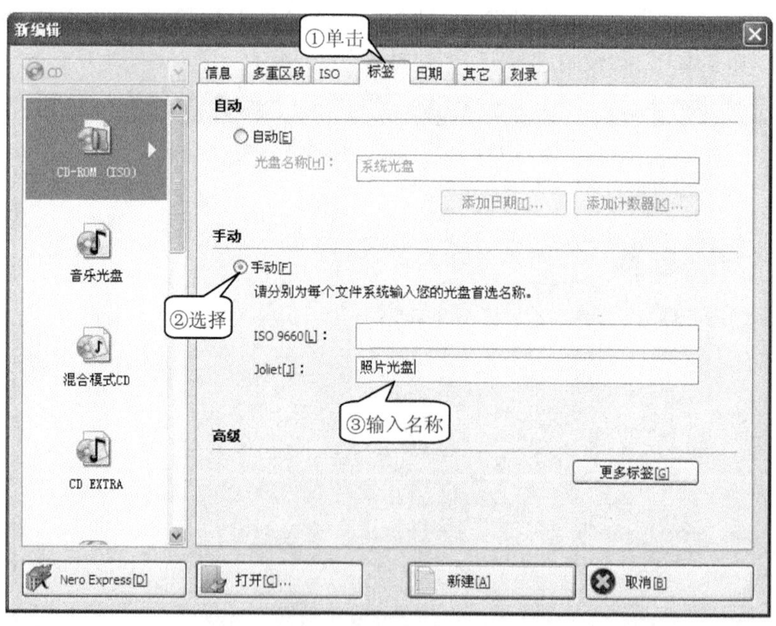

图 5-22　设置光盘标签

⑤ 切换到"刻录"选项卡,设置光盘的刻录速度、刻录份数等,如图 5-23 所示。

⑥ 上述设置完毕后，单击“打开”按钮，打开“选择文件及文件夹”对话框，选择需要刻录的文件，如图 5-24 所示，单击“添加”按钮，弹出“刻录编译”对话框。

图 5-23　设置刻录参数

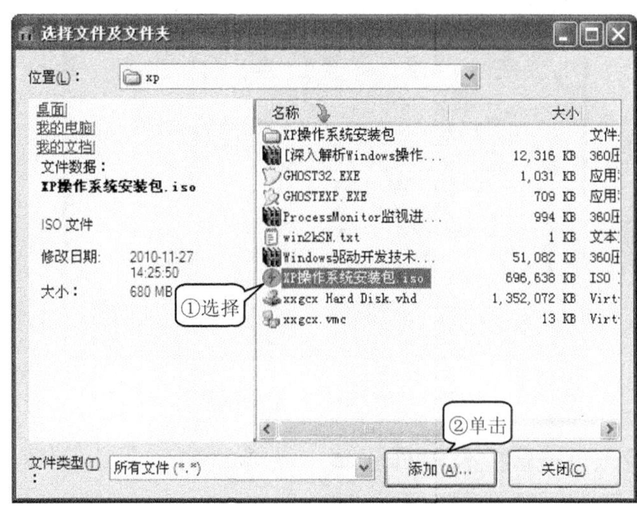

图 5-24　选择要刻录的文件

⑦ 单击“刻录”按钮即可进入光盘刻录，如图 5-25 所示。

⑧ 刻录完毕，自动从刻录机中弹出光盘并弹出刻录完毕提示框，如图 5-26 所示。

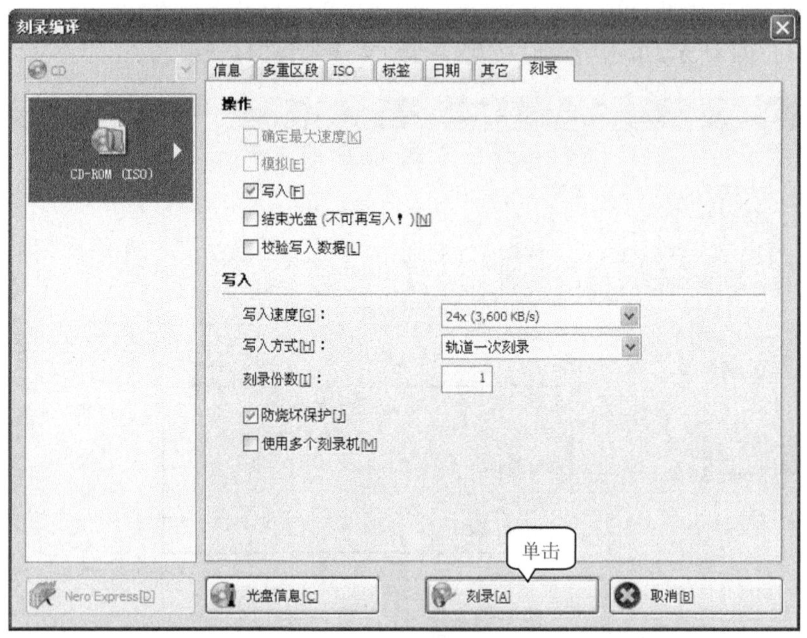

图 5-25 刻录编译窗口

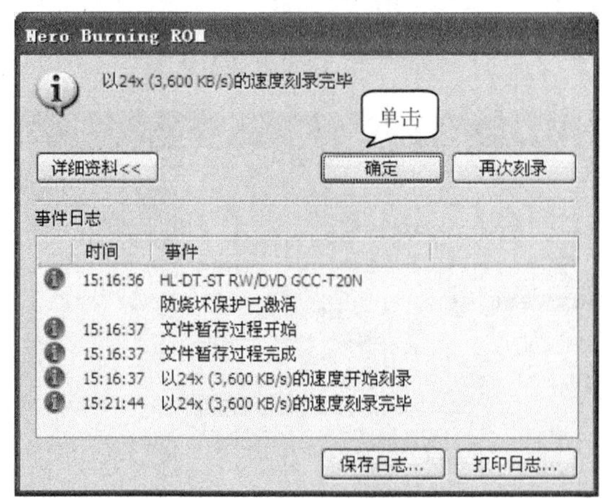

图 5-26 刻录完毕提示框

任务二 使用光盘镜像文件制作工具——WinISO

📖 任务描述

对于经常要使用的光盘，又不能直接拷出来使用，可以做成镜像保存在硬盘上，这样又能保护光驱和光盘，也方便一些，对于一些硬盘上的成堆的小文件，又不需要修改，每次只是要读，也可以做成镜像，这样文件碎片会少一些。

📖 任务分析

所谓镜像文件其实和 ZIP 压缩包类似，它将特定的一系列文件按照一定的格式制作成单一的文件，以方便用户下载和使用，例如一个测试版的操作系统、游戏等。它最重要的特点是可以被特定的软件识别并可直接刻录到光盘上。目前主流的镜像文件制作软件有：

WinISO、UltraISO 及 Virtual Drive 等，其中，WinISO 是一款功能强大的光盘工具，可以制作镜像文件，如 ISO 和 BIN 文件，还可以转换 CD-ROM 镜像文件格式，并且可以直接编辑光盘镜像文件，同时还支持可启动光盘。

📖 知识链接

1．认识镜像文件

镜像文件也称映像文件，它是由多个文件按照一定的格式制作而成的单一文件，其类型有.iso、.bin、.nrg、.vcd、.cif、.fcd、.img、.ccd、.c2d、.dfi、.tao、.dao 和.cue 等。用户既可以将整张光盘中的内容制作成镜像文件，也可以将硬盘中的相关文件制作成镜像文件。制作镜像文件主要有以下几个好处。

(1) 对于刻录的好处

一方面，将文件制作成镜像文件并进行刻录能提高刻录的成功率和写入速度；另一方面，对于计算机上只有一台刻录机，却希望完整地复制某张光盘内容的用户，可以先将源光盘制作成镜像文件，然后再刻录。

(2) 对于保护光驱的好处

当遇到一些光盘版游戏或软件(所谓光盘版是指将光盘中的游戏或软件复制到硬盘后，该游戏或软件的安装程序便无法正常运行)，可以先将该光盘制作成镜像文件，然后再使用虚拟光驱读取，从而避免重复使用光驱，延长光驱使用寿命。

(3) 将多个文件制作成一个镜像文件，可方便在网络上传输和在计算机中存储。

2．WinISO 简介

WinISO 是一款专门用于制作 CD-ROM 镜像文件的程序，它可以将任意文件、文件夹打包制作成 ISO 光盘镜像文件，也可以将现有的只读光盘直接制作成 CD-ROM 映像文件。该软件是世界上第一个能够直接编辑 BIN/ISO 或几乎所有格式 CD-ROM 映像文件(包括一些虚拟光驱的映像文件)的工具，可以向映像文件包添加文件和文件夹，查看其中的文件内容及执行其中的程序文件，操作起来非常方便。

📖 任务设计

1．使用 WinISO 制作 ISO 镜像文件

用“WinISO”软件 9.0 版本制作 ISO 镜像文件的具体操作如下。

① 启动安装好的 WinISO，打开其操作界面，如图 5-27 所示。

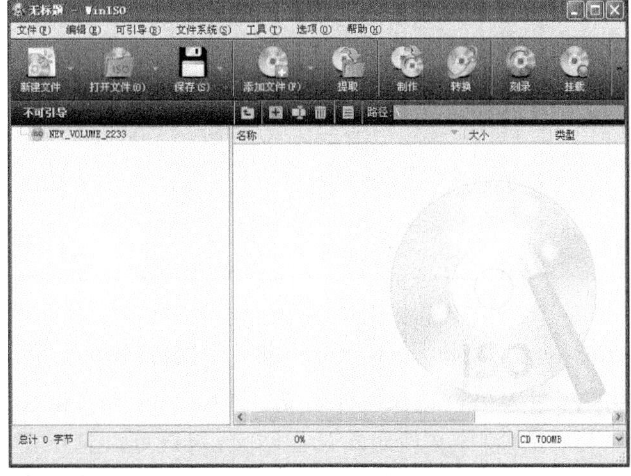

图 5-27　WinISO 操作界面

② 单击工具栏中的“新建文件”按钮，右击新建的光盘卷标名，选择“重命名”菜单项，输入名称，本例中输入的是“常用工具”，如图 5-28 所示。

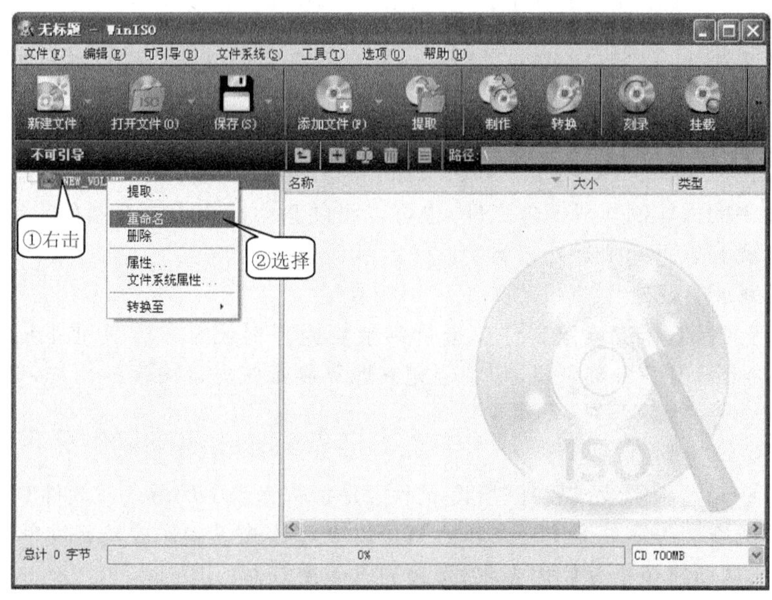

图 5-28　创建镜像文件

③ 单击工具栏中的“添加文件”按钮，弹出“打开”对话框，用户根据需要选择要制作镜像的文件，如图 5-29 所示。

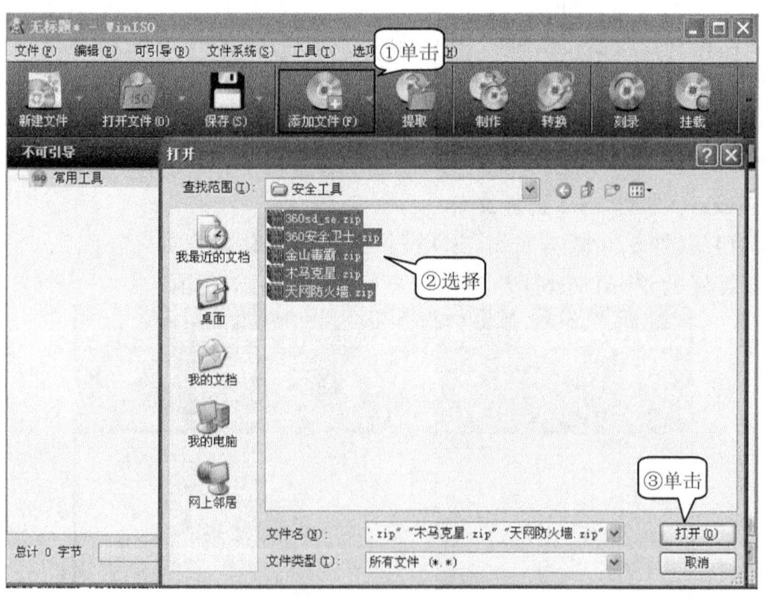

图 5-29　添加文件

④ 单击工具栏中的“保存”按钮，弹出“保存”对话框，用户选择好文件位置，输入镜像文件名后，单击“保存”按钮，进入 ISO 镜像文件生成。如图 5-30 所示和图 5-31 所示。

⑤ 数据生成完毕后，ISO 镜像文件制作过程结束，用户可以到保存位置中查看生成的镜像文件了。单击工具栏中的“打开文件”按钮，弹出“打开镜像文件”对话框，找到刚创建的

名称为“杀毒软件包”的镜像文件，单击“打开”按钮即可查看到镜像文件的内容。如图 5-32 所示和图 5-33 所示。

图 5-30　“保存”对话框

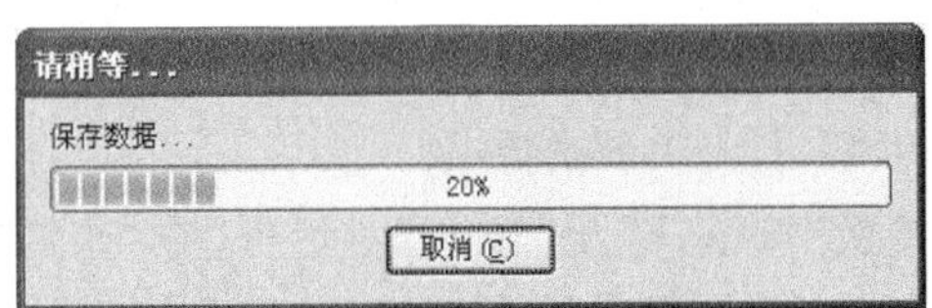

图 5-31　正在生成镜像文件

图 5-32　打开镜像文件

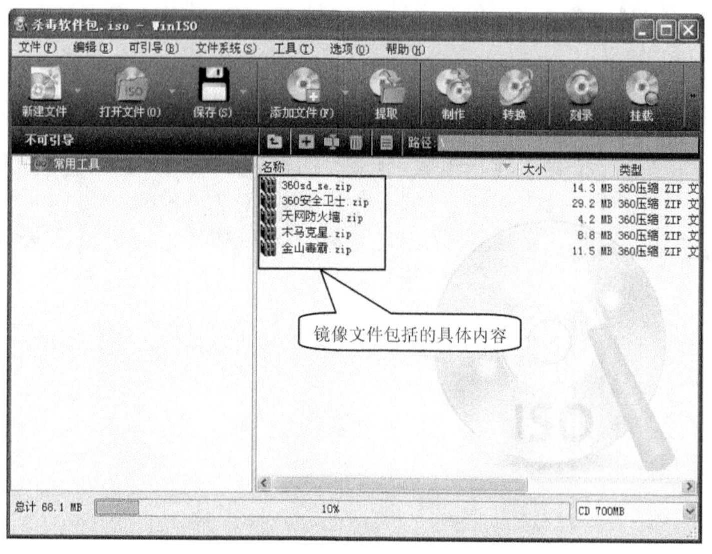

图 5-33　查看镜像文件内容

2. 使用 WinISO 转换镜像文件格式

WinISO 的另一强大功能就是将其他格式的映像文件转换为 ISO 文件,还可以将启动的光盘信息文件制作成 ISO 文件,并且这种 ISO 文件可以刻录下启动光盘的启动信息。用 WinISO 还可以将 ISO 文件转换为 BIN、IMG 等格式。用 WinISO 软件 9.0 版本转换镜像文件格式的具体操作如下。

① 启动安装好的 WinISO,打开其操作界面。

② 单击工具栏中的“转换”按钮,打开“转换”对话框,在“来源”设置项中单击文本框右侧的“浏览”按钮,选择需要转换的镜像文件;在“目标”设置项中的“输出格式”下拉列表选择需要转换的格式。其他设置可以保持默认,也可以更改输出的文件路径,单击“确定”按钮。如图 5-34 所示。

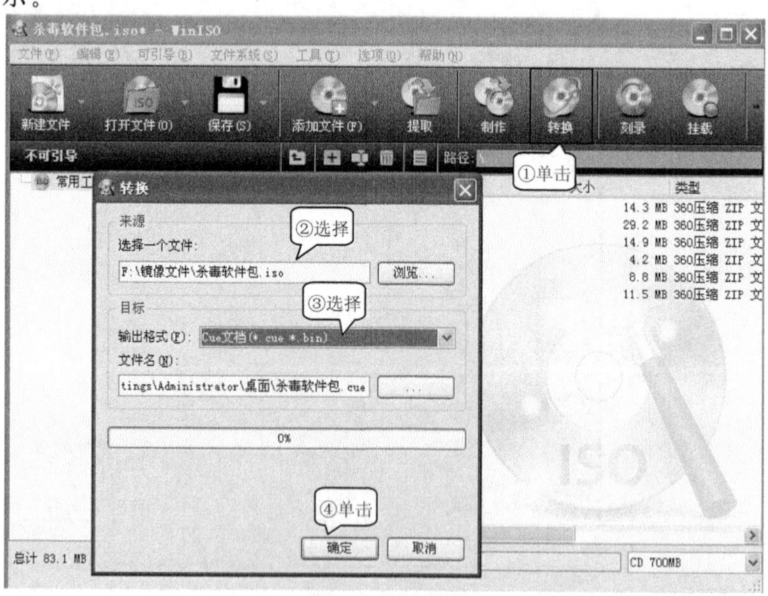

图 5-34　格式转换

任务三　使用虚拟光驱工具装载与卸载镜像文件——Daemon Tools

任务描述

网络资源提供者为了方便网络传输和存储，通常会将资源打包成镜像文件供用户下载，许多用户不知如何使用下载下来的镜像文件。

任务分析

要使用下载下来的镜像文件有两种方法：一种是安装制作该种镜像文件的软件；另一种就是使用虚拟光驱工具。

知识链接

1. Daemon Tools Lite 简介

Daemon Tools Lite 是一款免费软件，体积小、中文界面、操作方便，可以在 Windows 系统上使用。它支持 ISO、CCD、CUE、MDS 等各种标准的镜像文件，而且它也支持物理光驱的特性，如光盘的自动运行等。4.0 以上版本的虚拟加密光驱功能得到了极大的增强，能对加密光盘进行虚拟，并且能正常运行。

2. 虚拟光驱基本知识

(1) 装载镜像

相当于把光盘装入到物理光驱的过程，即把镜像文件加载到虚拟光驱以便用户提取具体内容的过程叫做装载镜像。

(2) 卸载镜像

相当于把光盘从物理光驱中弹出的过程，即把镜像文件从虚拟光驱中释放出来以便装载新的镜像文件的过程叫做卸载镜像。

任务设计

1. 装载镜像文件

使用虚拟光驱时，首先要将制作好的或下载的镜像文件装载到虚拟光驱中。用 Daemon Tools Lite v4.46 装载镜像文件的具体操作如下。

① 安装好 Daemon Tools Lite 后，会在“我的电脑”窗口中生成虚拟的驱动器标签，如图 5-35 所示。启动 Daemon Tools Lite 打开其操作界面，如图 5-36 所示。

② 单击按钮，弹出“打开”对话框，选定需要装载的镜像文件，单击“打开”按钮，即成功把镜像文件加载到了虚拟光驱。如图 5-37 所示。

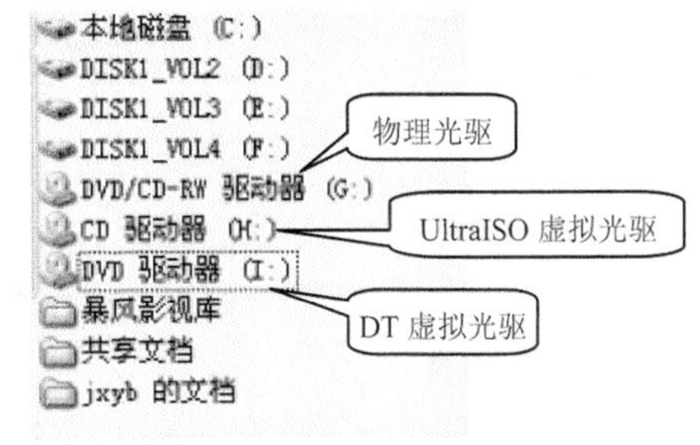

图 5-35　虚拟驱动器

③ 装载成功后，双击虚拟光驱驱动器就可以打开光驱里的镜像文件并查看内容。如图 5-38 所示。

图 5-36　Daemon Tools Lite 主界面

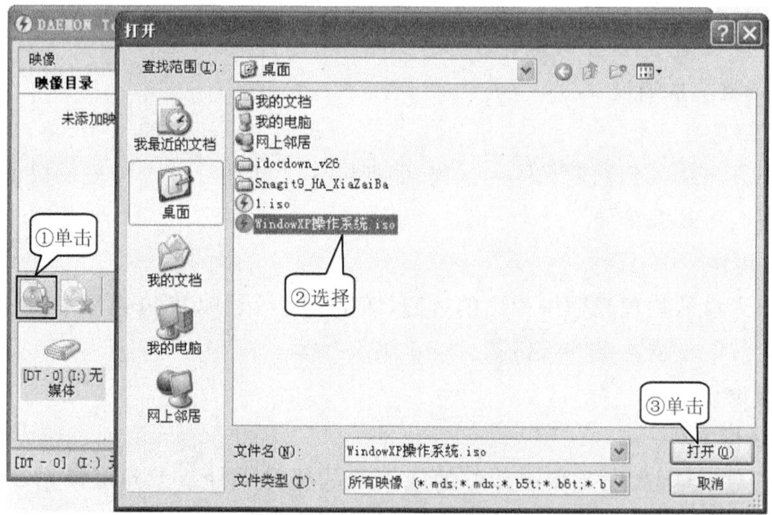

图 5-37　装载镜像到虚拟光驱

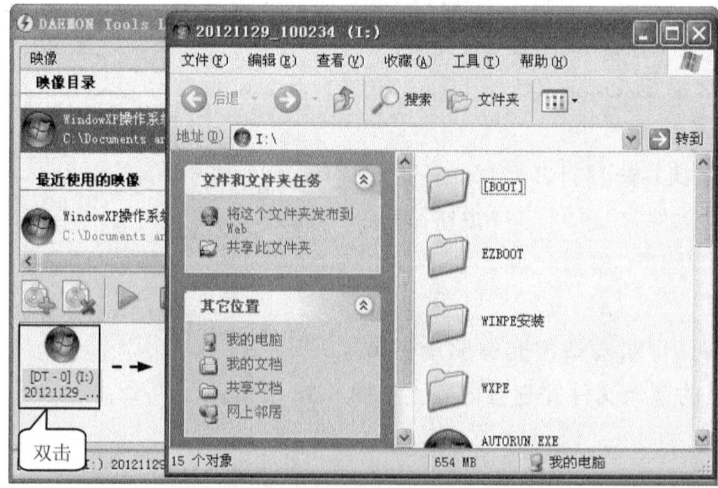

图 5-38　查看装载到虚拟光驱里的镜像内容

2. 卸载镜像文件

当前虚拟光驱被占用时，是无法装载一个新的镜像文件到此虚拟光驱，首先要将当前的镜像文件从虚拟光驱中卸载，然后就能装载新镜像文件了。用 Daemon Tools Lite 卸载镜像文件的具体操作如下。

① 在“我的电脑”窗口卸载虚拟光驱里的镜像文件，右击需要卸载的虚拟光驱驱动器，弹出快捷菜单中选择“弹出”即可达到卸载镜像文件的目的。如图 5-39 所示。

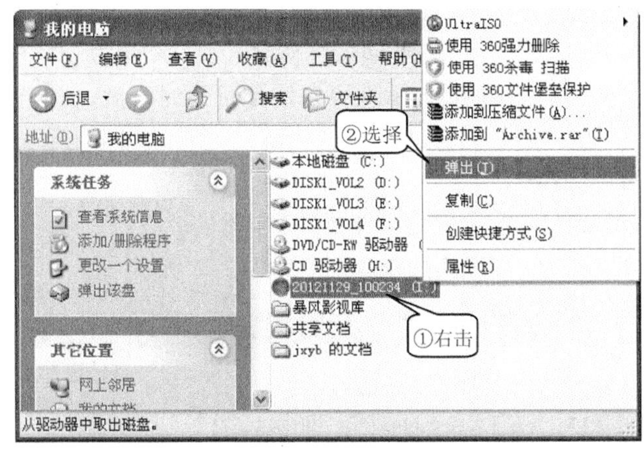

图 5-39　“我的电脑”窗口中卸载镜像

② 在“Daemon Tools”窗口中卸载镜像，在虚拟光驱驱动器列表中右击驱动器，弹出快捷菜单中选择“卸载”项即可完成卸载。如图 5-40 所示。

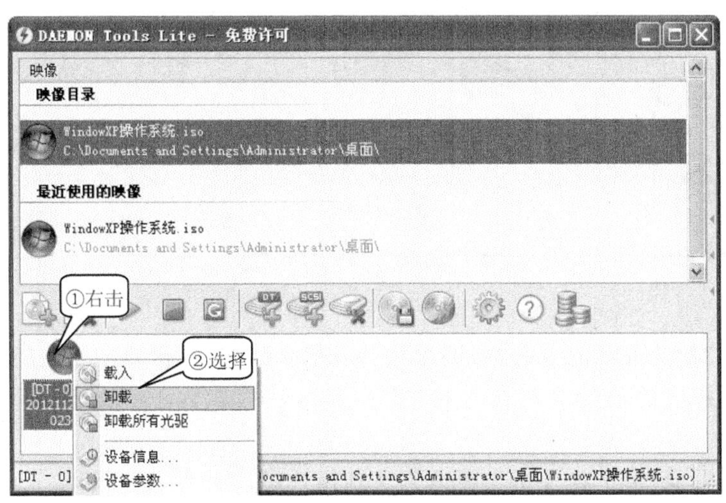

图 5-40　“Daemon Tools”窗口中卸载镜像

任务四　使用光驱编辑及刻录综合工具——UltraISO

任务描述

在本项目中，任务一学习了光盘刻录工具，任务二学习了光盘镜像文件制作工具，任务三学习了读取镜像文件的虚拟光驱工具。3 个不同的软件实现光盘刻录、镜像制作及读取镜像文件,如此一来,对于用户来说需要安装多个软件,显得有些麻烦,有没有这样一款软件能同时完成上述3个任务呢?

任务分析

为了避免用户因安装多个软件带来的麻烦,可以选用UltraISO(软碟通)来实现镜像制作、读取及刻录工作。

知识链接

UltraISO简介

UltraISO是一款光盘镜像文件制作、编辑、格式转换、刻录为一体的光盘工具,利用它还可以处理ISO镜像文件的启动信息,从而可以制作可引导光盘。

任务设计

1. 用UltraISO制作镜像文件

用UltraISO v9.5制作镜像文件的具体操作如下。

① 安装并启动UltraISO打开其操作界面,如图5-41所示。

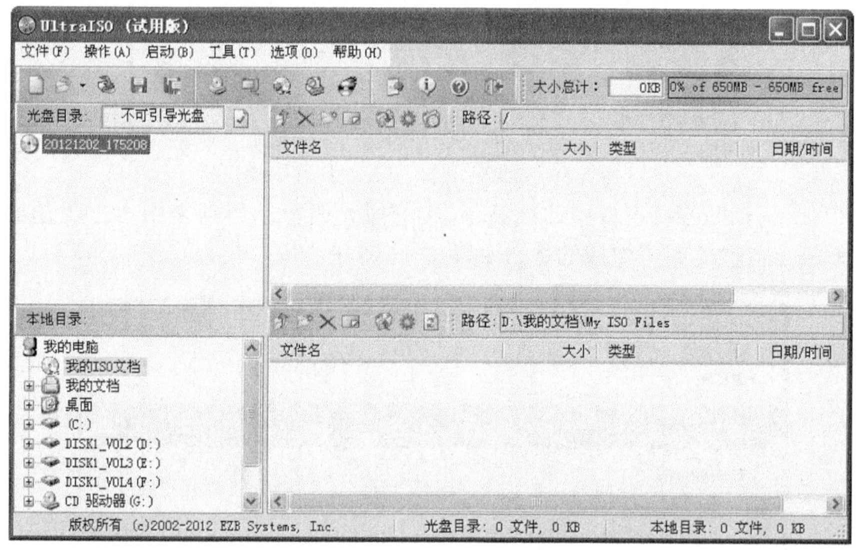

图5-41 UltraISO主界面

② 如果用户想为光盘取个名称,则可在打开的UltraISO窗口中右击“光盘目录”栏中的光盘图标,从弹出的快捷菜单中选择“重命名”,然后输入一个光盘名称即可。如“动画素材”。

③ 在“本地目录”中选择要制作镜像的文件所在的文件夹,在UltraISO窗口右下方的文件列表中选中将要制作镜像的文件,然后将选中的文件拖放到UltraISO窗口右上方的窗格中,如图5-42所示。

④ 单击工具栏中的“保存”按钮,弹出“ISO文件另存”对话框,在“保存在”下拉列表中选择镜像文件保存位置,在“文件名”编辑框中输入镜像文件名称,在“保存类型”下拉列表中选择镜像类型,单击“保存”按钮,即可以开始制作镜像文件,如图5-43所示。

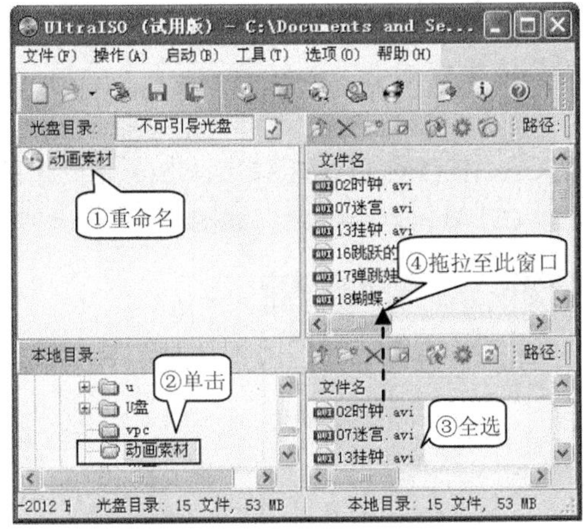

图 5-42　添加要制作镜像的文件

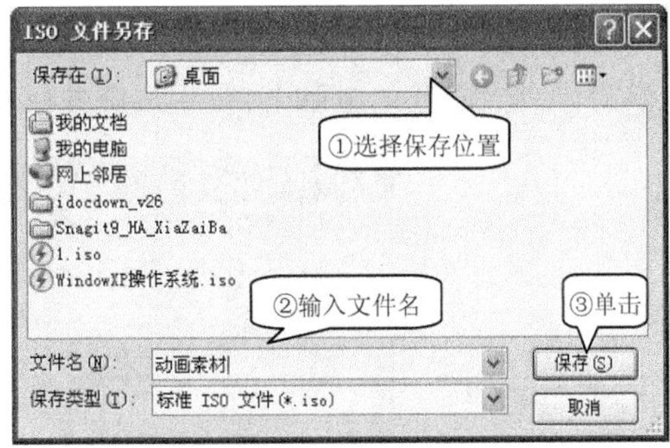

图 5-43　“ISO 文件另存”对话框

2. 用 UltraISO 刻录镜像文件到光盘

用 UltraISO 刻录镜像文件的具体操作如下。

① 在 UltraISO 操作界面中的工具栏中单击“刻录光盘镜像”按钮，打开“刻录光盘映像”对话框。

② 设置好“刻录速度”、“写入方式”及“映像文件”，单击“刻录”按钮即开始进行光盘刻录。如图 5-44 所示。

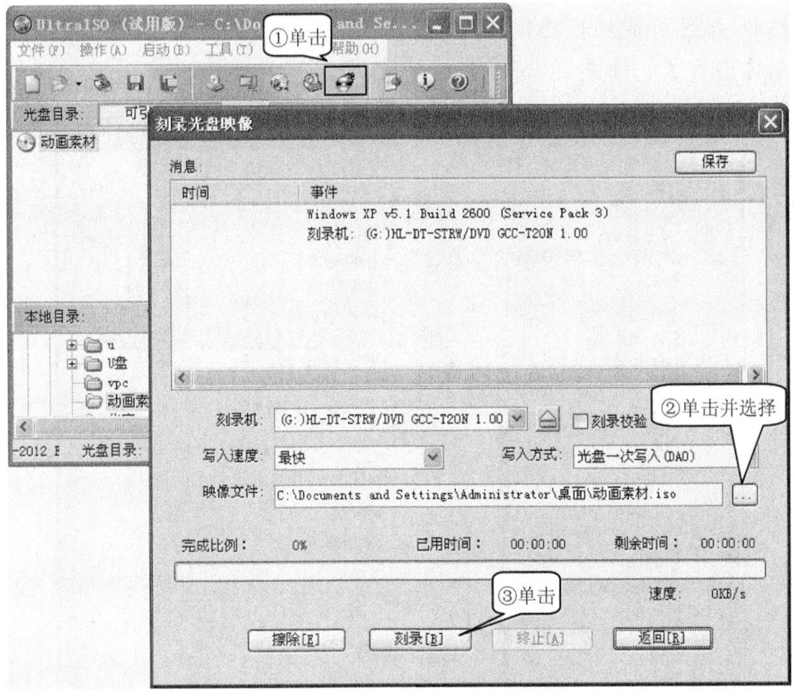

图 5-44　刻录镜像到光盘

3. 用 UltraISO 装载和卸载镜像文件

用 UltraISO 虚拟光驱装载和卸载镜像文件的具体操作如下。

方法一:"我的电脑"窗口操作。

① 安装 UltraISO 的同时,可以选择同时安装 UltraISO 虚拟光驱,UltraISO 虚拟光驱安装后,便会在"我的电脑"窗口生成虚拟驱动器,如"CD 驱动器(H:)"。如图 5-45 所示。

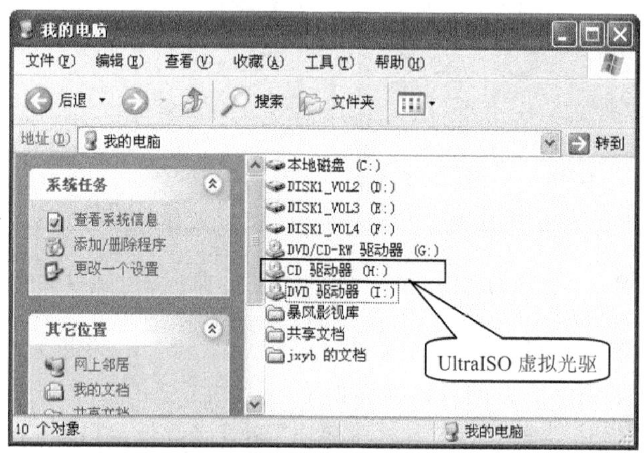

图 5-45 UltraISO 虚拟光驱驱动器

② 在"我的电脑"窗口右击生成虚拟驱动器,弹出快捷菜单中选择"UltraISO",接着在级联菜单中选择"加载"项,弹出"打开 ISO 文件"对话框,用户根据需要选择要装载的镜像文件,单击"打开"按钮即成功把镜像文件载入了虚拟光驱,此时可以双击虚拟驱动器打开镜像文件查看具体内容了。如图 5-46 所示。

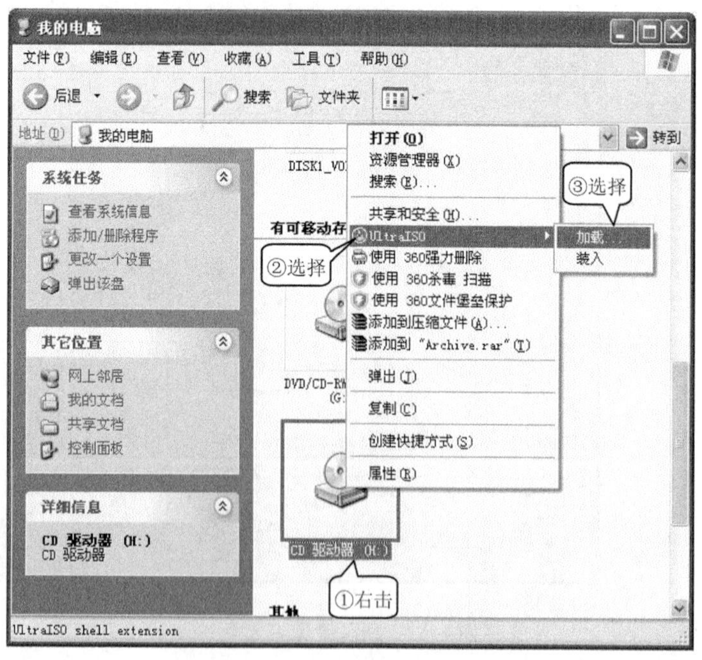

图 5-46 "我的电脑"窗口加载镜像

③ 如果用户使用完毕，最好卸载装载在虚拟光驱里的镜像文件，以节约资源。在“我的电脑”窗口右击生成虚拟驱动器，弹出快捷菜单中选择“UltraISO”，接着在级联菜单中选择“弹出”项即可。如图 5-47 所示。

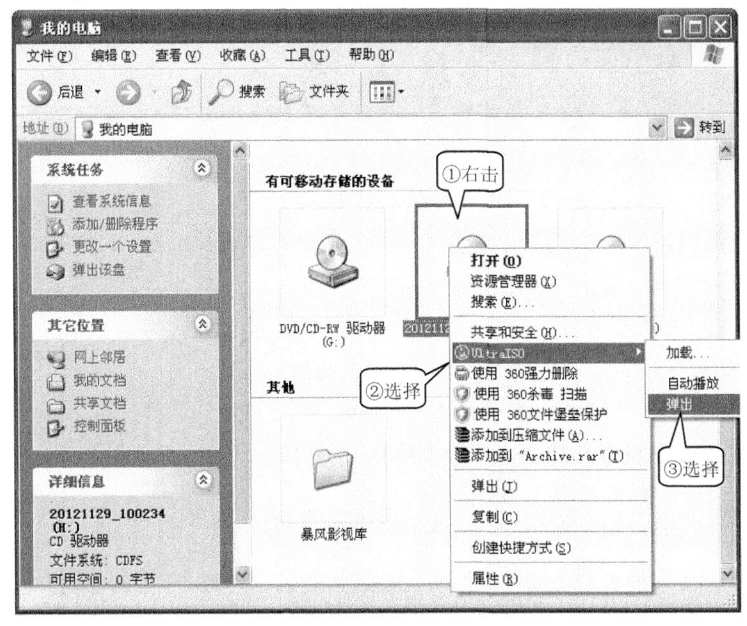

图 5-47　“我的电脑”窗口卸载镜像

方法二：在 UltraISO 软件界面上操作。

在主界面中的工具栏中单击“加载到虚拟光驱”按钮，打开“虚拟光驱”对话框，在“映像文件”设置项中用户选择需要加载的映像文件，然后单击“加载”按钮就可以把映像文件装载到虚拟光驱中，同理，单击“卸载”按钮可以把已装载到虚拟光驱中的映像文件弹出以释放虚拟光驱所占的系统资源。如图 5-48 所示。

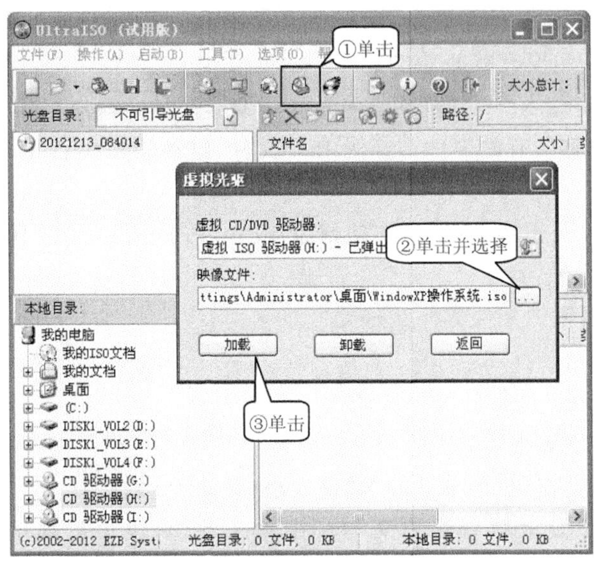

图 5-48　UltraISO 操作界面中加载和卸载镜像

说明：用户在制作软件镜像文件时，可以准备好一个引导文件（载入镜像文件时自动运行的文件），然后单击“设置引导文件”按钮即可。这样就可以制作一个带启动的镜像文件了。

练 习 五

一、选择题

1. Nero Express 不能刻录（　　）光盘。

A. 数据光盘　　B. 视频光盘　　C. 音频光盘　　D. CD-ROM

2. 下列哪一个软件属于虚拟光驱软件？（　　）

A. Nero Burning Rom　　B. Virtual CD

C. WinISO　　D. CloneCD

3. 关于刻录软件，下列说法正确的是（　　）。

A. 刻录时必须使用随机赠送的刻录软件

B. 最好的刻录软件保证不会刻坏一张光盘

C. 刻录机可以刻录任何数据文件

D. 优秀的刻录软件可以在普通的 CD 光盘上刻录 10 GB 容量的文件

4. 下列选项中，哪个不是“映像文件”的扩展名。（　　）

A. .bin　　B. .img　　C. .dao　　D. .ios

5. 下列关于虚拟光驱的说法中，正确的是（　　）。

A. 虚拟光驱软件不运行时，虚拟光驱无法使用

B. 只能虚拟 CD-ROM，不能虚拟 DVD-ROM

C. 只能使用光盘镜像文件当作“光盘”

D. 读取速度没有真实光驱快

二、思考题

1. PartionMagic 主要有哪些功能？

2. 在 Nero Burning Rom 中刻录音乐光盘和数据光盘的操作有什么异同？

3. WinISO 可以将所有的文件转换为 ISO 文件，这种说法是否正确？如果不正确请说明理由。

4. 当用户不小心误删除了文件（物理删除）或者格式化了一个分区，突然发现是重要文件，请问该用户应如何做？

5. 把文件制作成镜像文件有什么好处？

三、操作题

1. 使用“PQ”对硬盘进行分区容量调整

主要操作步骤提示如下。

① 运行 PQ，单击“作业”菜单下的“调整大小/移动”子菜单项。

② 在“新的大小”设置项右侧的文本框中输入数值；也可以拖动滑块来改变分区大小的值。

③ 确认设置后，单击“确定”按钮。

2. 制作带启动的 ISO 镜像

主要操作步骤提示如下。

方法一：使用 WinISO 软件。

① 运行 WinISO，单击工具栏中“添加文件”按钮。

② 选择需要制作镜像的文件或文件夹。

③ 选择“可引导”菜单下的“设置引导镜像”子菜单项。

④ 选择事先准备好的系统引导文件，单击“打开”按钮。

⑤ 单击工具栏中“保存”按钮，输入文件名，单击“保存”按钮。

方法二：使用 UltraISO 软件。

① 运行 UltraISO，在窗口左下方“本地目录”窗格中展开需要制作镜像的文件位置，在右下方“文件名”列表窗格中框选需要添加制作镜像的文件或文件夹，直接拖至右上方窗格即可。

② 用同样的方法，将事先准备好的系统引导文件也添加至右上方窗格中。

③ 在右上方“文件名”列表中右击系统引导文件，选择快捷菜单中的“设置为引导文件”。

④ 单击工具栏中的“保存”图标按钮，设置保存位置、文件名、保存类型，单击“保存”按钮。

模块六　多媒体工具

学习目标

- 抓图工具——HyperSnap；
- 图像处理工具——光影魔术手；
- GIF 动画制作工具——Ulead GIF Animator；
- 三维动画制作工具——Ulead CooL3D；
- 电子相册制作工具——Flash Gallery Factory；
- 音频编辑工具——GoldWave；
- 屏幕录像工具——屏幕录像专家；
- 视频处理工具——会声会影。

随着个人计算机的普及，人们越来越注重计算机的娱乐功能，将计算机发展为一种综合性的娱乐平台。多媒体技术的出现，使计算机的娱乐功能更加强大。人们可以使用计算机播放音频、视频文件，并使用计算机处理图形图像、音频和视频等多媒体文件。

项目一　图形图像工具

图形图像处理工具的种类较多，既有专业化的软件，如 Photoshop 等，也有一些为业余爱好者设计的软件，如光影魔术手等。本节通过介绍图像捕捉和处理、图像浏览与管理以及电子相册的制作方法，帮助用户掌握图像的抓取、管理和处理方法。

任务一　抓图工具——HyperSnap

任务描述

设置捕捉图像的分辨率；截取图像；处理图像，添加印记。

任务分析

在 HyperSnap 窗口中，可以设置捕捉图像的分辨率，以设定图片进行放缩处理时的效果显示；为了提高用户的捕捉效率，可设置快捷键；通过绘图工具处理捕捉到的图像，并添加印记。

知识链接

1. HyperSnap 简介

HyperSnap 是一款专业的屏幕抓图工具，不仅能捕捉普通程序的界面，还能抓取使用 DirectX、3DFX Glide 技术开发的各种游戏画面，以及正在播放的影片画面等。它支持

TWAIN 兼容方式的输入界面，使用户可以从扫描仪、数码相机等外部设备获得图片来源。该软件能以 20 多种图形格式保存图片，除了常用的 BMP、JPG、GIF 等，还加入了 PSD、TGA、PCX、TIFF 等受欢迎的格式，同时还支持对这些图像的浏览。

2. HyperSnap 6 窗口

启动软件后，会出现如图 6-1 所示的 HyperSnap 6 窗口。该窗口主要包括菜单栏、工具栏、绘图工具栏和截图预览窗格等。

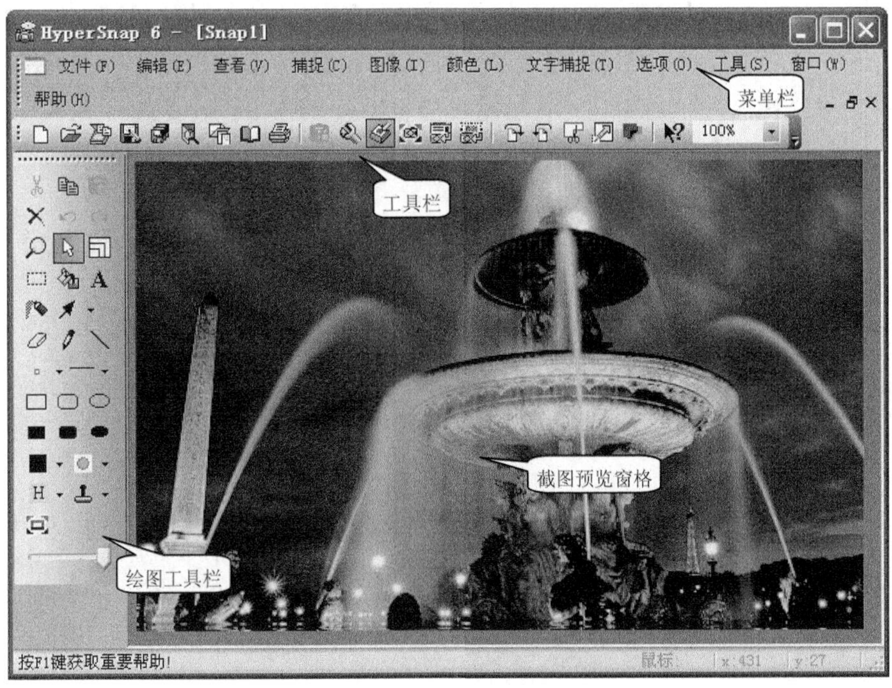

图 6-1 HyperSnap 6 窗口

3. 常用抓图类型

(1) 全屏抓图

全屏抓图可以对当前窗口进行整个屏幕的捕捉。

(2) 窗口或控件抓图

窗口或控件抓图是最常用的抓图方式，可以自动识别独立的 Windows 使用窗口，当鼠标滑过时，会有一个不断闪动的黑色粗边框，表示已锁定了这个目标，单击鼠标就能捕捉这个窗口或控件。

(3) 活动窗口抓图

活动窗口抓图只抓取当前被激活的窗口。

(4) 区域抓图

区域抓图是另一个常用的工具，通过单击区域对角线的两个点来确定捕捉范围，由于不受窗口的限制，因此用起来非常方便。

(5) 扩展活动窗口抓图

扩展活动窗口抓图所要抓取的图片不能够完全在一个屏上显示出来，对于这一类图片只有使用这个功能来实现。

任务设计

1. 软件设置

在使用 HyperSnap 6 软件之前可根据个人操作习惯和要求对其配置参数进行设置，如设置捕捉图像分辨率；设置捕捉快捷键；启用捕捉光标图像等。

(1) 设置图像分辨率

在 HyperSnap 6 窗口中执行“选项”→“默认图像分辨率”命令，在弹出的“默认图像分辨率”对话框中将“水平分辨率”和“垂直分辨率”都设置为 300dpi，如图 6-2 所示。

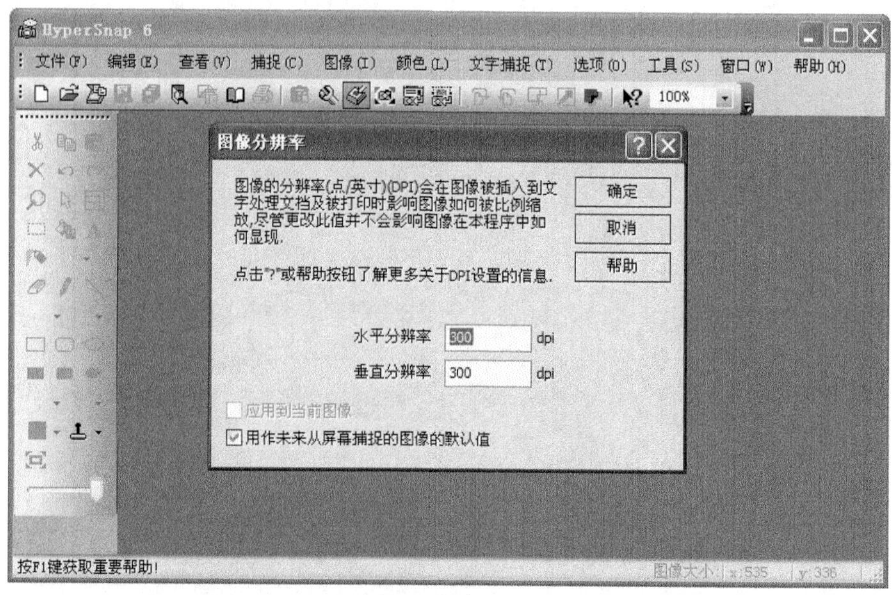

图 6-2　设置图像分辨率

(2) 设置屏幕捕捉快捷键

在软件窗口中执行“捕捉”→“屏幕捕捉快捷”命令，在弹出的对话框中根据个人操作习惯修改快捷键，如图 6-3 所示。单击“默认”按钮会使用系统原来的设置。

屏幕捕捉快捷键

快捷键	功能
Ctrl + Shift + F	捕捉全屏
Ctrl + Shift + V	捕捉虚拟桌面(多显示器)
Ctrl + Shift + W	捕捉窗口
Ctrl + Shift + S	卷动捕捉整个页面
Ctrl + Shift + B	捕捉按钮
Ctrl + Shift + R	捕捉区域
Ctrl + Shift + A	捕捉活动窗口
Ctrl + Shift + C	捕捉活动窗口(不带框架)
Ctrl + Shift + H	自由捕捉
Ctrl + Shift + M	多区域捕捉
Ctrl + Shift + P	平移上次区域
Ctrl + Shift + F11	重复上次捕捉
Ctrl + Shift + X	捕捉扩展活动窗口
Shift + F11	定时停止自动捕捉
Scroll Lock	特殊捕捉(DirectX, Glide, DVD ...)
无	仅鼠标光标(C)

默认　还原　帮助　清除全部　关闭

捕捉全屏(F)　Print Screen键处理

启用快捷键

图 6-3　屏幕捕捉快捷键

(3) 捕捉设置

在软件窗口中执行“捕捉”→“捕捉设置”命令，在弹出的对话框中勾选“包括光标图像”复选框，如图 6-4 所示，最后单击“确定”按钮。

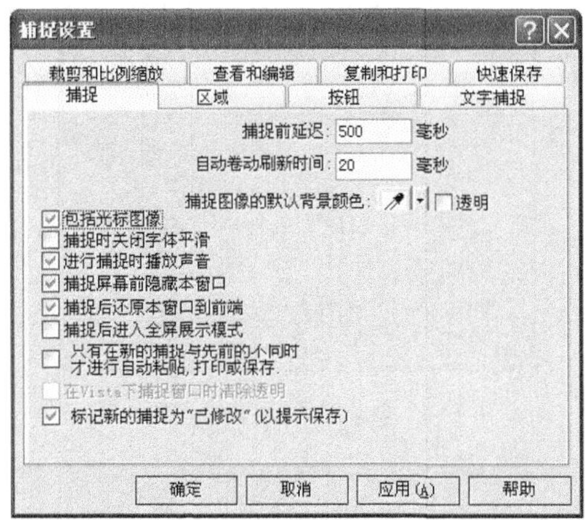

图 6-4　捕捉设置

(4) 捕捉、处理图像

使用捕捉功能截取一张图像。过程如下。

① 用“选择选区”工具在要放置印记的地方框选一个选区，如图 6-5 所示。

图 6-5　创建印记

② 为了在每一张所截取的图片贴上印记，单击绘图工具栏的“印记”按钮。在弹出的“编辑印记”对话框中单击“新建印记”按钮，弹出“编辑印记”对话框，如图 6-6 所示。

③ 在“文字”选项卡中设置好文字，在“框架”选项卡中勾选“使其透明”复选框，单击“确定”按钮，返回到“编辑印记”对话框并勾选“在新捕捉的图像上自动插入选中印记”复选框，

选择印记，单击“插入”按钮，如图 6-7 所示。

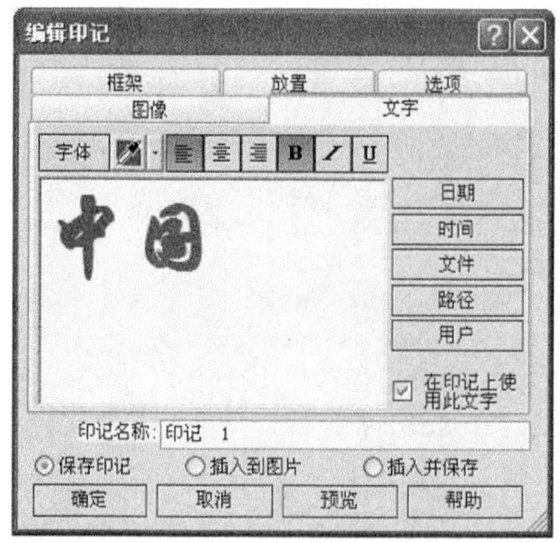

图 6-6　编辑印记

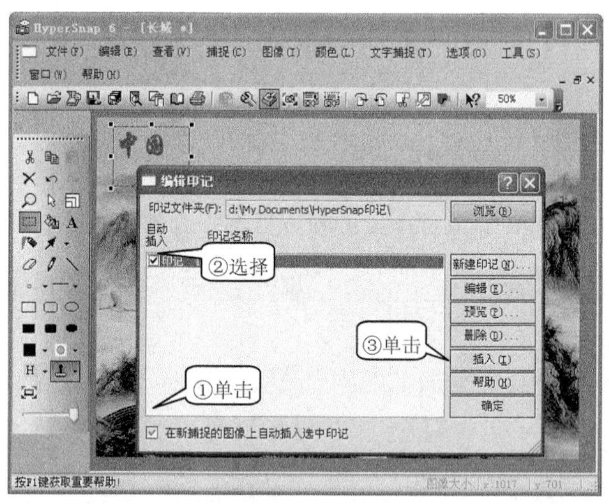

图 6-7　插入印记

任务二　图像管理工具——ACDSee

任务描述

编辑图片；批量转换图片格式。

任务分析

ACDSee 提供了强大的图片编辑功能，拥有裁剪图像、去除红眼、浮雕特效、锐化等功能；ACDSee 除了可以对单一的图片文件进行编辑和管理外，还可以对图片进行批量的修改，包括批量调整大小、批量重命名和批量转换格式等操作。

知识链接

ACDSee 是一款著名的图像管理软件，广泛应用于图片的获取、管理、浏览和优化等方面。ACDSee 支持丰富的图形格式，并能完成格式间的相互转换，还能对图片进行批量处理，同时提供了强大的图片编辑功能，操作也较为简便。

启动该软件后，将弹出 ACDSee 10 的工作窗口。该窗口主要包含有菜单栏、工具栏、文

件夹目录窗格、文件列表工具栏、整理窗格、预览窗格和缩略图窗格等，如图 6-8 所示。

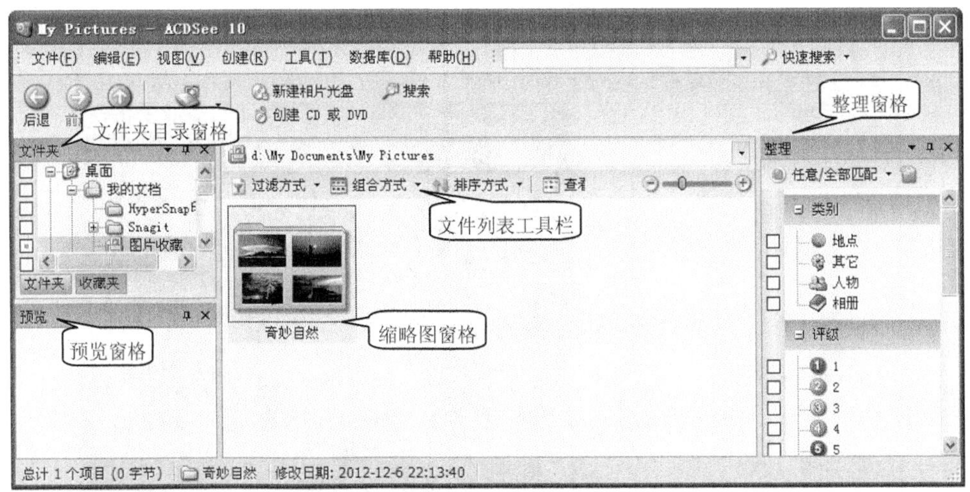

图 6-8　ACDSee 10 窗口

任务设计

1. 编辑图片

本例通过调整图片亮度及添加水面效果让用户初步了解 ACDSee 的编辑功能。编辑前后的效果如图 6-9 所示。

(a) 编辑前

(b) 编辑后

图 6-9　编辑前后效果

(1) 进入编辑模式

启动 ACDSee 软件，从文件夹目录窗格展开素材所在文件夹，右击素材“01.jpg”，在弹出的快捷菜单中执行“编辑”命令，进入图片的编辑模式，如图 6-10 所示。

(2) “阴影/高光”设置

因为图像亮度偏暗，所以应该适当增加亮度。在“编辑面板:主菜单”面板中单击“阴影/高光”按钮，在打开的“编辑面板:阴影/高光”面板中将“调亮”参数设为“60”，效果如图 6-11 所示。单击“完成”按钮完成亮度设置。

(3) 添加水面效果

在“编辑面板:主菜单”面板中单击“效果”按钮，在“选择类别”下拉列表中选择“自然”，在“双击效果以运行它”栏中双击“水面”效果，进入“编辑面板:水面”面板，并设置“位置”参数为“20”。单击“完成”按钮,图片编辑至此完成。

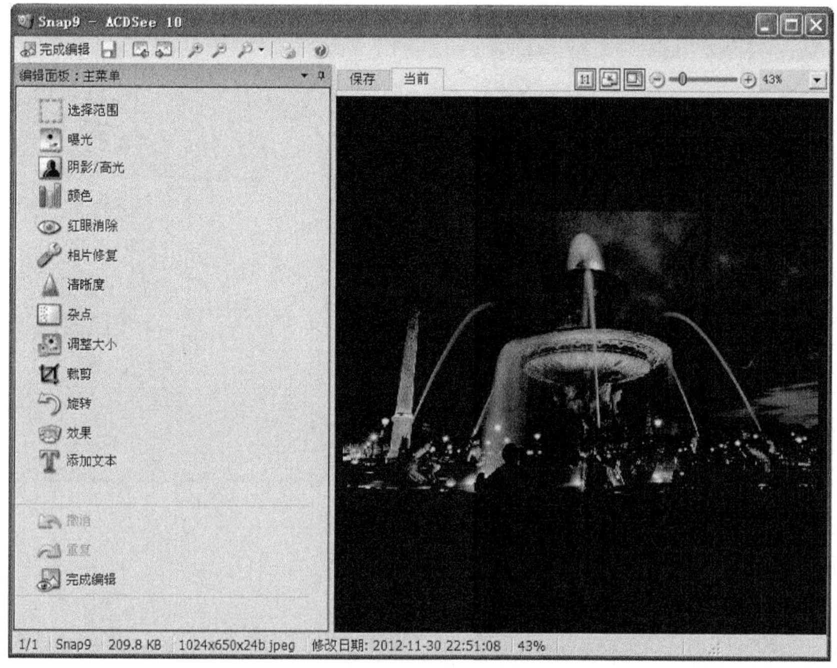

图 6-10　编辑模式

图 6-11　增加亮度图

2. 批量转换图片格式

本例是使用 ACDSee 将 JPG 格式的图片文件批量转换成 GIF 格式的图片文件。

(1) 开启转换工具

启动 ACDSee 软件，从文件夹目录窗格展开素材所在文件夹，选中所要转换的图片，右击图片，在弹出的快捷菜单中执行“工具”→“转换文件格式”命令，打开“批量转换文件格式”对话框，如图 6-12 所示。注：通过“向量设置”可以设置转换后图像的分辨率和平滑边缘。

(2) 设置转换向导

在“格式”选项卡中选择“GIF”格式，单击“下一步”按钮，进入“设置输出选项”向导页。在这里设置好输出图像的存放位置，以存放在桌面为例，如图 6-13 所示。单击“下一步”按钮，进入“设置多页选项”向导页，这里保持默认的设置即可。单击“开始转换”按钮，直至转换完成为止。

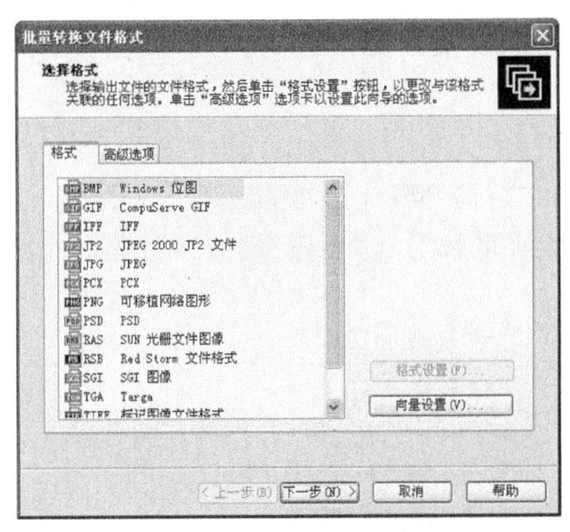

图 6-12　转换工具

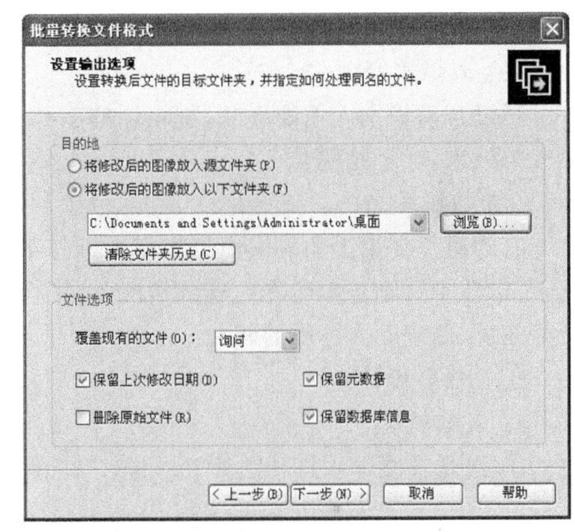

图 6-13　输出选项

任务三　图像处理工具——光影魔术手

📖 任务描述

通过改善肤质、影楼人像效果、添加边框和文本对人物照进行美化。

📖 任务分析

使用人物美容处理相片可以自动识别人像的皮肤，把粗糙的毛孔磨平，令肤质细腻白皙；调整图片大小，给图片添加影楼效果，制作出冷艳、唯美的感觉。

📖 知识链接

光影魔术手是一款对数码照片画质进行改善及效果处理的软件。简单、易用，让每一个用户都能快速制作出精美相框，达到艺术照专业胶片效果。不需要任何专业的图像技术，就可以制作出专业胶片摄影的色彩效果，是摄影作品后期处理、图片快速美容、数码照片冲印整理时必备的图像处理软件。

光影魔术手具有以下特色功能。

(1) 晚霞渲染

此功能适合运用于天空、人像、风景等情况。使用以后,亮度呈现暖红色调,暗部则显蓝紫色,画面的色调对比很鲜明,色彩十分艳丽。暗部细节亦保留得很丰富。

(2) 反转片负冲

反转片负冲主要特色是画面中同时存在冷暖色调对比。亮部的饱和度有所增强,呈暖色调但不夸张,暗部发生明显的色调偏移。提供饱和度等的控制。

(3) 水印

用户可以自己制作一个小图片做自己的签名,每次鼠标一点即完成水印功能。

(4) 花样边框

用户可以为相片加上花样边框,也可以把自己最喜欢的边框收集在里面。

(5) 高 ISO 去噪

在夜间拍摄的画面上通常会出现很多红绿噪点,在暗部这些噪点尤其明显,使画面显得很杂。高 ISO 去噪功能,可以在不影响画面细节的情况下,去除红绿噪点。

(6) 人像美容

可以自动识别人像的皮肤,把粗糙的毛孔磨平,令肤质更细腻白皙,同时可以选择加入柔光的效果,产生朦胧美。

(7) 数码减光

有的照片在拍摄的时候由于离得太近打了闪光,结果局部曝光过度,通过“数码减光”功能,可以在不影响正常曝光内容的情况下,把照片中太亮的部分给“还原”回来。数码补光则恰好相反,处理曝光不够的相片。

🕮 任务设计

1. 人物美化

① 用光影魔术手打开图片“02. JPG”,如图 6-14 所示。

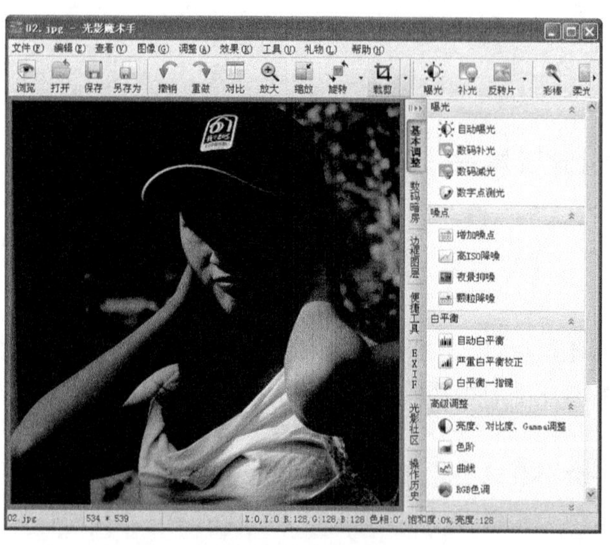

图 6-14 打开图片

② 由于图像曝光度不够,需要增加图像亮度。单击“曝光”面板中的“数码补光”按钮,在弹出的“数码补光”对话框中将参数设置如下:“范围选择”为“200”;“补光亮度”为“100”;“强力追补”为“3”。参数的设置只作参考,如图 6-15 所示。

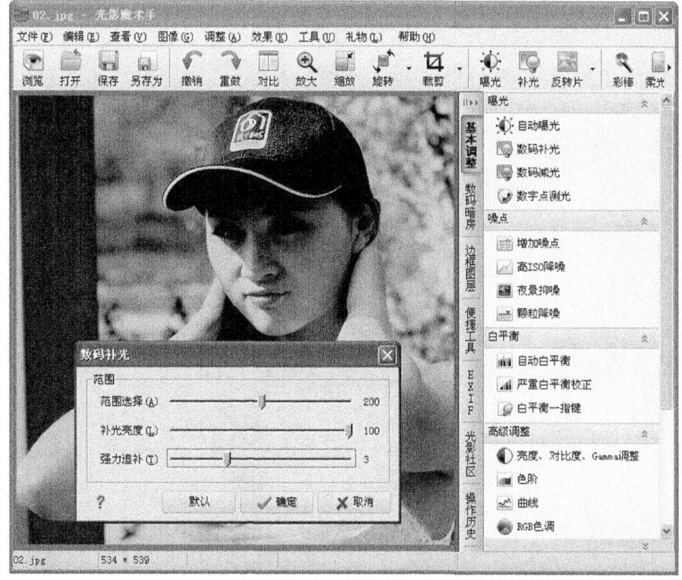

图 6-15　数码补光

③ 经过了数码补光，增加了图像亮度，但皮肤显得有点粗糙，需要对图片进行美容。单击工具栏中的“美容”按钮，在弹出的“人像美容”对话框中设置“磨皮力度”、“亮白”和“范围”参数，如图 6-16 所示。

图 6-16　人像美容

2. 影楼风格人像

单击工具栏中的“影楼”按钮，打开“影楼人像”对话框，调整好“色调”、“力量”参数，单击“确定”按钮完成设置。如图 6-17 所示。

图 6-17　影楼人像

3. 应用"彩棒"

使用"彩棒"工具使周围环境颜色为黑白，以突出人物像。单击工具栏中的"彩棒"按钮，打开"着色魔术棒"对话框，将"着色半径"设为"15"，涂抹人物像使其重现颜色。单击"确定"按钮完成着色。效果如图 6-18 所示。

图 6-18　着色

4. 制作边框

单击工具栏中"边框"按钮右边的下拉按钮，在下拉列表中执行"撕边边框"命令，打开"撕边边框"对话框。选择一款边框素材，这里选择在线的情人节边框素材；"底纹类型"改为"红色滤镜"，将边框改为红色；为了避免边框太花哨，适当增加"透明度"。效果如图 6-19 所示。

图 6-19　撕边边框

5. 添加文字

① 在主菜单中执行“工具”→“自由文字与图层”命令，弹出“自由文字与图层”对话框。

② 在对话框中单击“文字”按钮 汉 文字 ，弹出“插入文字”对话框。

③ 在对话框中的“文字”栏中输入文本“forever love”。

④ 设置“字体”为“Kunstler Script”，字体大小为“60”，字体颜色为“红色”。单击“透明背景”按钮 a 使文字背景色透明。

⑤ 单击“确定”按钮，将文字添加到图片中，如图 6-20 所示。

图 6-20　添加文字

⑥ 在“自由文字与图层”对话框中将文字移到合适的位置，单击“确定”按钮完成制作，最后保存图片。最终效果如图 6-21 所示。

图 6-21　最终效果

项目二　动画工具

动画是一种随电影技术发展而来的媒体技术，将多幅图像迅速地在人眼前播放，造成图像连续的错觉。早期的动画图像多是手工绘制而成，而现代的动画则多由计算机制作而成。本节通过介绍 3 款优秀的动画制作工具，让用户能快速地进入动画的奇妙世界，并掌握制作动画的基本方法及技巧。

任务一　GIF 动画制作工具——Ulead GIF Animator

任务描述

将几张连续变化的图像制作成动画，并在动画里加入其他的 GIF 动画和文字。如图 6-22所示。

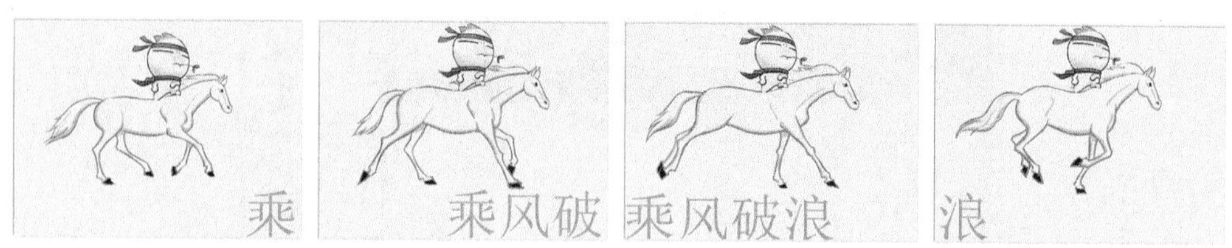

图 6-22　动画效果

任务分析

将连续变化的图片按顺序进行快速播放就能产生运动效果，延迟时间越短，动画的运动效果就越逼真；反之，则越虚假。通常在人类肉眼中可以形成错觉的延迟时间是不长于1/24 秒(每张图片)，也就是 1 秒钟至少要播放 24 张图片。

知识链接

1. GIF 图片格式

GIF 的全称是 Graphics Interchange Format(可交换的文件格式)，是 CompuServe 公司提出的一种图形文件格式。GIF 文件格式主要应用于互联网，GIF 格式提供了一种压缩比较高的高质量位图，但 GIF 文件的一帧中最多只能有 256 种颜色。GIF 格式的图片文件的

扩展名就是“.gif”。

与其他图形文件格式不同的是，一个GIF文件中可以储存多幅图片，这时，GIF将其中存储的图片像播放幻灯片一样轮流显示，这样就形成了一段动画。

GIF文件还有一个特色：背景可以是透明的。这样使其功能更加强大。

2. Ulead GIF Animator

Ulead GIF Animator是友立公司出版的动画GIF制作软件，内建的Plugin有许多现成的特效可供套用，可将AVI文件转成动画GIF文件，而且还能将动画GIF图片最佳化，能为网页上的动画GIF图档“减肥”，以便让人能够更快速地浏览网页。

Ulead GIF Animator的工作界面如图6-23所示。

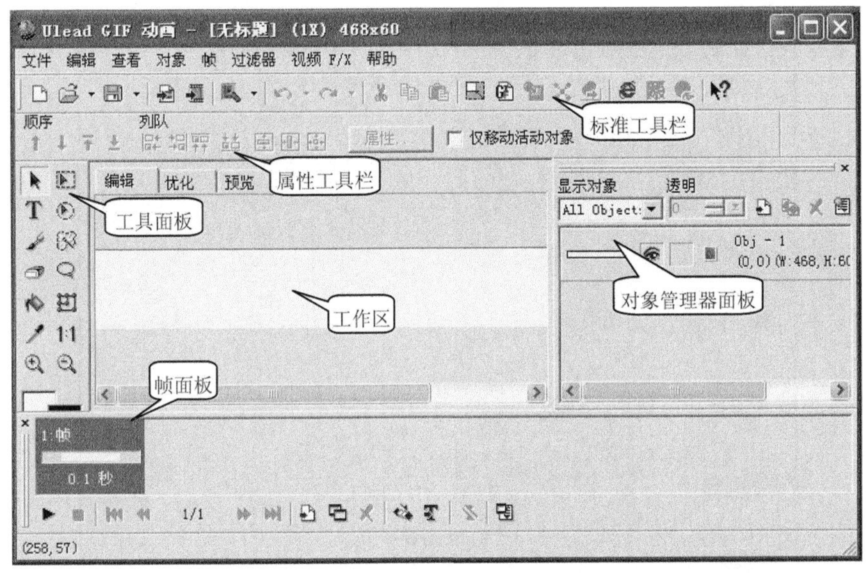

图6-23　Ulead GIF Animator工作界面

任务设计

1. 添加图片

单击标准工具栏上的“添加图像”按钮，在弹出的“添加图像”对话框中将“马”文件夹下的图片素材一次性导入。

2. 调整场景大小

根据图片尺寸来调整场景大小。

① 在对象管理器面板中，双击任意一张图片，在弹出的“对象属性”对话框中查看其“位置及尺寸”选项卡，得到图片的尺寸，如图6-24所示。

② 单击标准工具栏上的“画布尺寸”按钮，在弹出的“画布尺寸”对话框中设置“宽度”及“高度”，与图片的尺寸一致。

③ 在对象管理器面板中将最下一个对象(原来的背景对象)删除。右击对象，在弹出的快捷菜单中执行“删除对象”命令。调整后的效果如图6-25所示。

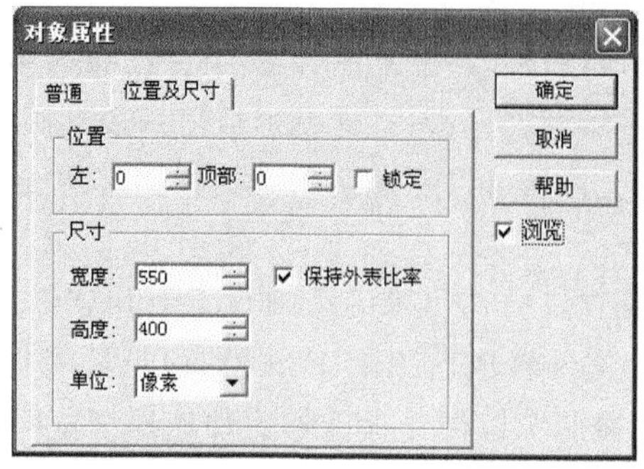

图 6-24 图片尺寸

图 6-25 调整后的效果

3. 制作动画

① 在对象管理器面板中只显示最下一个对象。

注:眼睛图标出现,则在本帧显示此对象。

② 单击帧面板上的"添加帧"按钮,添加 3 个空白帧,并显示其所对应的对象。帧面板如图 6-26 所示。

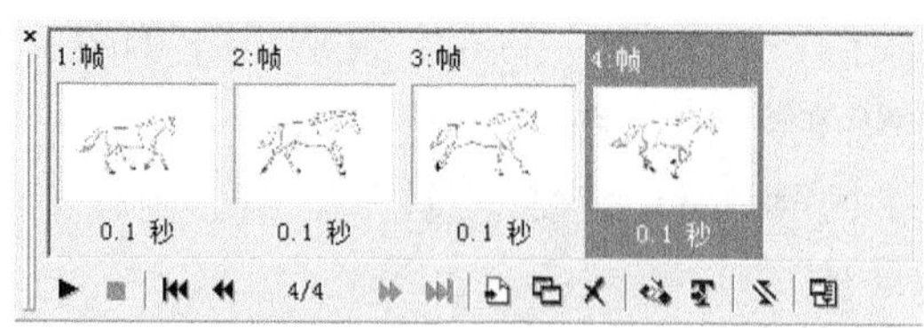

图 6-26 帧面板

③ 延迟时间可适当缩短。在帧面板里全选帧并右击,在弹出的快捷菜单中执行"画面帧属性"命令,在"画面帧属性"对话框中设置延迟项。

④ 在帧面板里单击“播放动画”按钮观看动画效果，单击“停止动画”按钮，继续编辑动画。

4. 添加 GIF 动画

① 在帧面板选择第一帧，单击标准工具栏上的“添加图像”按钮，在弹出的“添加图像”对话框中将“洋葱头.gif”图片素材导入。如图 6-27 所示。

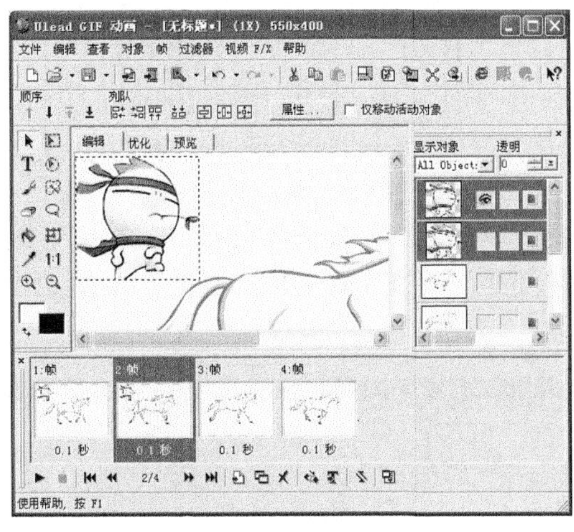

图 6-27　导入 GIF 动画

② 从图 6-27 可见，第三、四帧并没刚导入的 GIF 图像，需要显示出来才能保证动画的连贯性。选择第三帧，单击眼睛图标只显示要出现的对象，如图 6-28 所示。处理第四帧采用的是同样的方法，不同的是显示的是另一个对象。

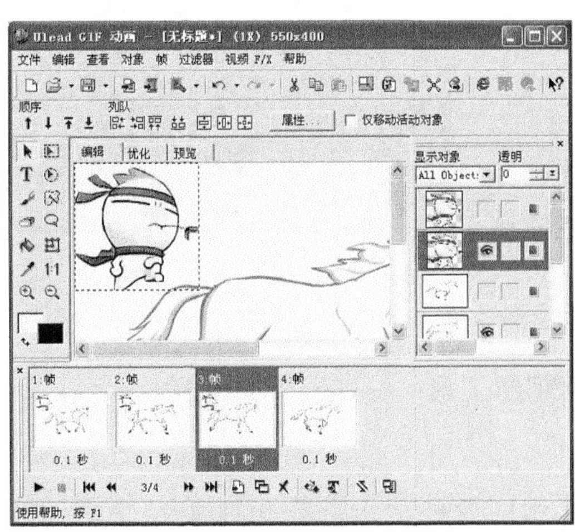

图 6-28　显示对象

③ 将四帧的“洋葱头”图像移到马背上，可参考动画效果图。

5. 添加文字

① 选择好第一帧，然后单击工具面板里的“文本工具”按钮 T，在工作区单击，弹出“文本条目框”对话框，设置参数如图 6-29 所示。

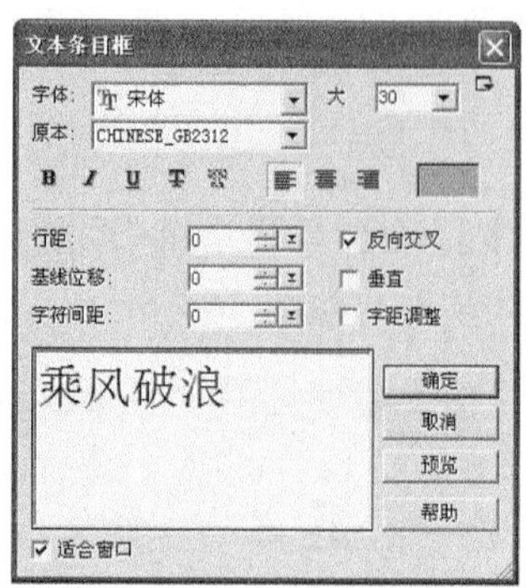

图 6-29　输入文字图

② 在选中文字的前提下单击工具面板里的“变形工具”按钮，增大文字尺寸。用“选取工具”将文字拖至场景右下方。将文字在其他三帧显示，位置请参考动画效果图。最终编辑效果如图 6-30 所示。

图 6-30　文字制作

③ 保存文件。执行“文件”→“另存为”→“GIF 文件”命令，命上名字并保存动画。

任务二　三维动画制作工具——Ulead CooL3D

任务描述

在组合动画的基础上进行创作，加入形状，添加背景，修改文字并设置文字对象特效及样式，修改对象属性等。最终效果如图 6-31 所示。

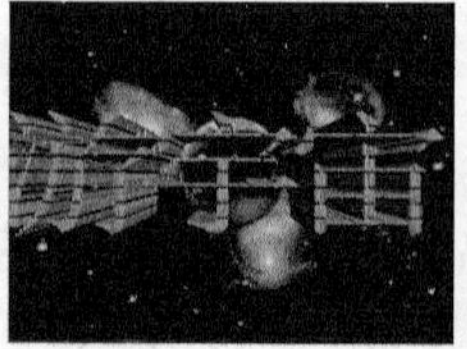

图 6-31　动画效果

任务分析

Ulead CooL3D 提供了多种多样的动画模板样式(组合),用户可以在此基础上制作自己想要的动画;每一个动画模板都由多个对象组成,在"对象列表"中选择对象,就可以对其修改,甚至删除;在"百宝箱面板",可以添加既有的形状、对象,也可以编辑对象样式和特效。

知识链接

Ulead CooL 3D 是一款非常优秀的 3D 特效制作软件,不但提供了完整的 3D 物件制作与向量绘图工具,还拥有惊艳的各种材质和转场特效,使用方法简易,简单的几个步骤就制作出专业级的图文动画效果。使用 COOL 3D,也可以制作出酷炫的立体字,美化网页。同时,该软件支持输出动画和多种视频格式,不仅能用于网页上的图形,还可以用于各种效果的标题、对象、标志等。

Ulead CooL 3D 的工作界面如图 6-32 所示。

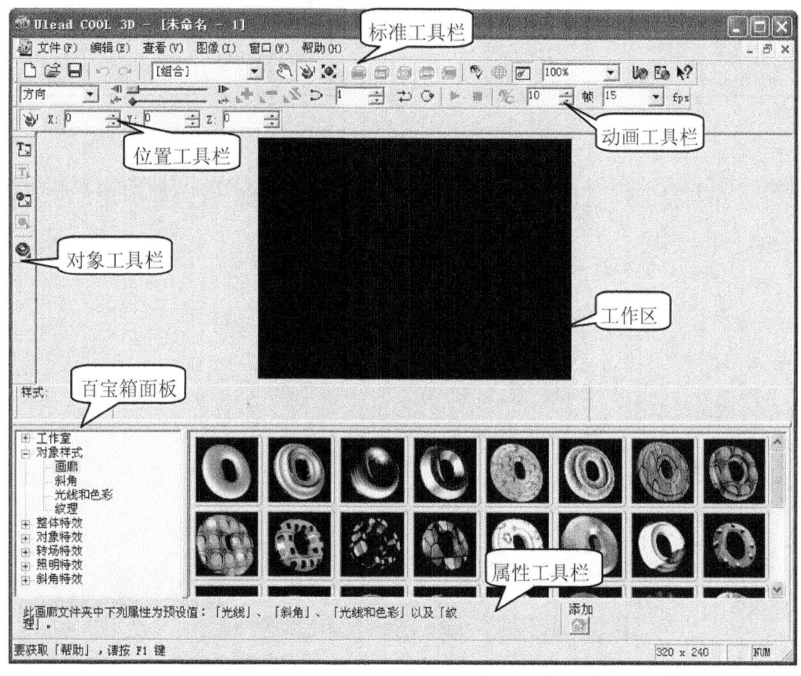

图 6-32　Cool 3D 3.5 操作界面

任务设计

1. 应用模板

在"百宝箱"面板中单击"工作室",展开"工作室"列表,在列表中单击"组合"选项,双击第 4 种样式,该样式便以新文件的形式打开,如图 6-33 所示。

2. 修改模板中的文字

① 在标准工具栏中的"对象列表"中选择"COOL 3D"对象,也就是选择了模板中的"COOL 3D"文字。

② 在对象工具栏中单击"编辑文字"按钮,弹出"Ulead COOL 3D 文字"对话框,在文本框中将文字"COOL 3D"改为"遨游宇宙"。如图 6-34 所示。

③ 在选择"遨游宇宙"对象的同时在"百宝箱"面板展开"对象板式"列表,分别应用"斜

角”样式的第 3 种和“纹理”样式的第 4 种。

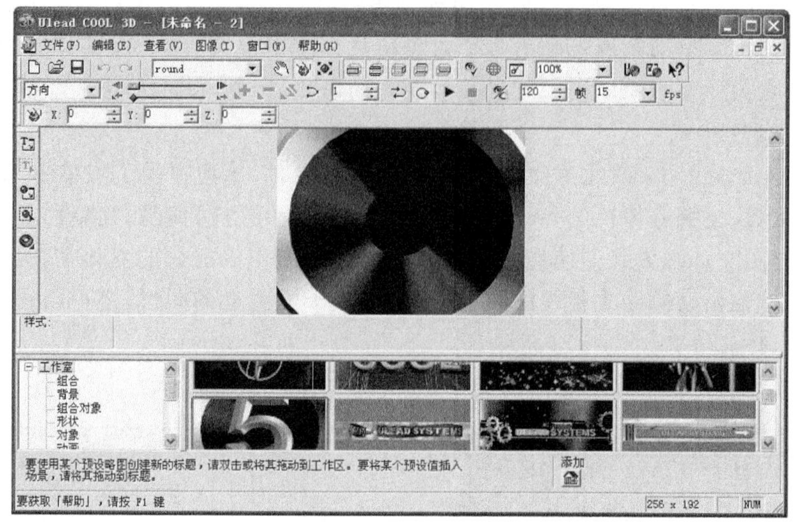

图 6-33　应用模板

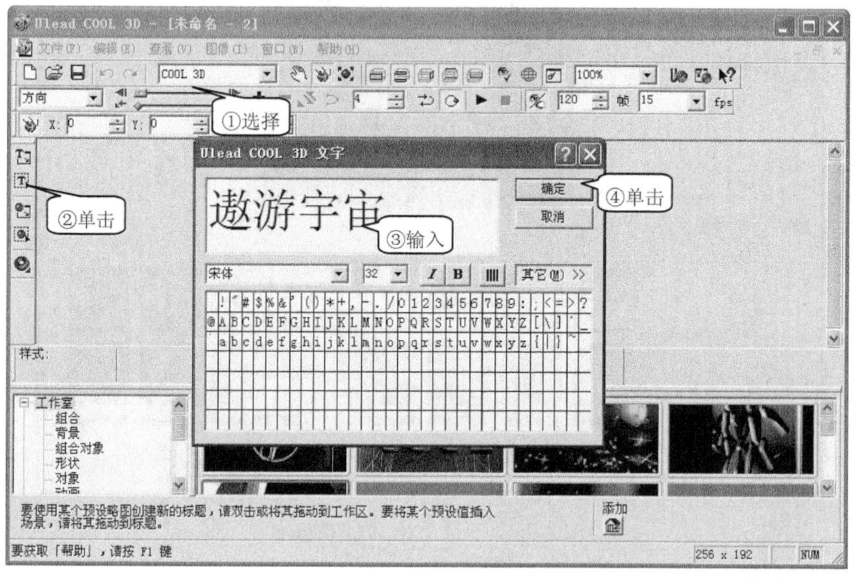

图 6-34　修改文字

④ 单击动画工具栏的“播放”按钮▶，测试修改效果。在测试播放效果后，如果想调整动画的播放速度，则调整动画工具栏中的“帧数目”项，此动画默认的为 120 帧，减少到“80”帧，加快播放速度。

⑤ 为文字对象添加特效。在“百宝箱”面板展开“对象特效”列表，应用“文字波动”样式中的第 6 种。

3. 添加形状

① 在“百宝箱”面板中展开“工作室”列表，并单击“形状选项”，在打开的样式列表中双击第 18 种形状(地球形状)，效果如图 6-35 所示。

② 旋转对象。使地球形状以 Y 轴为轴心旋转 360°。在标准工具栏单击“旋转对象”按

钮 ，并将动画工具栏中的“当前帧”设置为“80”，即处在最后一帧。在位置工具栏中将“Y:”设置为“360”。效果如图 6-36 所示。

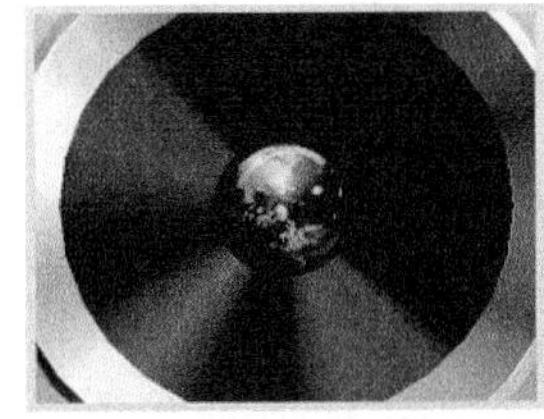

图 6-35　添加形状

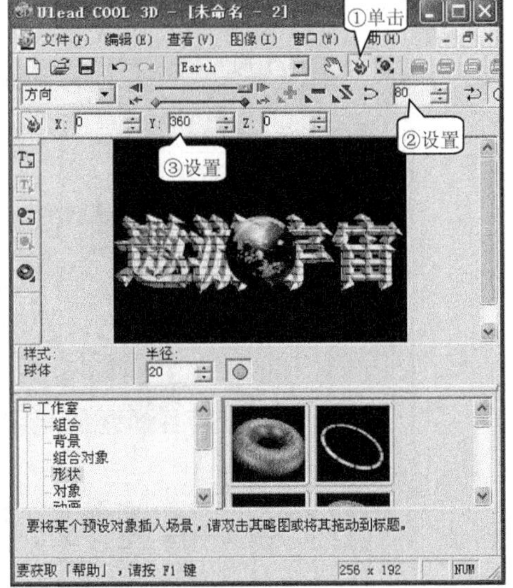

图 6-36　旋转对象

③ 移动“地球”对象，使“地球”对象产生由远到近的动画过程。将“当前帧”设置为“1”，在标准工具栏单击“移动对象”按钮 ，在位置工具栏中将“Z”设置为“2000”，即将“地球”对象从一开始处于最远处。

注：如果在动画开始时不想显示“地球”对象，可以在第 1 帧单击“显示/隐藏”按钮 隐藏对象；在后面帧取消隐藏，即可以显示对象。

④ 移动文字对象。从如图 6-37 所示中可以看到，“地球”处在文字前面，效果不好，应将文字处于“地球”前面。选择“遨游宇宙”对象，单击“移动对象”按钮，在位置工具栏中将“Z”设置为“-70”。

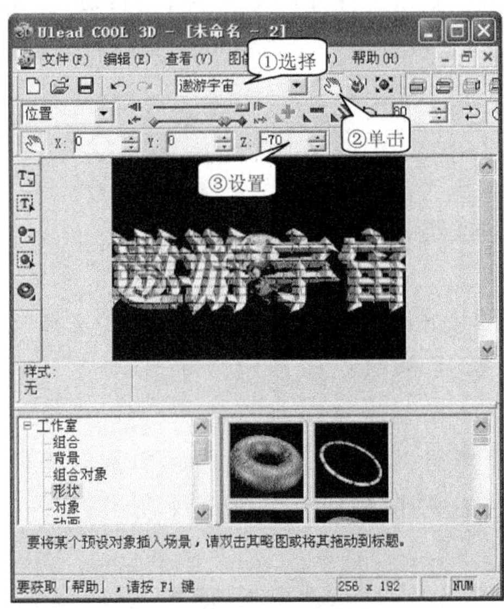

图 6-37　移动对象

4. 添加背景

展开“工作室”列表，在列表中单击“背景”选项，并在属性工具栏中单击“加载背景图像文件”按钮，在“打开”对话框中打开“宇宙.JPG”图片。最终效果如图 6-38 所示。

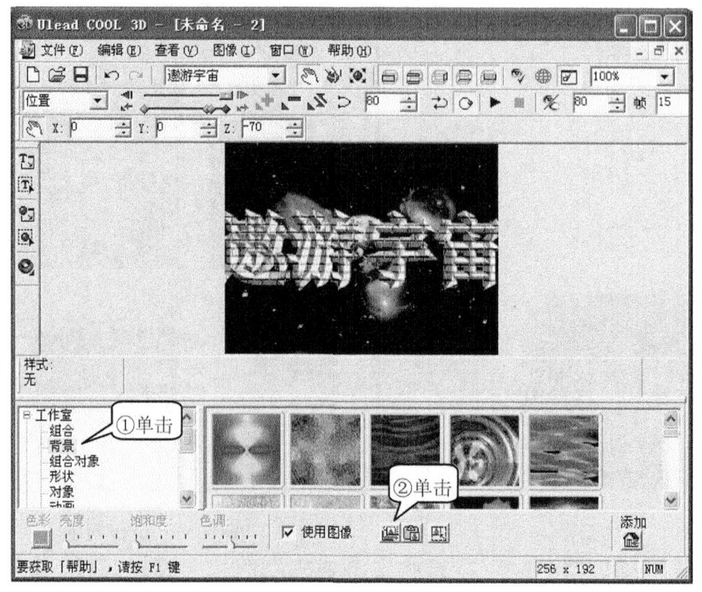

图 6-38　添加背景

任务三　电子相册制作工具——Flash Gallery Factory

任务描述

分别用幻灯片模式和画廊模式制作电子相册，分析其特点和不同之处。

任务分析

幻灯片模式可以帮助用户制作个性化的幻灯片，由过渡/运动、活泼的文本和更多其他的装饰元素产生；画廊模式则是从挑选一个奇妙的画廊模板开始，使电子相册制作变得简单快捷。

任务设计

1. 幻灯片模式

下面将介绍使用幻灯片模式制作动画的操作方法。

(1) 启动软件

启动软件 Flash Gallery Factory v5.2.0.9，打开“模式选择”面板，单击“开始幻灯片”按钮，进入幻灯片模式的编辑界面，如图 6-39 所示。

(2) 添加照片

单击工具栏上的“浏览”按钮，切换到“浏览”面板，并展开路径至素材所在文件夹。框选所要应用的图片，并单击“添加照片”按钮。如图 6-40 所示。

(3) 添加模板

单击工具栏上的“模板”按钮，切换到“模板”面板，然后再单击“主题”按钮，切换到“主题”面板，最后单击选中“Easter 2”样式。

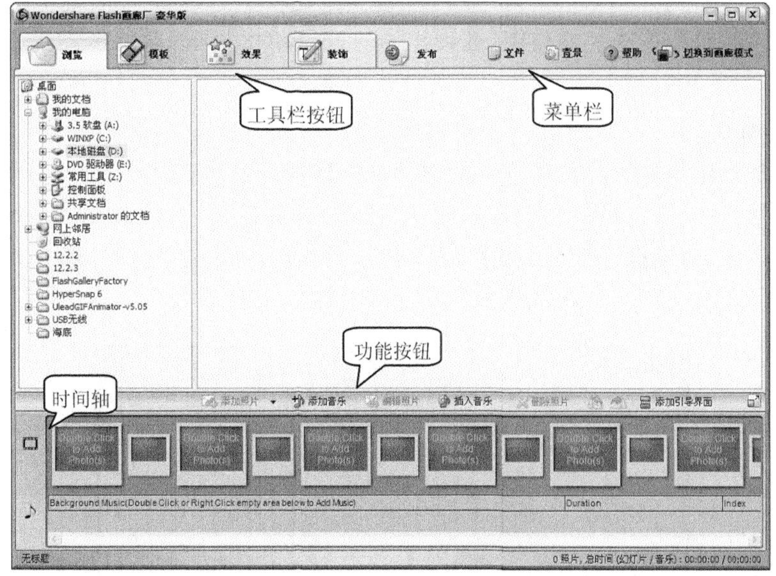

图 6-39　幻灯片模式操作界面

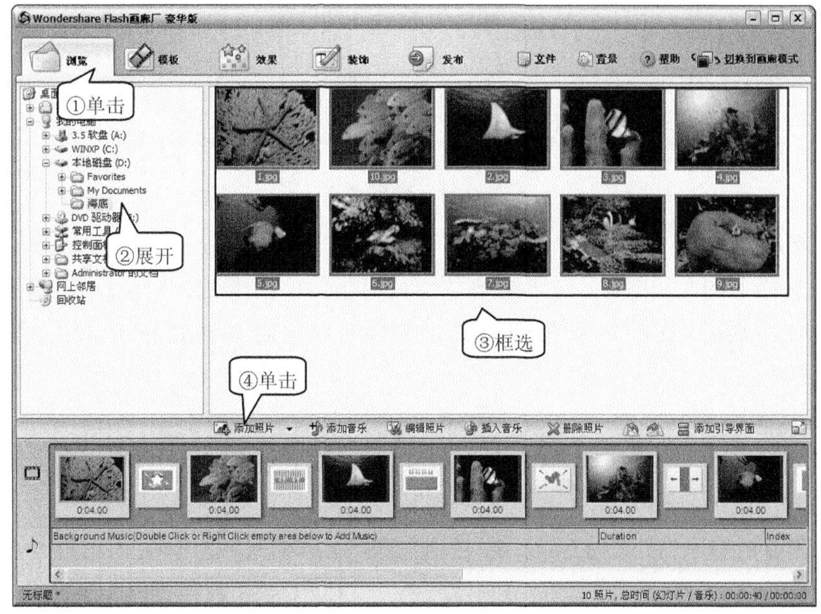

图 6-40　添加图片

(4) 添加效果

单击工具栏上的“效果”按钮，切换到“效果”面板。

① 切换至“过渡”子面板，在时间轴中选择过渡效果缩略图(处在图片帧之间)，在“过渡”面板中双击过渡效果，即为图片加上了过渡效果。

② 切换至“动作”子面板，在时间轴中选择图片缩略图，在“动作”面板中双击动作效果，时间轴中图片缩略图的左下角也就添加了相应的动作图标，表示为此图片成功加上动

作效果。

注:右击时间轴中的图片缩略图,在弹出的快捷菜单中执行“删除运动的影响”命令,即可删除此图片的动作效果。

(5) 添加音乐

单击“添加音乐”功能按钮,在打开的对话框中选择好音乐文件并打开,音乐文件就被导入到了音乐时间轴。双击时间轴的音乐文件,打开“编辑音乐”对话框,裁剪音频长度,设置为淡入、淡出效果,自动循环播放,如图 6-41 所示。从图中可见,幻灯片和音乐的播放时间刚好相同。

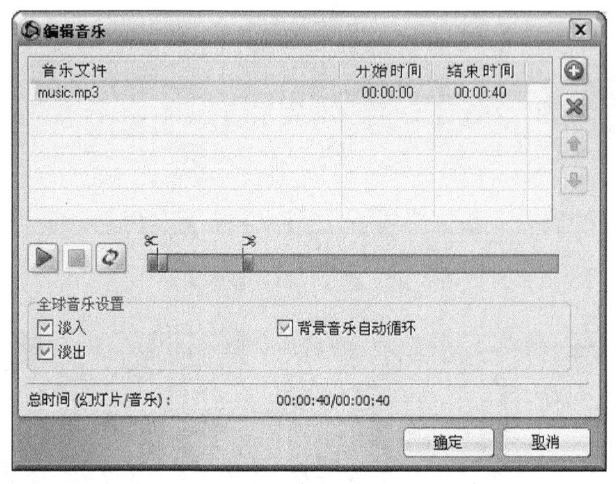

图 6-41　编辑音乐

(6) 发布动画

单击工具栏上的“发布”按钮,切换到“发布”面板,在左侧栏目中单击“创建 SWF 影片”按钮,在“创建的 SWF 电影”对话框中设置好文件名和输出文件夹路径,单击“发布”按钮,即完成影片的制作。

2. 画廊模式

画廊模式在操作上较幻灯片模式更为简易,而在画面上则更为华丽。下面将介绍使用画廊模式制作动画的操作方法。

① 运行软件,打开“模式选择”面板,单击“开始画廊模式”按钮,进入幻灯片模式的编辑界面。

② 将图片素材插入到时间轴,并切换到“模板”面板,选择一个 3D 主题。

③ 为影片设置背景。在“模板”面板中勾选“背景颜色”复选框,选择一种颜色。效果如图 6-42 所示。

④ 添加音乐,发布影片。在幻灯片模式已介绍过,这里不再赘述。

图 6-42 设置背景

项目三 音频工具

声音是人们用来传递信息时采用的最方便、最熟悉的方式。随着科技的进步和人们生活质量的提高，声音已经不再单纯地用来进行信息交流，而是更多地在生活、工作、娱乐等方面扮演重要的角色。本章节将介绍如何使用各种音频工具来对音频文件进行播放和处理，体验声音带来的乐趣。

任务一 音频播放工具——酷狗音乐盒

📖 任务描述

在线试听及播放本机音乐，并调用软件自带工具对音频文件进行铃声制作和格式转换。

📖 任务分析

展开音乐库，音乐库主要包括“乐库”、“电台”、“MV”、“搜索”、“本地管理”、“歌词写真”6 个面板，每个面板拥有不同的功能，各具特色，如切换到“MV”面板，可观看高清 MV，并且可以录制歌曲；切换到“歌词写真”面板，既能展现歌词，并能设置不同风格的背景；在传统的音乐播放、下载之外，酷狗还拥有诸多实用的小工具，如铃声制作、格式转换。

📖 知识链接

酷狗音乐盒是一款融合歌曲及 MV 搜索、下载、在线播放、歌词同步显示等功能为一体的音乐资源聚合器、播放器。酷狗音乐盒的界面如图 6-43 所示。

酷狗音乐盒所具备的功能主要体现在以下几个方面。

(1) 在线音乐播放

酷狗音乐盒提供了丰富的音乐资源，在该窗口可以看到有“乐库”、“电台”、“MV”、“搜索”、“本地管理”、“歌词写真”六大标签，汇集了最新的流行音乐资讯及歌曲。

图 6-43　酷狗音乐盒

酷狗音乐盒还具有强大的音乐搜索和下载功能，搜索位置包括在线音乐库和本地音乐库，一般在线试听所使用的搜索功能是默认在其在线音乐库中进行搜索，在搜索框内输入歌曲名称或者歌手名称即可搜索相关歌曲。

（2）本机音乐播放

酷狗音乐盒除了拥有强大的在线音乐播放功能外，也具有良好的本地音乐播放功能。在线试听时如果听到动听的音乐，可以直接将它下载到本机，而且可以选择音乐文件的版本和音质，使收藏音乐变得简单、有趣。

酷狗音乐盒支持丰富的音频格式，支持目前主流的音频格式，其中包括音乐发烧友钟爱的 APE 无损音频压缩格式及 CD 音轨文件等。

（3）网络收藏音乐

酷狗音乐盒具有强大的网络收藏功能，登录服务器后，即可拥有超大空间的云端储存。让已收藏的音乐随身而行，不管在哪里，都可以聆听自己最喜欢的好音乐，随时随地放松心情。

（4）一键分享音乐

经过简单绑定，就能一键分享音乐。目前支持腾讯微博、新浪微博、QQ 空间和人人网四大平台，随时向好友分享心情物语。

📖 任务设计

1. 播放本地歌曲

① 添加本地歌曲。在“本地列表”添加本地歌曲，也可以先新建列表再添加歌曲。右击“默认列表”，在弹出的快捷菜单中即可看见相关命令。

② 歌词写真。切换至“歌词写真”面板，即可欣赏到歌词和主题背景。单击“歌词写真”面板下方的“主题”按钮，在弹出的列表中即可选择不同的主题。如图 6-44 所示，是“歌手写真”主题，可动态展示歌手写真图片。

图 6-44　歌词写真

2. 转换格式

把文件体积较大的歌曲转换成体积较小的 MP3 文件。

① 在本地播放列表中右击歌曲，在弹出的快捷菜单中选择“工具”→“格式转换”命令(或单击“工具”按钮，在弹出的列表中单击“格式转换”按钮)，弹出“格式转换工具”对话框，如图 6-45 所示。

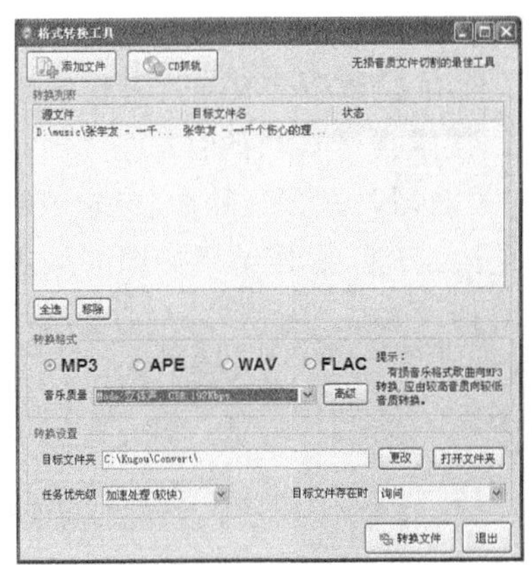

图 6-45　格式转换

② 比特率越高(如 320 kbit/s)，导致文件体积就越大，可设置“音乐质量”一栏，将比特率适当调小一点。设置好“转换格式”和“目标文件夹”两项之后，即可单击“转换文件”按钮进行格式转换。

3. 铃音制作

用自己喜欢的音乐打造属于自己的手机铃音。

① 在本地播放列表中右击歌曲，在弹出的快捷菜单中选择“工具”→“制作铃声”命令(或单击“工具”按钮，在弹出的列表中单击“制作铃声”按钮)，弹出“酷狗铃声制作专家”对话框，如图 6-46 所示。

图 6-46　铃声制作专家

② 在“截取铃声”选项栏自定义铃音长度；在“保存设置”选项栏自定义铃音细节，一般勾选“曲首淡入”和“曲首淡出”复选框，制作铃声淡入淡出效果。

③ 最后，单击“保存铃声”按钮，将铃音保存到本地计算机。

4. 观看网络 MV

通过酷狗音乐盒，用户除了能在线试听音乐，也能欣赏到 MV 视频。切换至“MV”面板，既可欣赏到高清 MV，也可以搜索自己喜欢的音乐。

① 在搜索栏中输入歌曲的关键词，如歌名、歌手、专辑或歌词等。

② 单击“搜索”按钮，启动搜索功能，操作结果如图 6-47 所示。

图 6-47　搜索歌曲

③ 在搜索结果中单击歌曲右则的“卡拉 OK 版 MV”按钮，即跳转到 MV 播放界面。

④ 当 MV 开始播放后，光标移到画面中，就会弹出播放控制条，如图 6-48 所示，单击“伴唱(K 歌)”按钮，可以消除歌曲原唱，在伴唱模式下可以选择录制歌曲。

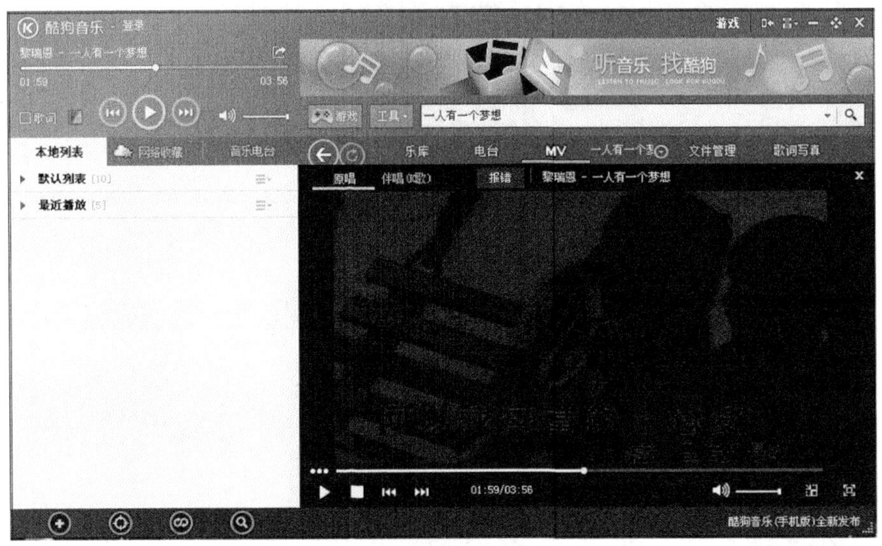

图 6-48　播放 MV

任务二　音频转换工具——Audio Converter

任务描述

对音乐文件进行批量转换，并移除音频开头与结尾的静音部分。

任务分析

Audio Converter 是一款专业的音频文件转换器，能够快速、轻松地在 MP3、WMA、WAV 等格式之间自由的转换音乐，还可以抓取 CD 音乐，制作多种格式的音乐。

任务设计

1. 添加音频文件

在工具栏中单击“添加文件”按钮，在“打开”对话框中展开文件所在文件夹，选择好音频文件并单击“打开”按钮，将音频文件导入到转换器。如图 6-49 所示。

2. 设置输出参数

① 按快捷键“Ctrl+A”全选文件，选择“输出”→“转换为 MP3”命令，选择“输出”→“移除静音”→“开头与结尾”命令，结果如图 6-50 所示。

② 选择“输出”→“更改输出目录”命令，修改文件输出目录，选择“输出”→“编码设置”命令，将“比特率”设为“160”，结果如图 6-51 所示。

③ 修改输出文件名。默认的情况下，输出文件都以“Audio Converter”命名，由于批量转换文件，需要设置命名规则。选择“输出”→“输出文件名称”命令，弹出“输出文件名”对话框，在“文件名”一栏中单击“编辑”按钮，在弹出“输出文件命名编辑器”对话框中勾选“与源文件的文件名相同”单选框，单击“确定”按钮，返回到上一级，如图 6-52 所示，单击“确定”按钮完成设置。

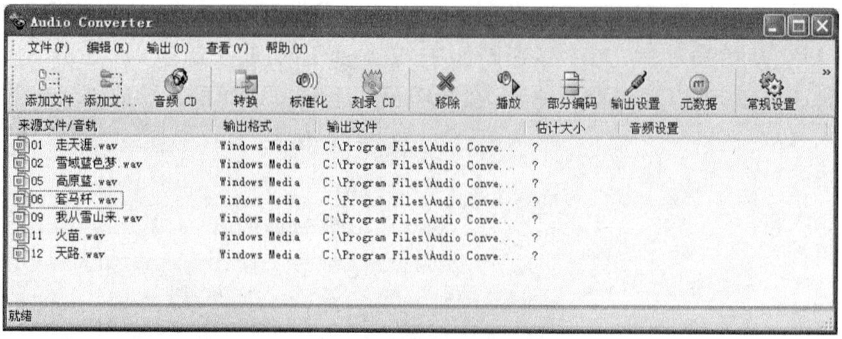

图 6-49　导入文件

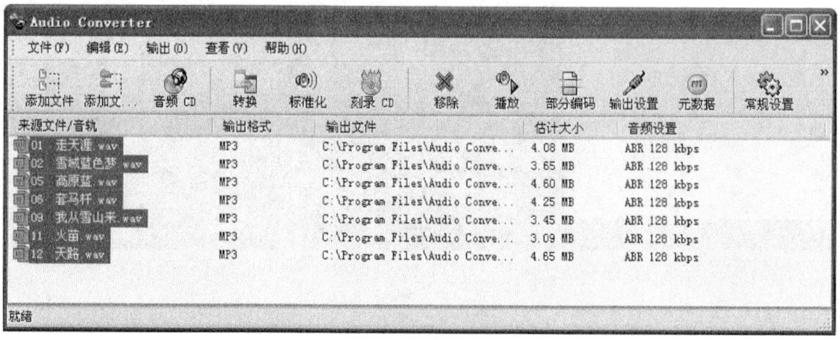

图 6-50　输出格式、移除静音的设置

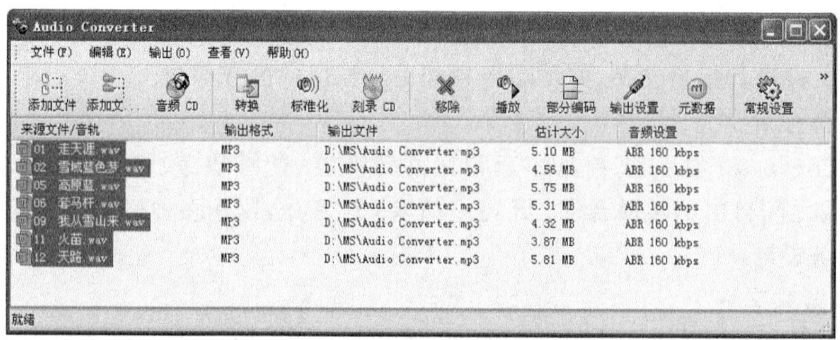

图 6-51　输出路径、比特率的更改

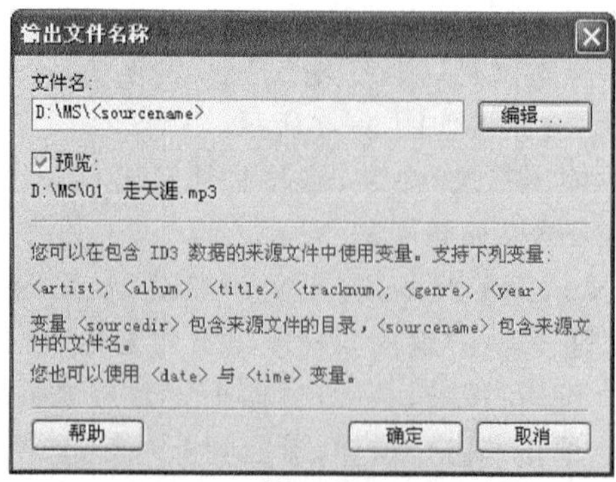

图 6-52　输出文件名的设置

3. 转换文件

单击工具栏上的“转换”按钮，就会弹出“正在转换”对话框，很快就能完成文件格式的批量转换。

任务三 音频编辑工具——GoldWave

🕮 任务描述

录制一段声音，并为之裁剪、放大、降噪等处理，配上背景音乐。

🕮 任务分析

在录音前必须设置好计算机的录音功能；此款软件内含丰富的音频处理特效，从一般特效如多回声、混响、降噪到高级的公式计算(利用公式在理论上可以产生任何用户想要的声音)；通过“混音”功能可以将多个音频文件混合成一个整体。

🕮 知识链接

GoldWave 是一个功能强大的数字音乐编辑器，它可以对音频内容进行播放、录制、编辑以及转换格式等处理，操作简单，一般用户都可以轻松上手制作所需音频文件。GoldWave v5.67 的操作界面如图 6-53 所示。

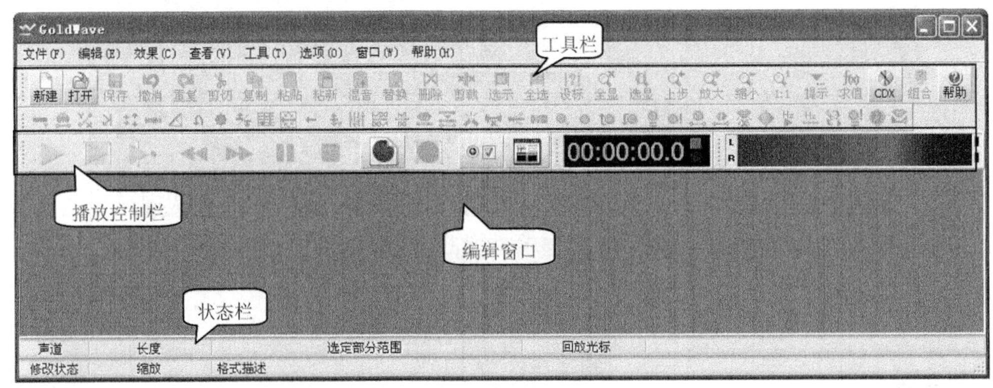

图 6-53 操作界面

🕮 任务设计

1. 录制音频文件

(1) 新建文件

单击工具栏中的“新建”按钮，弹出“新建声音”对话框，保持默认设置即可，单击“确定”按钮，操作效果如图 6-54 所示。

(2) 录制音频

① 打开麦克风并确保能正常使用，如果有音频输入，在播放控制栏的“UV 音量表”会发生波动，一般左右声道都有波动。

② 单击播放控制栏中的“在当前区域开始录音(Ctrl＋F9)”按钮 ，即开始录制音频了。

③ 对着话筒大声朗读一段文字，这里以《赤壁怀古》为例。

④ 单击“停止录音”按钮 ，停止录制，录制结果如图 6-55 所示。

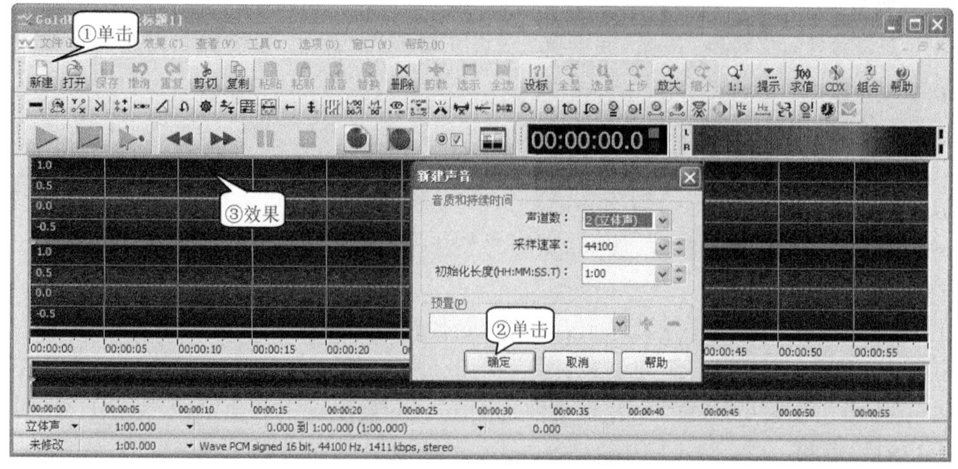

图 6-54　新建文件

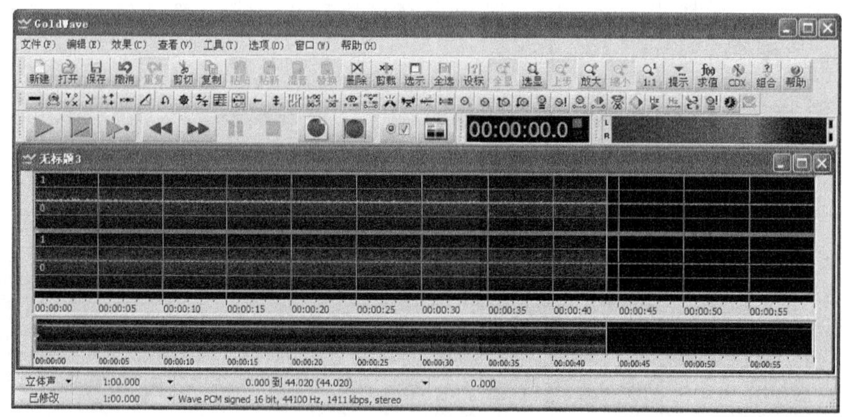

图 6-55　录制结果

2. 编辑音频文件

(1) 放大、裁剪音频

① 单击工具栏中的“匹配音量”按钮，弹出“匹配音量”对话框，将“预置”选项设置为“典型,-18dB”，单击“确定”按钮完成音量放大，操作效果如图 6-56 所示。

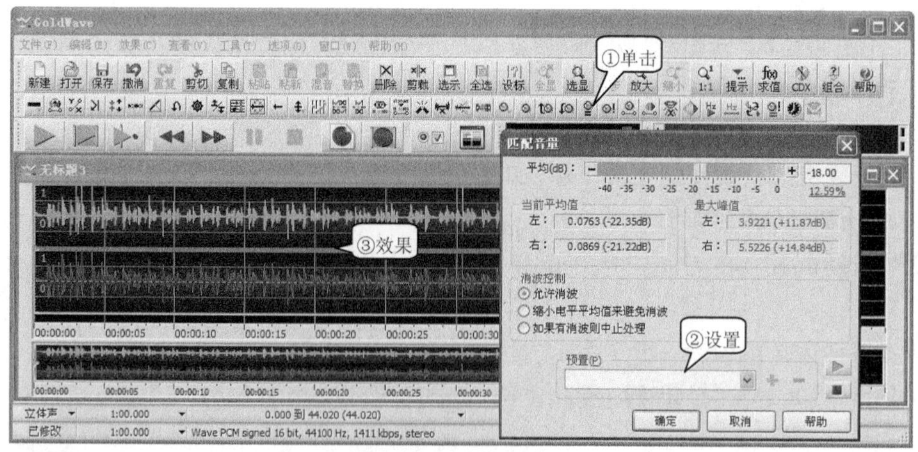

图 6-56　音频放大

② 放大音频之后，发现有好一段是没有波形(这是新建文件时没有设置好“初始文件长度”所造成的)，需要删除之。音频波形被选中的情况下，单击工具栏中的“裁剪”按钮，就去除没有被选中的波形部分。

③ 右击音频开始处，在弹出的快捷菜单中选择“从这里播放”命令，播放试听音频。

(2) 音频降噪

① 单击“降噪”按钮，弹出“降噪”对话框，设置“预置”选项为“初始噪音”，单击“确定”按钮，完成初步降噪。

② 因为录制声音不是在专业录音室，可能会存在环境噪声和电流噪声，消除的方法是先选择、复制一段没有发音的音频段，全选音频，设置“预置”选项为“剪贴板噪音版”，单击“确定”按钮即可。

(3) 制作回声效果

选中需要制作回声的音频部分，单击工具栏中的“回声”按钮，在弹出的“回声”对话框中，如没有特殊要求，参数按默认设置即可，单击“确定”按钮。

3. 添加背景音乐

① 选择“文件”→“打开”命令，在弹出的对话框中打开音乐文件，如图 6-57 所示。

② 为了更好地编辑音乐文件，将“苍龙.mp3”窗口最大化。可见，编辑器中存在两个音频文件，需要将它们混合成一个整体。

③ 降低音量。全选音频，单击工具栏中的“更改音量”按钮，在弹出的“更改音量”对话框中，将音量减至作为背景音量大小即可。

④ 混合音频。选择一段音频(跟所录制的音频时间大概一致)，并复制。选择“窗口”→“无标题 3. wav”命令，选择混音开始点，选择工具栏中的“混音”按钮，在弹出的对话框中按“确定”按钮即可(在“混音”对话框中也可以调整背景音乐的音量大小)。至此，录制音频与背景音乐混合成功。

注：如果想要背景音乐先响起，那么，需要在混音之前在所录制的音频前加一段静音。选择“编辑”→“插入静音”命令，在弹出的对话框中设置好“静音持续时间”项。

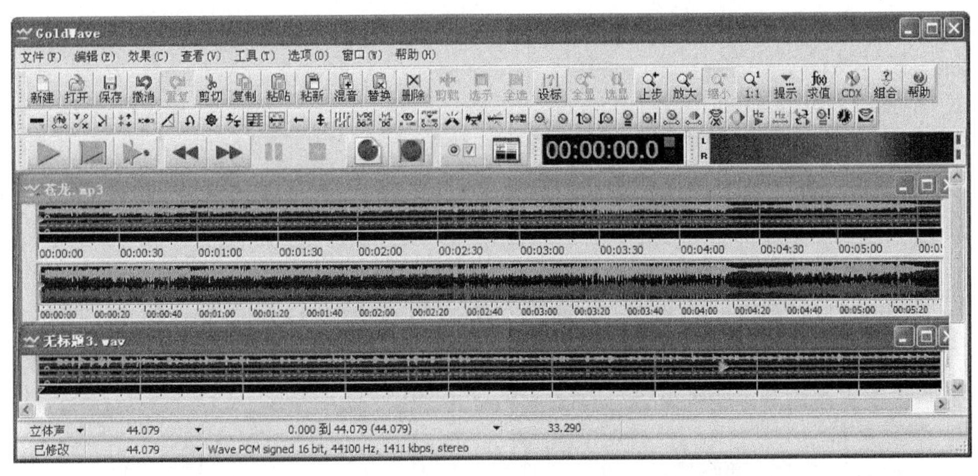

图 6-57　打开背景音乐

4. 添加淡出效果

① 在音频末尾选择一小段(框选 4～6s 即可)。

② 选择“效果”→“音量”→“淡出”命令，在弹出的“淡出”对话框中，将“预置”设置为“完全音量到静音，直线型”，单击“确定”按钮。

5. 保存音频

① 试听音频，并根据个人需要调整音量大小及文件长度。

② 确认没问题后，选择“文件”→“另存为”命令，在弹出的对话框中设置好保存路径、文件名及类型之后，单击“保存”按钮，完成音频文件的制作。

项目四　视频工具

随着个人计算机的普及和网络的发展，人们的生活娱乐方式也逐渐变得丰富。如今，人们可以通过计算机观看影片、网络电视直播，还可以通过相关的软件录制视频、编辑视频文件等。本章节将介绍一些流行的视频软件，包括视频播放器、视频录像工具、视频格式转换工具和处理工具等。

任务一　视频播放工具——PPTV

📖 任务描述

观看电视台直播节目；搜索影片观看并收藏；同时播放多个视频。

📖 任务分析

在网络带宽允许的情况下，可以搜索并收看节目、影片，甚至可以通过改变软件设置项来同时播放多个视频。

📖 知识链接

PPTV是网络视频客户端(原名PPLive)，基于P2P的技术，支持对海量高清影视内容的“直播＋点播”功能，可在线观看电影、电视剧、动漫、综艺、体育直播、游戏竞技、财经资讯等丰富的视频娱乐节目。P2P传输，越多人点播就越流畅，完全免费，是一款广受网友推崇的上网装机必备软件。

本任务将以软件PPTV3.3.0展开任务内容。

📖 任务设计

1. 在线收看网络视频

(1) 启动软件

启动PPTV，进入其主界面，如图6-58所示。在“播放器”面板中可以直接播放本地视频文件。

(2) 观看直播节目

① 切换至“节目库”面板，单击“直播”按钮打开直播子面板，如图6-59所示。

② 在“节目时间表”中，单击“全国电视台”链接，打开电视台节目单，单击任意一个电视台右则的在播节目名单，加载完即开始滚动直播，如图6-60所示。

2. 搜索影片

① 在搜索栏 中输入要搜索的影片关键字，如片名、主演名等。

② 单击“搜索”按钮即得到符合条件的结果，双击结果中的链接，即可播放该影片。

3. 收藏视频

① 为了方便用户收藏所喜欢的影片，PPTV提供了收藏的功能。在播放列表中，右击

所要点播的视频名，在弹出的快捷菜单中选择“收藏”命令。

② 单击控制菜单按钮，在控制菜单中展开“我的收藏”，即可看到所收藏的影片。

图 6-58　PPTV 主界面

图 6-59　节目库

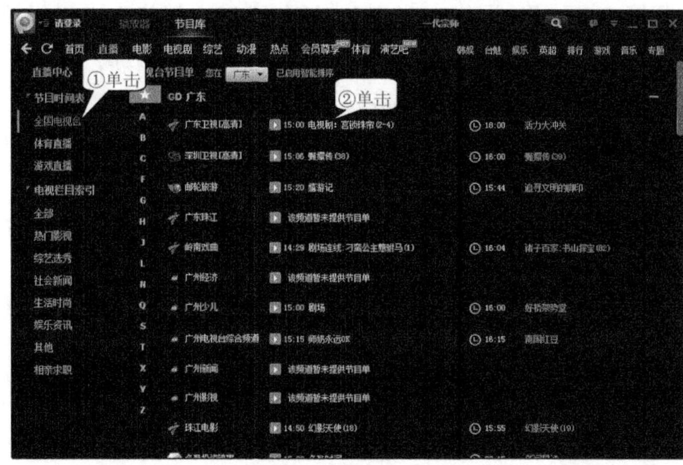

图 6-60　电视台节目单

4. 同时播放多个视频

① 右击标题栏，在弹出的快捷菜单中选择“设置”命令，打开“PPTV 设置”对话，取消选择“只允许运行一个 PPTV”复选框。

② 再启动 PPTV 程序，即可弹出第 2 个 PPTV 窗口，播放其他视频。建议在播放时切换到迷你模式：右击标题栏，在弹出的快捷菜单中选择“显示”→“迷你模式”命令。

任务二 屏幕录像工具——屏幕录像专家

📖 任务描述

录制一部影片的两个片段，合成为一个文件，并转化为视频格式文件。

📖 任务分析

这款软件界面简洁，包括以下 8 个选项卡：基本设置、录制目标、声音、快捷键、驱动加速、定时录制、文件分割和其他设置。如切换到“快捷键”选项卡，即可看到录像所用到的快捷键；切换到“声音”选项卡即可设置声音的来源、音量和音质等；切换到“录制目标”选项卡，即可设置录制的范围。

📖 知识链接

屏幕录像专家是一款专业的屏幕录像制作工具，使用它可以轻松地将屏幕上的软件操作过程、网络教学课件、网络电视、网络电影、聊天视频等录制成 Flash 动画、WMV、AVI 或 EXE 视频文件。本软件使用简单，功能强大，是制作各种屏幕录像和软件教学动画的首选软件。

软件功能和特点如下。

① 支持长时间录像并且保证声音同步。在硬盘空间足够的情况下，可以进行不限时间录像。并支持定时录像。

② 录制生成 EXE 文件，可以在任何计算机系统播放，不需要附属文件。高度压缩，生成文件小。

③ 录制生成 AVI 动画，支持各种压缩方式。

④ 生成 Flash 动画，文件小，可以很方便地在网络上使用，同时可以支持附带声音并且保持声音同步。

⑤ 录制生成微软流媒体格式 WMV/ASF 动画，可以在网络上在线播放。

⑥ 支持后期配音和声音文件导入，使录制过程可以和配音分离。

⑦ 录制时可以设置是否同时录制声音，是否同时录制鼠标。

⑧ 支持合成多节 EXE 录像。录像分段录制好后再合成多节 EXE，播放时可以按顺序播放，也可以自主播放某一节。

⑨ 后期编辑功能，支持 EXE 截取、EXE 合成、EXE 转成 LX、LX 截取、LX 合成、AVI 合成、AVI 截取、AVI 转换压缩格式，EXE 转成 AVI 等功能。

⑩ 支持 EXE 录像播放加密和编辑加密。播放加密后只有密码才能够播放，编辑加密后不能再进行任何编辑，有效保证录制者权益。

📖 任务设计

1. 参数设置

① 启动屏幕录像专家，会弹出“向导”对话框，如图 6-61 所示。从向导的第一步可以看

到录制不同的内容有相应的格式对应，只有遵循了规则，才能使视频效果好。

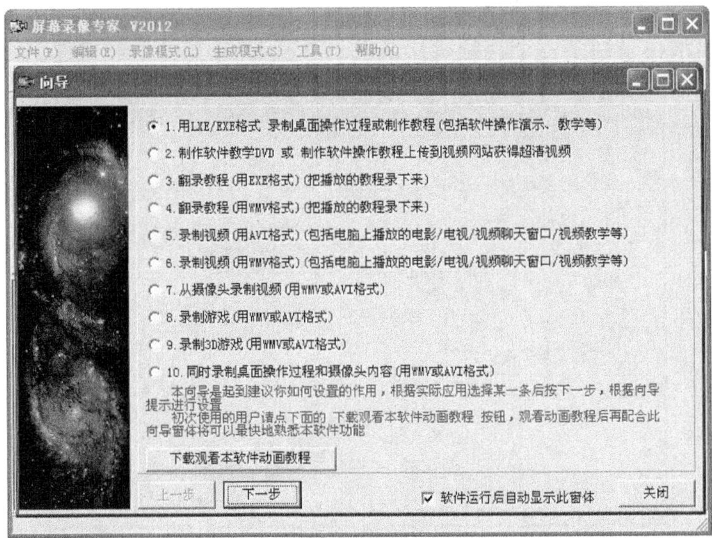

图 6-61　向导

② 整个向导也就是给初学者的入门知识，这里我们单击“关闭”按钮，退出向导。

③ 在“基本设置”选项卡里，确保勾选“同时录制声音”复选框，我们要录制的是影片的画面和声音。

④ 切换到“声音”选项卡，在“声音来源”下拉列表中选择“立体声混音”选项。

2. 视频录制

① 切换到“录制目标”选项卡，录制目标设置为“范围”。

② 打开影片文件，确保窗口非最小化。

③ 单击“选择范围”按钮，框选录制范围，效果如图 6-62 所示，框选范围的 4 个角由绿色框线包围，拖动它们，可以实现再调整。

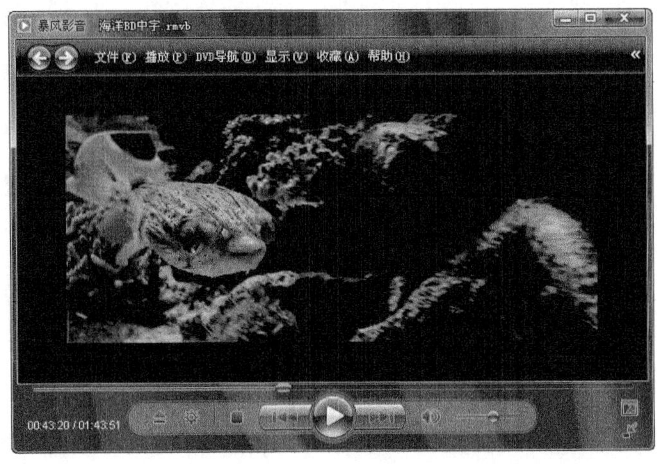

图 6-62　选择录制范围

④ 单击工具栏中的“开始录制”按钮，或按功能键“F2”，进入录制状态。

⑤ 按“F2”键停止录制，如果还需要录制本影片中的其他部分，可按功能键“F3”暂停录制，下次录制时再按“F3”键，继续录制。

⑥ 本任务要求再录制多一个视频，得“录像 1.lxe”和“录像 2.lxe”文件。如图 6-63 所示。

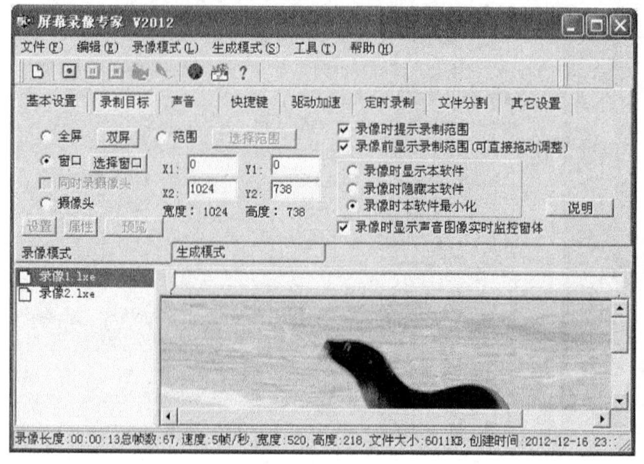

图 6-63　录制结果

3. 合并文件

① 右击“录像 1.lxe”文件，在弹出的快捷菜单中选择“EXE/LXE 合成”命令，打开“EXE 合成”对话框。

② 单击“加入”按钮将两个录像文件加入到“EXE 合成”对话框中。

③ 单击“合成”按钮，打开“另存为”对话框，设置好文件名，单击“保存”按钮完成文件合成。如图 6-64 所示。

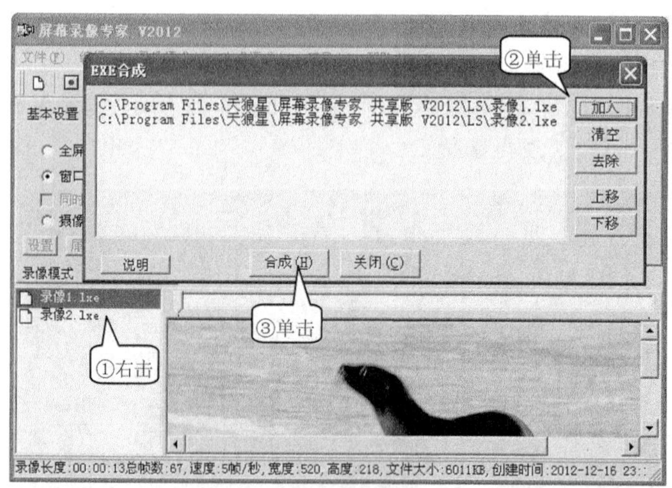

图 6-64　合成文件

4. 转换文件

右击合成文件，在弹出的快捷菜单中选择“EXE/LXE 转成 WMV/ASF”命令，在弹出的对话框中单击“确定”按钮，弹出“另存为”对话框，设置好文件名及保存路径，单击“保存”按钮，进入转换状态。

任务三　视频转换工具——格式工厂

📖 任务描述

批量转换视频;合并多个视频文件。

📖 任务分析

格式工厂是一款万能的多媒体格式转换软件,在软件中可设置文件输出配置,包括视频的尺寸、每秒帧数、比特率和视频编码等。

📖 知识链接

格式工厂(Format Factory)是一款多功能的多媒体格式转换软件,适用于 Windows。可以实现大多数视频、音频以及不同格式图像之间的相互转换。

格式工厂的主要功能和特点有:支持几乎所有类型多媒体格式到常用的几种格式的转换;转换过程中可修复某些损坏的视频文件;多媒体文件压缩;可提供视频的裁剪;支持 iPhone、iPod、PSP 等媒体定制格式;转换图像档案支持缩放,旋转,数码水印等功能;DVD 视频抓取功能,轻松备份 DVD 到本地硬盘;支持 60 个国家语言。

启动软件后,弹出"格式工厂 3.0.1"窗口,该窗口主要包含有菜单栏、工具栏、折叠面板和转换列表等,如图 6-65 所示。

图 6-65　"格式工厂 3.0.1"窗口

📖 任务设计

1. 批量转换视频

① 在折叠面板中展开"视频"选项卡,单击"所有转到 FLV"选项,在弹出的对话框中单击"添加文件"按钮,选择需要转换格式的视频文件。如图 6-66 所示。

② 在"所有转到 FLV"对话框中,单击"输出配置"按钮,打开"视频设置"对话框,在"预设配置"下拉列表中选择"320×240";在"数值"列表中,将"每秒帧数"改为"25",并单击"确定"按钮,如图 6-67 所示。

③ 在"所有转到 FLV"对话框中,单击"浏览"按钮,在弹出的对话框中设置输出文件夹位置,单击"确定"按钮,完成输出配置设置。

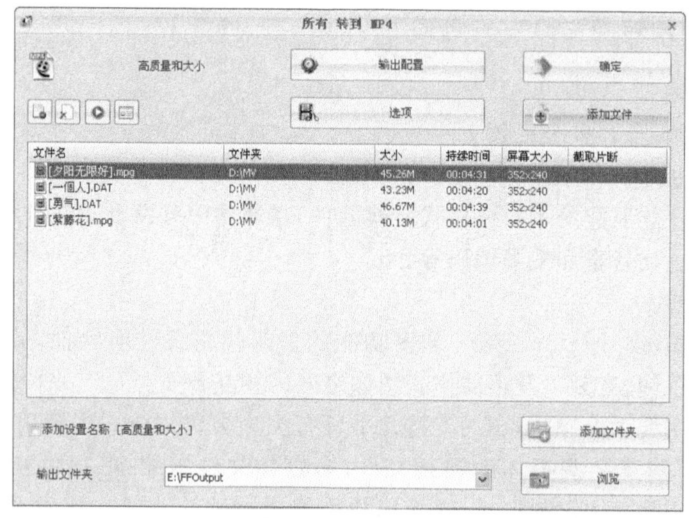

图 6-66 导入文件

图 6-67 设置视频参数

④ 在“格式工厂 3.0.1”窗口中，单击工具栏中的“开始”按钮，转换列表中的文件则开始转换，如图 6-68 所示。

⑤ 转换状态标志为“完成”，视频格式则转换成功。

2. 合并视频

① 在折叠面板中展开“高级”选项卡，单击“视频合并”选项，弹出“视频合并”对话框。

② 添加要合并的视频文件，输出格式为“3GP”，如图 6-69 所示。建议设置每秒播放 25 帧。单击“确定”按钮，完成设置。

③ 在“格式工厂 3.0.1”窗口中，单击工具栏中的“开始”按钮，开始合并视频。

④ 合并完成后，在输出目录中，使用视频播放器(如暴风影音)播放文件，就能欣赏到合并后的效果了。

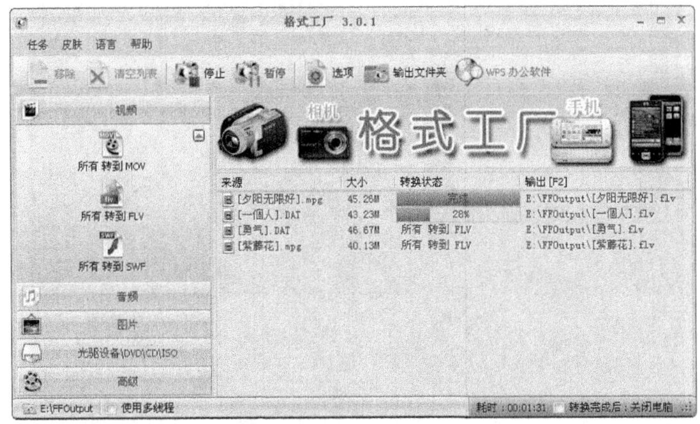

图 6-68　转换视频格式

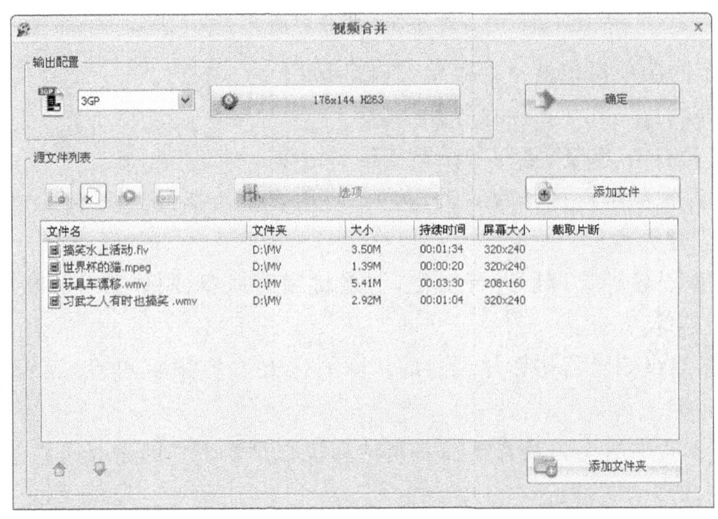

图 6-69　视频合并

任务四　视频处理工具——会声会影

任务描述

用会声会影软件把相片有机地组合起来，加上背景音乐、字幕等元素，制作成一个动感精彩的影片。

任务分析

用 Photoshop 等图像处理软件统一调整图像比例；在图片之间可添加片头、片尾和覆叠素材；可添加背景音乐、字幕、视频滤镜和其他精美效果。

知识链接

启动会声会影 X3，即可进入会声会影高级编辑器的操作界面，如图 6-70 所示。

图 6-70　操作界面

① 会声会影的菜单栏包括 4 个菜单，其作用如下。

- 文件：包含新建、打开和保存等操作。
- 编辑：包含撤销、重复、复制和粘贴等编辑命令。
- 工具：可对视频进行多样的编辑，例如，使用会声会影的“DV 转 DVD 向导”直接刻录、简易编辑和创建光盘等。
- 设置：可以对各种管理器进行操作，如素材库管理器、制作影片模板管理器、轨道管理器和章节管理器等。

② 会声会影高级编辑器将影片创建的步骤简化为 3 个步骤：捕获、编辑、分享。它们组成了步骤面板。

- 捕获：将 DV 中的视频及音频捕获至计算机。录像带中的素材可以被捕获成单独的文件或自动分割成多个文件。
- 编辑：“编辑”步骤是会声会影的核心，可以整理、编辑和修整视频素材，也可以将视频滤镜应用于视频素材上，从而为视频素材添加精彩的视觉效果。
- 分享：影片编辑完成后，通过“分享”步骤可以创建视频文件，或将影片输出到光盘上。

任务设计

1. 添加素材

打开会声会影，选择“文件”→“将媒体文件插入到时间轴”→“插入照片”命令，在弹出的对话框中选择图片素材，单击“打开”按钮完成图片的导入。插入图片后，图片素材就出现在视频轨上，如图 6-71 所示。如果图片方向不正确，在时间轴选中该图片，在选项面板单击旋转按钮、，调整到正解的方向。

2. 设置时间区间

按快捷键“Ctrl＋A”全选视频轨的照片素材，右击照片，在弹出的快捷菜单中选择“更改照片区间”命令，在“区间”对话框设置“区间”为 6 秒，为以后对素材进行摇动与缩放效果提供时间保证。如图 6-72 所示。

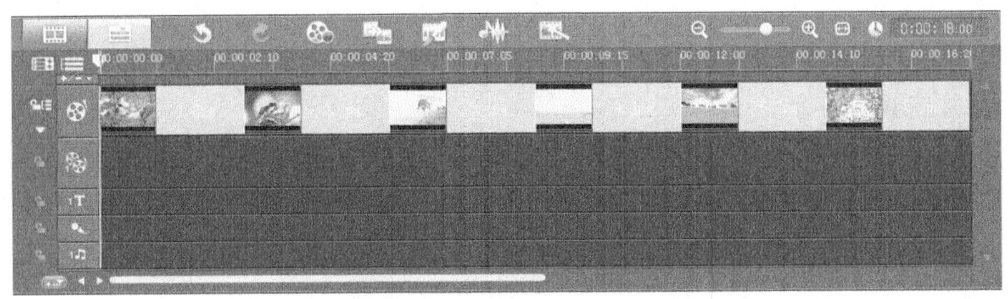

图 6-71 时间轴

图 6-72 “区间”设置

3. 保存影片项目

按快捷键“Ctrl＋S”保存影片项目。要求在任务设计过程当中,每完成一步就保存一次项目,下面不再提示保存项目操作。

4. 设置照片的摇动和缩放效果

右击时间轴里的图像素材,在弹出的快捷菜单中选择“自动摇动和缩放”命令,默认设置即可。也可以在选项面板中自定义自动摇动和缩放效果。

5. 添加滤镜效果

添加合适的滤镜能够使原本生硬的影片生动起来。单击选项面板左侧的“滤镜”按钮,在素材库中选择合适的“滤镜”缩略图并拖放到视频轨的照片素材上。如果对滤镜效果不满意,还可以在选项面板中自定义滤镜效果。在默认情况下一个照片素材只能使用一个滤镜,在选项面板中取消勾选“替换上一个滤镜”复选框,就能使用多个滤镜了。除此之外,还可以勾选“变形素材”复选框,在预览窗口对素材进行变形。

6. 添加过渡效果

要设置图像跟图像之间的过渡效果,可运用“转场”功能。单击选项面板左侧的“转场”按钮,在素材库里设置好转场类型,将“转场”缩略图拖至的“视频轨”的图像素材之间释放,完成过渡效果的设置。

7. 覆叠轨的应用

“覆叠轨”是叠在“视频轨”之上的轨道,其操作方法跟“视频轨”的基本一样,不同的是播放层次的不同,“视频轨”的图像在下层,“覆叠轨”的图像在上层,并同时播放。所以在应用“覆叠轨”时,要处理好上下层图像的关系。

8. 添加字幕

选中要添加文字的图片,单击选项面板左侧的“标题”按钮,切换到“标题”选项卡,此时可在预览窗口看到“双击这里可以添加标题”字样。在时间轴选择插入文字的位置,双击预览窗口,在选项面板勾选“单个标题”或“多个标题”单选框,然后在预览窗口输入文字,完成输入后，文字就会显示在标题轨上；也可以将标题素材库的“标题”缩略图拖至的标题轨，再修改文字。

9. 添加音频

单击“音频轨”按钮，可直接将素材库的音频文件直接拖放到音频轨；或者选择“文件”→“将媒体文件插入到时间轴”→“插入音频””→“到音轨”命令，从打开的对话框中导入音频文件。可以看到，在“音频轨”按钮下方还有一个“音频轨”按钮，其关系就像“覆叠轨”跟“视频轨”的关系。如果有旁白音频，就可以导入到此音频轨中。

10. 分享视频

通过预览窗口播放影片，确定不需要修改之后，下一步就是创建视频文件了。单击“分享”按钮，在选项面板中单击“创建视频文件”链接，在弹出的菜单中根据要创建的视频文件格式选择相应的选项。如选择“DV”，就是创建“avi”格式的视频文件。

练　习　六

一、选择题

1. 以下不属于图片格式的是(　　)。

A. JPEG　　B. TIFF　　C. BMP　　D. MPEG

2. 一个文件就可以储存多张图片的是(　　)。

A. GIF 文件　　B. JPEG 文件　　C. BMP 文件　　D. TIFF 文件

3. 不属于图形图像处理软件的是(　　)。

A. Photoshop　　B. 光影魔术手

C. Ulead GIF Animator　　D. Flash

4. 以下不属于音频格式的是(　　)。

A. MP3　　B. APE　　C. WMA　　D. 3GP

5. 以下不属于屏幕录像专家功能的是(　　)。

A. 视频录制　　B. 制作动画　　C. 视频分割　　D. 转换格式

二、思考题

1. ACDSee 的功能有哪些?

2. 动画是怎么形成的?

3. GIF 格式的主要优点是什么?

4. 酷狗音乐盒的功能有什么? 有什么优点?

5. 图像、音频和视频文件格式主要有哪些?

三、操作题

1. 使用 Ulead GIF Animator 制作一个 GIF 动画。

主要操作步骤提示:准备好素材,通过图片处理工具将图片素材编辑好,比如通过 Photoshop 可以制作透明背景的图像。

2. 使用酷狗音乐盒为一首歌制作歌词。

主要操作步骤提示如下。

① 打开歌曲,右击标题栏,在弹出的快捷菜单中选择“显示桌面歌词”命令。

② 在歌词面板中,可以对现有的词典进行修改,或单击“制作歌词”按钮,登录后就进入向导步骤。

③ 按说明注意方向键及 Space 键的使用。

3. 使用 GoldWave 打造个性铃声。

主要操作步骤提示:可以通过裁剪、放大、回声、混响等功能编辑音频。

4. 使用屏幕录像专家录制一段视频,并标上版权文字、Logo 图形,转化为 Flash 格式。

主要操作步骤提示如下。

① 运行屏幕录像专家,切换到“基本设置”面板,勾选“自设信息”复选框,并设置信息,包括文字跟图形 Logo(图形为 BMP 格式)。

② 按“F2”键开始及停止录制视频。

③ 将录制结果转换为 Flash 文件,打开观看,自设信息就在视频上了。

参考文献

[1] 尹刚.常用工具软件教程.北京:中国水利水电出版社,2008.

[2] 牛仲强,张仕禹,等.电脑常用工具软件.北京:清华大学出版社,2011.

[3] 缪亮,薛丽芳.计算机常用工具软件实用教程.北京:清华大学出版社,2011.

[4] 袁云华,郭鹏.常用工具软件.3版.北京:人民邮电出版社,2011.

[5] 杨隆平,廖兰康,等.常用工具软件案例教程.北京:航空工业出版社,2012.

[6] 邹祖银.康志亮,等.常用工具软件.北京:人民邮电出版社,2010.

[7] 陈建国.计算机常用工具软件教程.北京:中国水利水电出版社,2011.

[8] 缪亮,薛丽芳.计算机常用工具软件实用教程.北京:清华大学出版社,2010.